高等学校**材料类新形态**系列教材

材料成型工艺 —— 焊接

陈茂爱　主编　　　贾传宝　陈姬　石磊　副主编

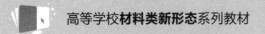化学工业出版社

·北京·

内 容 简 介

本书为材料成型工艺系列教材之一的焊接篇，系统地介绍了焊接工艺理论基础，包括焊接电弧物理基础、焊丝熔化及熔滴过渡、熔池行为及焊缝成型、焊接参数的自动调节，简要介绍了埋弧焊、钨极氩弧焊、熔化极气体保护焊、等离子弧焊等常用电弧焊方法的工艺原理、特点、应用及设备，详细阐述了这些方法的焊接工艺，特别是焊接工艺的新发展。

本书适合作为焊接技术与工程和材料成型及控制工程等专业本科生的教材，也可供相关专业毕业生入职后进行焊接工程师教育、焊接方向研究生进行专业理论及工程应用知识学习时参考。

图书在版编目（CIP）数据

材料成型工艺：焊接 / 陈茂爱主编；贾传宝，陈姬，石磊副主编
.—北京：化学工业出版社，2024.5
ISBN 978-7-122-45258-0

Ⅰ．①材⋯　Ⅱ．①陈⋯　②贾⋯　③陈⋯　④石⋯　Ⅲ．
①焊接工艺　Ⅳ．① TG44

中国国家版本馆 CIP 数据核字（2024）第 055612 号

责任编辑：王清颢　张兴辉　　　文字编辑：张　宇
责任校对：李　爽　　　　　　　装帧设计：王晓宇

出版发行：化学工业出版社
　　　　　（北京市东城区青年湖南街 13 号　邮政编码 100011）
印　　装：河北延风印务有限公司
710mm×1000mm　1/16　印张 16¾　字数 289 千字
2024 年 7 月北京第 1 版第 1 次印刷

购书咨询：010-64518888　　　　　　售后服务：010-64518899
网　　址：http://www.cip.com.cn
凡购买本书，如有缺损质量问题，本社销售中心负责调换。

定　　价：59.80 元

　　材料成型工艺是材料成型及控制工程专业主干课程之一。材料成型及控制工程专业由原铸造工艺及设备、锻造工艺及设备和焊接工艺及设备等三个专业合并而成。由于不同高校的情况各不相同，有些学校以焊接为主，有些学校以焊接和铸造为主，有些学校以焊接和塑性成型为主，还有些学校则是焊接、铸造和塑性成型并重，因此目前尚没有一本适用面广的材料成型工艺教材。鉴于这种情况，我们编写了材料成型工艺系列教材，包括《材料成型工艺——塑性成型》《材料成型工艺——铸造》《材料成型工艺——焊接》。各高校的材料成型及控制工程专业可根据自己的特点，自由组合使用。

　　本书为《材料成型工艺——焊接》，系统地阐述了焊接电弧物理基础、焊丝熔化及熔滴过渡、熔池行为及焊缝成型、焊接参数的自动调节、埋弧焊、钨极氩弧焊、熔化极气体保护焊（MIG/MAG 及二氧化碳气体保护焊）以及等离子弧焊。对于电弧焊工艺理论基础，注重理论联系实际，尽量结合图表深入浅出地进行介绍，有利于读者快速地理解和掌握。对于各种电弧焊方法，简要介绍了其工艺原理、特点、应用及焊接设备，重点阐述了焊接材料、焊接工艺及焊接工艺的新发展。本书所有内容均基于最新的焊接标准，充分反映了电弧焊方法、设备及工艺的最新研究成果及应用，特别是反映了我国在材料成型工程领域的重大发展及贡献，可以激发学生的爱国热情，激励其为国家振兴、民族强盛而努力学习。本书配有大量的视频（扫描书后二维码即可获得），帮助读者理解焊接过程的复杂物理现象，迅速掌握工艺机理及工艺选择原则。

　　参加本书编写的人员还有孙俊华、张辉、赵伟、刘雪梅、高进强、蒋元宁、陈劭卿等。

　　由于作者水平有限，书中难免出现疏漏之处，恳请广大读者批评指正。

编者

第 3 章
埋弧焊　　　　　　　　　　　　　　　　　　89

第 4 章
钨极氩弧焊　　138

第 5 章
熔化极气体保护焊 　　　　　　　　179

第 1 章

绪论

1.1
材料成型的概念

　　所谓材料成型是指将原材料加工成具有一定形状、一定尺寸及使用性能的零件、构件或产品的工艺方法。不同类型的材料使用不同的成型方法，高分子材料的成型方法主要有挤出成型、注射成型、模压成型、吹塑成型、连接成型等；无机非金属材料的成型方法主要有压制成型、注浆成型、注射成型等；树脂基复合材料的成型方法主要有手糊成型、层压成型、热压罐成型、喷射成型、对模模压成型、缠绕成型等；陶瓷基复合材料的成型方法主要有泥浆烧铸成型、热压烧结成型、浸渍成型等；金属基复合材料成型方法主要有粉末冶金法、挤压铸造法、喷射沉积法、热压法和连接法等；金属材料的成型方法有切削加工、铸造成型、塑性成型、焊接成型等，如图 1-1 所示。本书主要介绍的是金属材料的成型工艺。材料成型工艺是工业中的关键核心技术，任何工业产品的制造均离不开它，而且它关系到产品的使用性能和质量。切削加工为金属材料的冷态成型工艺（冷加工工艺），而铸造成型工艺、塑性成型工艺、焊接成型工艺等为金属材料的热态成型工艺（热加工工艺）。材料成型及控制工程专业涉及的主要是热加工工艺。

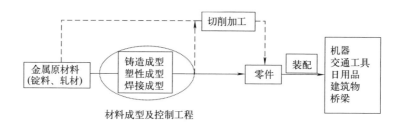

图1-1 金属材料成型工艺方法

1.1.1 材料成型工艺应用

材料成型技术是制造业关键核心技术之一。材料成型工艺技术水平在很大程度上决定了产品质量和生产效率，乃至制造业发展水平。我国是制造业大国，2021年的粗钢产量已达103279万吨、铝产量达6000多万吨，而这些材料80%以上需要通过铸、锻、焊等材料成型工艺加工成所需的零件或部件。

几乎所有工业产品的生产都离不开材料成型的直接和间接支撑。从飞机、卫星、火箭、宇宙飞船，到游轮、客轮、航空母舰、大型油轮、液化天然气运输船、潜水器，再到高铁、汽车，都是由成千上万个通过材料成型制造的铸件、锻件和焊件构成的。工业装备中的锅炉、机床、仪表、设备等，日常用品中的手机、冰箱、电视机、投影仪等，还有桥梁、石油储罐、钢结构建筑、地铁和油气输运管道等基础设施，其制造也离不开材料成型。

目前，我国的材料成型工艺技术水平已达到或接近世界先进水平。世界著名建筑"鸟巢"的建造展示了我国钢结构的材料成型工艺水平。整个"鸟巢"的整体框架就是一个焊接结构件，用钢总量达41875t，焊缝总长32万米，消耗焊材几百吨，具有结构复杂、材料类型多、跨度大、安装位置多变、焊接量大、厚度范围大（10～100mm）、节点结构复杂等特点。大量节点由多个杆件交汇而成，形状复杂且交汇角度小，施工难度非常大，而且钢种组合有12种，其中异种钢组合就有7种。大部分钢构件为不规则且变化的截面，组装后的钢结构具有复杂多变的曲线、曲面造型，要求焊后的曲线及曲面变化平滑自然，而且需要现场组装，安装难度极大。施工单位通过计算机数值模拟，对工件的焊前加工、安装及焊接过程进行模拟，并在拼合安装过程中实施三维测量控制，确保了组拼、安装的精度。大而复杂的结构造成很大的焊接残余应力及变形，厚大的工件在残余应力作用下极易产生层状撕裂，通过进行焊接钢结构残余应力和变形分析，确定了高能量密度、低热输入、小焊缝横截面积的控制策略。局部超厚钢板焊接、高强度钢（Q460钢）焊接、铸钢件焊接、大量的异种钢焊接等，均对材料焊接性能提出了严峻挑战，有关单位通过126项焊接工艺评定实验来优化焊接工艺参数并制定有效的预控措施，确保了焊接质量。通过进行11项科技攻关和大量的分析研究，确定了"协同安装，科学编程，六个统一，攻克难关；先主后次，先大后小，高能密度，较小输入，分段跳焊，锤击焊缝，应变适当，工程全优"的焊接总原则，对主结构、次结构、立面次结构和顶面次结构分别制定了科学合理的焊接顺序。265名焊工历时两年，高质量地完成了"鸟巢"的焊接工作。鸟巢焊接不但工程的难度举世罕见，工作的辛苦也是极其少见。在35℃的高温下，焊件要预热到150～200℃进行焊接，而且大多是高空仰焊；连续焊接时长最大的一条焊缝用时高达38小时。2006年8月25日深夜，鸟巢大合龙那一刻，100多名焊工在70m高空中同时焊接，100多处焊口迸出绚丽的火花，盛况空前。

C919大型客机，想必大家都不陌生。这是中国在2008年研制的具有自主知识产权的干线民用飞机，"C"代表China首字母，同时也代表中国商飞COMAC首字母，第一个"9"寓意天长地久，"19"表示最大载客量190座。

C919的国产率从原定的10%提升到了60%，包括雷达机罩、飞机机身等在内的多项部件均是中国制造。

如果把发动机比作飞机的心脏，那么起落架就是飞机的双脚。起落架最重要的作用是确保飞机的起飞、着陆和滑跑等一系列地面移动系统能够安全执行。在飞机起降的过程中，起落架是支撑整架飞机重量的唯一部件。尤其在降落阶段，它不仅要承受70多吨机体落地瞬间的冲击力，还有垂直方向的巨大冲击力，在飞机的起落过程中发挥着极其关键的作用，被誉为"生命的支点"。由于起落架对材料强度、韧性等方面的高质量要求，C919的起落架选用了宝武特钢研制的300M超高强度钢。

C919主起落架的体积虽然不大，但内部的零件就有上千种，是飞机机载系统中结构功能最复杂的部分（图1-2所示）。其中外筒是C919大型客机上最大、最复杂的关键承力件，从毛坯加工到成品有70多道工序。因此，该产品的研制工作一直备受关注。

图 1-2　C919 主起落架

为实现主起落架外筒的国产化目标，中国二重万航公司承担了国防科工局大飞机专项"大型客机起落架主起外筒锻件工程化应用研究"重点科研项目。经过近 6 年的民航体系建设和质量提升，攻克了全流程精确预测、锻件成型尺寸及表面质量控制等 10 余项关键技术，成功完成了主起外筒锻件的研制，大幅提升了 C919 大型客机的国产化率，填补了我国在大型民用飞机起落架关键锻件产品上的空白。这是起落架最后一个实现国产化的部件，标志着我国在飞机制造领域的一大突破，成功打破了其他国家的技术封锁，让中国的大飞机真正拥有了一双"中国脚"。

1.1.2　本课程的内容及要求

材料成型工艺是材料成型及控制工程专业的主干课程之一。该课程主要任务是学习焊接成型的工艺原理、方法、特点、质量影响因素及其规律、质量控制、适用范围等。学习过程中兼顾理论知识、工程技术和工程实践经验。通过系统学习，在掌握成型工艺过程基本规律及其物理本质的基础上，学生能够根据零件或产品的特点，正确地选择材料成型方法，合理地设计材料成型工艺方案；能够针对成型过程中可能出现的质量问题进行科学分析，找到消除和减少工件质量缺陷的措施。

焊接成型工艺部分主要学习电弧焊方法及工艺，包括焊接电弧物理基础、焊丝熔化及熔滴过渡、熔池行为及焊缝成型、焊接工艺参数的自动调节，以及各种常用电弧焊方法的原理、工艺特点、应用范围及质量控制。

1.2
焊接成型工艺的分类和特点

（1）焊接的本质及焊接方法的分类

焊接是通过适当的物理化学方法，使两个分离的固体通过化学键结合起来的一种连接方法。从物理本质来看，焊接是一种通过化学键（原子或分子间的结合力）实现连接的连接方法，这种连接是冶金连接，即接头部位实现了材料的连续性。从工业应用来看，焊接是一种将简单的零件或构件连接成复杂的大构件或部件的成型方法。

根据焊接过程中工件是否熔化，焊接方法又可分为熔化焊、钎焊和固相焊三种，而这三种方法还可进一步分类，如图1-3所示。

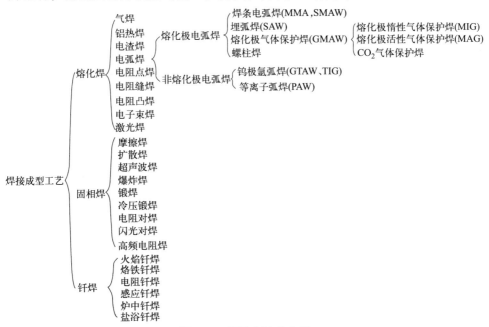

图1-3　焊接方法的分类

利用一定的热源将工件被连接部位局部熔化，熔化的液态金属填满工件间的间隙，冷却凝固后形成冶金连接的焊接方法称为熔化焊。

利用加压并辅以摩擦、加热、扩散等物理作用，除去工件被连接表面氧化膜及其他污染物，克服两个连接表面的不平度，使两个连接表面上的原子在固相状态下相互接近到母材晶面间距的距离，从而形成冶金连接的方法称为固相焊。

采用熔点比母材低的材料作钎料，将装配好的焊件和钎料加热至高于钎料熔点但低于母材熔点的温度，利用润湿和毛细作用使液态钎料充满工件间的间隙，液态钎料与母材表面相互作用一定时间（十几秒至十几分钟）后冷却凝固形成冶金连接的焊接方法称为钎焊。

（2）焊接工艺的特点

焊接是一种通过冶金连接实现的材料成型方法，与机械连接相比，焊接工艺具有如下特点。

① 焊接可将各个零部件直接连接起来，无需其他附加件，接头的强度一般也能达到与母材相同，因此，焊件的重量轻、外形美观、成本低。

② 焊接接头是通过原子间的结合力实现连接的，均匀性及整体性好、刚度大，在外力作用下不像机械连接那样会产生较大的变形。

③ 焊接结构具有良好的气密性、水密性，这是其他连接方法无法比拟的。

与塑性成型及铸造成型工艺相比，焊接工艺具有如下特点。

① 焊接可使焊接结构中材料的分布更合理。可将不同类型的材料、不同形状及尺寸的材料连接到一个金属构件中，例如可连接异种钢，铜 - 铝、铝 - 钢等异种金属，陶瓷 - 金属等异种材料。

② 焊接可将结构复杂的大型构件分解为许多小型零部件分别加工，然后再将这些零部件焊接起来，这样就简化了金属结构的加工工艺，缩短了加工周期。焊接件几乎不受尺寸和复杂程度限制。

③ 焊接是一种"柔性"加工工艺，既适用于大批量生产，又适用于小批量生产。焊接不需要模具，焊接设备成本低、适用面广。

1.3
焊接成型工艺的发展

我国是世界上最早应用焊接成型工艺的国家之一。古代所用的焊接工艺是铸焊、锻焊和钎焊。早在商朝（公元前 1600—公元前 1046 年）时期，我国就用铸焊方法制造了铁刃铜钺（如图 1-4 所示），通过在陨铁锻出的薄刃上浇铸青铜柄部而制成；春秋战国时期（公元前 770—公元前 221 年），人们使用钎焊技术来制造工艺品，例如曾侯乙墓中出土的建鼓铜座上的盘龙（如图 1-5 所示）就是利用钎焊做成的，而且所用的钎料与现在所用锡基软钎料成分相近；而从战国时期开始，人们利用锻焊技术制造刀剑（刀刃和刀体或剑体采用成分不同的材料）。明朝宋应星所著的《天工开物》还记载了分段锻焊大型船锚的工艺。

图1-4 铁刃铜钺

图1-5 建鼓铜座上的盘龙

19世纪80年代，俄罗斯人别拿尔道斯发明了碳弧焊，美国人汤姆森发明了电阻焊，这两种方法的问世揭开了现代焊接技术发展的序幕。20世纪初，铝热焊、氧乙炔焊等相继问世。但直到20世纪30年代，瑞典人发明了药皮焊条电弧焊和美国人发明了埋弧焊以后，现代焊接技术才开始在工业中获得广泛应用，在船舶、锅炉、坦克、飞机等工业产品中迅速取代了铆接。20世纪40年代，钨极氩弧焊和熔化极惰性气体保护焊相继问世，为铝和铝合金、镁及镁合金以及合金钢焊接提供了重要解决方案；50年代，电渣焊、熔化极活性气体保护焊、二氧化碳气体保护焊、药芯焊丝电弧焊、摩擦焊、超声波焊、爆炸焊、真空扩散焊、等离子弧焊等相继涌现；60年代，脉冲熔化极气体保护焊、脉冲钨极氩弧焊、气电焊、等离子弧焊、电子束和激光焊等先进焊接方法陆续在工业中获得应用，使焊接技术的发展达到一个新的水平；90年代，搅拌摩擦焊在英国焊接研究所问世，开启了轻质合金洁净化焊接的新纪元。从20世纪末开始到现在，电力电子、自动控制及计算机技术的发展促进了焊接技术的持续发展，这段时期尽管没有全新的焊接方法出现，但焊接设备性能的提升使得焊接工艺技术水平取得长足的进步，例如表面张力过渡熔化极气体保护焊、冷金属过渡熔化极气体保护焊不仅显著地提高了焊接过程稳定性、焊接质量，而且降低了飞溅，拓展了应用范围。相位控制的双丝熔化极气体保护焊、T.I.M.E高速焊、K-TIG焊、TOP-TIG焊等，显著提高了焊接生产率，改善了焊接质量。而以电弧-激光复合焊为代表的各种复合焊技术更是将焊接工艺水平上升到一个新台阶，焊接接头质量更好，焊接过程更稳定、更高效。当前，焊接工艺发展趋势是向高效化、精细化、智能化、绿色环保等方向发展。

第 **2** 章

焊接工艺理论基础

　　本课程主要学习熔化焊中的电弧焊。电弧焊利用电弧作为热源，加热工件的连接部位和焊丝，熔化的母材金属和焊丝金属共同形成熔池，熔池冷却结晶后形成焊缝。本章介绍该过程涉及的基本工艺理论。

2.1
焊接电弧物理基础

　　电弧是各种电弧焊方法的热源，其行为特点对焊接过程稳定性和焊接质量起着决定性作用，理解焊接电弧的物理特性是学习并理解各种电弧焊方法及工艺的基础。本章主要阐述电弧的物理本质、电弧导电特点、电弧产热机理和电弧力。

2.1.1　电弧本质

　　电弧是一种放电现象，也是位于正负电极之间的一团放电了的气体，具有温度高、亮度大的特点，如图 2-1 所示。通过放电过程，电弧将电能转换为热能、机械能和光能。其热能在焊接过程中用于加热熔化母材和填充材料，而其机械能影响电弧形态、熔滴过渡和熔池的流动，对焊缝成型也具有重要影响。需要注意的是，工程实践中经常使用"燃弧""电弧燃烧""引燃电弧"和"熄弧"等说法，但电弧并不是燃烧产生的火焰，而是放电了的一团气体。

气体放电是一定条件下气体中释放出带电粒子并在电场作用下定向运动的过程，是一种特殊的导电现象，如图2-2所示。与金属导电相比，气体放电在导电之前需要首先通过一定的方式放出带电粒子（电子和正粒子），因此称气体放电。在带电粒子的产生过程中伴随着剧烈的能量变化，因此气体放电与金属导电的伏安特性呈现出非常大的差异，如图2-3所示。

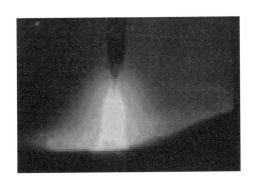

图 2-1　焊接电弧

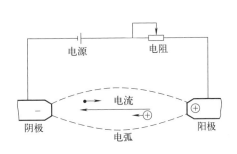

图 2-2　气体放电

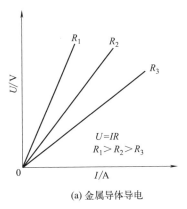

(a) 金属导体导电

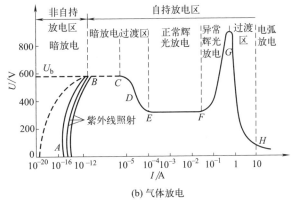

(b) 气体放电

图 2-3　气体放电和金属导体导电的伏安特性

金属导电遵循欧姆定律，伏安特性曲线是一条通过坐标原点的直线，随着电阻的增大，直线的斜率增大。而气体放电的伏安特性非常复杂，在不同电流区间呈现出不同的特点。在电流较小的区间，气体放电本身不能产生后续放电所需要的带电粒子，必须依靠外加激发措施（加热、光照射等）持续施加才能维持导电，这种气体放电称为非自持放电。当电流大于一定数值时，气体放电本身可产生维持导电所需要的带电粒子，这种气体放电仅仅在开始时需要外界激发措施，放电一旦开始，外加激发措施撤除后仍能继续下去，这种放电过程称为自持放电。

在不同的电流范围内，自持放电的伏安特性也因电流大小不同而不同，分为暗放电、辉光放电和电弧放电三种形式。焊接生产中所用的放电均为电弧放电，这种放电具有电压最低、电流最大、温度最高、亮度最大的特点。

2.1.2 电弧中带电粒子的产生

正常状态下，气体由中性的分子或原子组成，不含带电粒子，因此是不导电的。要使气体导电，必须先使它产生带电粒子。电弧中带电粒子的产生方式有电离和电子发射两种。

2.1.2.1 电离及激励

（1）电离与电离能

一定条件下，中性气体原子或分子分离成正离子和电子的现象称为电离。气体原子在常态下是由数量相等的正电荷（原子核）和负电荷（电子）构成的一个稳定系统，对外呈中性，要破坏这个稳定系统实现电离就需要获得一定的能量。气体原子电离所需的最小能量称为电离能（W_i）。能量的常用单位为焦耳（J），但由于电离能很小，只有 $10^{-18} \sim 10^{-17}$J，方便起见，常用电子伏（eV）作为电离能的单位。电子伏为 1 个电子被 1V 的电压加速所得到的能量。

电离能除以电子的带电量称为电离电压（U_i），其单位为伏特（V）。电离电压和电离能都是表示物质电离难易程度的物理量，两者数值相同。

气体原子失去第一个电子的电离称为一次电离，一价正离子失去一个电子的电离称为二次电离。二次电离能显著大于一次电离能，因此根据最小自由能原理，电弧中只要有尚未电离的原子，二次及二次以上的电离是不会产生的。自由电弧的电离度一般小于 0.12%，因此，电弧中二次及二次以上的电离是不存在的。图 2-4 所示为原子电离电压随原子序数的变化规律。可见电离电压随着原子序数的变化呈现周期性变化。从碱金属到惰性气体原子的每一个周期中，碱金属原子的电离电压最小，惰性气体原子的电离电压最大，电离电压基本上随着原子序数的增大而增大。

气体原子的电离能大小对电弧稳定性有很大的影响，其他条件相同的情况下，电弧中气体原子的电离能越低，电弧越稳定。在各种原子中，碱金属原子的电离能最低，因此，焊条和焊剂中通常使用碱金属碳酸盐作稳弧剂。碱金属碳酸盐在电弧中发生分解，产生碱金属原子，降低了电弧气氛的电离能，稳定了电弧。

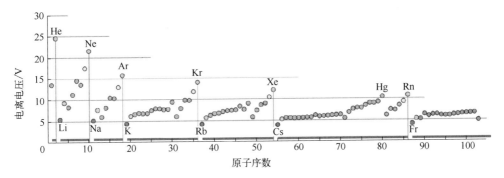

图2-4 原子电离电压随原子序数的变化规律

电弧中的大多数多原子分子不能直接电离，而是先热解离为原子后再进行电离。只有 NO 分子是例外的，这种分子可直接电离，因为其电离能比解离能大得多。

（2）激励

中性气体原子接收的外来能量小于电离能，但大于原子中电子两个能级之差时，原子中的电子会从低能级跃迁至高能级，这种现象称为激励。激励所需的能量称为激励能（W_e）。激励状态的原子称为受激原子。受激原子是不稳定的状态，其生存期只有 $10^{-8} \sim 10^{-2}$s，其可能变化有两种，一是在接收一定的能量后发生电离，二是重新恢复到稳定状态。后一种变化会以光量子的形式放出能量。电弧中每时每刻都有大量受激原子恢复到稳定状态，因此电弧弧光强度大。可见，激励尽管本身不直接产生带电粒子，但对电弧的电离及光特性却有很大影响。

（3）能量传递方式

无论是要电离还是要激励，中性气体原子均需接收一定的能量才可实现。中性气体原子是如何得到这部分能量的呢？或者说能量是如何传递给该中心气体原子的呢？能量的传递方式有两种，一种是碰撞，另一种是光辐射。

① 碰撞传递。电弧气氛中的气体粒子有中性气体粒子、电子和正离子，有些情况下可能还会有负离子。这些粒子总是处于不规则的运动状态，运动过程中会频繁地发生相互碰撞，粒子在相互碰撞时将进行能量转移，以这种形式传递能量称为碰撞传递。

碰撞有两种，一种是弹性碰撞，另一种是非弹性碰撞。弹性碰撞只会引起气体粒子间动能的再分配，碰撞后两粒子的内部结构不发生任何变化，因此，这种碰撞只能引起粒子温度的变化，不能导致电离或激励。弹性碰撞发生在气体粒子动能较低时。非弹性碰撞会导致部分或全部动能转换为内能，即电子的动能；如果该能量大于激励能，则粒子被激励；如果该能量大于电离能，则粒子将被电离。

非弹性碰撞产生在两个粒子的能量均非常大时，或者两个粒子的质量相差很大时。自由电弧的温度较低，也就是说其内的微观粒子的动能并不很大，因此两个中性粒子碰撞，或者正离子与中性粒子碰撞均不会引起电离，只有质量远远小于中性粒子的电子与中性粒子碰撞后才可能是非弹性碰撞。电子与中性粒子碰撞后可以把它的动能全部转换成中性粒子的内能，如果电子动能大于电离能则会发生电离。因此提高电子动能是促进电离的最有效方式。高温可以提高所有粒子（中性粒子、电子、离子）的动能，而电场可提高带电粒子，特别是电子的动能。

在实际电弧中，电子与中性粒子间的碰撞传递是导致电离的主要途径。

② 光辐射传递。受光辐射时，中性粒子可直接接收光量子的能量，并直接转变为内能。光辐射传递导致电离的条件是：

$$h\gamma = \frac{h}{\lambda} \geqslant W_i = eU_i \qquad (2\text{-}1)$$

式中，h 为普朗克常数（6.626×10^{-34}J·s）；γ 为光的频率，Hz；λ 为光的波长，m；e 为电子电荷量（$1.602176634\times10^{-19}$C）；$U_i$ 为中性气体粒子的电离电压，V；W_i 为中性气体粒子的电离能，eV。

因此，可引起电离的临界波长为：

$$\lambda_0 = \frac{h}{eU_i} = \frac{1236}{U_i} \qquad (2\text{-}2)$$

电弧本身发出非常强的弧光，因此，电弧内的中性粒子接收自身弧光的辐射，有产生激励和电离的可能性。

（4）电离类型

根据所需电离能的来源不同，电离分为如下三种形式：

① 热电离。在高温作用下，气体粒子之间碰撞并交换能量后产生的电离称为热电离。自由电弧弧柱的温度通常为 5000 ～ 18000K，弧柱中的原子以这种方式进行电离，主要是在能量足够大的电子与原子碰撞后引起的。

电弧气氛中单位体积内电离了的粒子数与电离前总粒子数之比称为电离

度。自由电弧的电离度通常在 0.01% ～ 0.06% 之间。强制压缩的等离子弧的电离度为 10% ～ 100%。

电弧中存在由两个或两个以上原子构成的多原子分子时，多原子分子在电弧高温下分解成原子，这种现象称为热解离。解离是一个吸热反应，所吸收的热量，即多原子分子解离所需要的最小能量，称为解离能。表 2-1 给出了电弧中常见分子的解离能。

表 2-1 电弧中常见分子的解离能

解离过程	解离能 /eV	解离过程	解离能 /eV
$H_2 \longrightarrow H+H$	4.4	$N_2 \longrightarrow N+N$	6.1
$N_2 \longrightarrow N+N$	9.1	$CO \longrightarrow C+O$	10.0
$O_2 \longrightarrow O+O$	5.1	$CO_2 \longrightarrow CO+O$	5.5
$H_2O \longrightarrow OH+H$	4.7		

热解离现象对电弧行为特点具有显著的影响。多原子分子气体作保护气体时，电弧中的多原子分子发生热解离，解离吸收大量的能量，电弧发生收缩，电弧电场强度增大，电弧及电弧力对称性变差，稳定性变差。

② 场致电离。带电粒子在电场作用下被加速，如果获得的电场能量足够大，碰撞到中性粒子后将获得的电场能量交给中性粒子而引起的电离称为场致电离。

在电场作用下，带电粒子运动并不是沿着（或逆着）电场方向做直线运动，而是一边与气体中性粒子碰撞，一边沿电场方向运动。图 2-5 给出了电场作用下电子运动示意图。电子瞬时速度并不一定沿着电场方向，但总的运动趋势与电场方向一致。由于碰撞后就交换能量，因此，带电粒子在两次碰撞之间被电场加速而获得的能量才可能传递给中性粒子作为电离能。两次碰撞之间的路程长度称为粒子的自由行程。所有自由行程的平均值称为平均自由行程。电子的平均自由行程是正离子的 4 倍，因此电子把电场能转换为动能的效率要比正离子大得多，而且电子与中性粒子碰撞

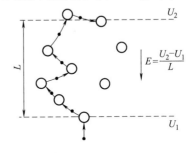

图 2-5 电子在电场作用下的运动示意图

也易形成非弹性碰撞，因此，场致电离主要是电子被电场加速后与中性粒子碰撞而发生的。

焊接电流较小时，阴极和阳极附近的气体原子可能会以这种方式电离。

③ 光电离。气体原子（或分子）吸收光辐射的能量而产生的电离称为光电离。焊接电弧弧光尽管很强，但是其频谱主要位于可见光范围内，仅有少量的紫外线，其波长为 170～500nm。表 2-2 给出了焊接电弧中可能存在的气体原子的临界波长。可见，弧光仅能使 K、Na、Ca、Al 等金属蒸气发生电离。对于其他气体，那些处于激励状态的原子也可能会发生光电离。实际上光电离也是电弧中产生带电粒子的一个次要途径。

表 2-2　焊接电弧中可能存在的气体原子（或分子）的临界波长

原子（或分子）	K	Na	Al	Ca	Mg	Cu	Fe	O	H	CO	N	Ar	He
电离能 /eV	4.3	5.1	5.96	6.1	7.61	7.7	7.8	13.5	13.5	10.4	14.5	15.7	24.5
临界波长 /nm	287.4	242.3	207.3	202.6	162.4	160.5	158.5	91.5	91.5	87.6	85.2	78.7	50.4

2.1.2.2　电子发射

（1）电子发射和逸出功

电极表面发射出电子的现象称为电子发射。电弧的阴极和阳极皆可发射电子，但阳极发射的电子因受到电场的排斥，不能进入弧柱区参加导电过程。因此本节只讨论阴极表面的电子发射现象。

电子从阴极表面逸出时，需要克服原子核的吸引力，因此需要一定的能量。阴极电子发射所需的最小能量称为逸出功（W_w），单位为焦耳或电子伏。

逸出功除以电子的带电量为逸出电压（U_w），其单位为伏特。

阴极的逸出功对电弧的稳定性具有很大的影响。其他条件相同的情况下，阴极的逸出功越小，电弧越稳定。阴极逸出功的大小取决于阴极材料的种类、掺杂元素及表面状态。金属表面有氧化物或其他掺杂元素时均可使逸出功显著降低，例如在钨极氩弧焊的钨极上掺入含有少量的钍（Th）或铈（Ce）的氧化物时，电子发射能力在高温下会增加数千倍。因此，常在钨极中加入 Th、Ce 等的氧化物来提高钨极发射电子的能力，进而提高电流容量和引弧性能。表 2-3 给出了几种金属及其氧化物的逸出功。表 2-4 给出了掺杂物对钨极逸出功的影响。

表 2-3　几种金属及其氧化物的逸出功　　　　　单位：eV

材料	Fe	Al	Cu	W	K	Mg	Ca
金属	4.48	4.25	4.36	4.54	2.02	3.78	2.12
对应的氧化物	3.92	3.9	3.85	—	0.46	3.31	1.8

表2-4　掺杂物对钨极逸出功的影响

钨极成分	W	W-Ce	W-Ba	W-Th	W-Zr
逸出功/eV	4.54	1.36	1.56	2.63	3.14

（2）电子发射类型

按所需逸出功的来源不同，阴极电子发射可分为热发射、电场发射、光发射和粒子碰撞发射等四种形式。

① 热发射。阴极表面温度很高时，某些电子具有大于逸出功的动能而逸出到阴极表面外电弧空间的现象称为热发射。热发射消耗的是电子的动能，对阴极表面有强烈的冷却作用，这对提高钨极氩弧焊钨极载流能力具有重要的有益影响。

大电流钨极氩弧焊时，钨极表面可被加热到很高的温度（可达3500K），电子具有足够的动能溢出钨极表面产生热电子发射。这种温度很高、热发射能力很强的阴极通常称为热阴极。而熔点很高的阴极材料（例如钨、碳等）称为热阴极材料。与之相反，热发射能力弱的阴极称为冷阴极，熔点低的材料称为冷阴极材料。

② 电场发射。阴极表面如果有强电场存在，阴极表面电子在足够大的库仑力的作用下逸出阴极，这种电子发射称为电场发射，又称场致电子发射。阴极表面电场强度越大，则电场发射能力越强。电场发射消耗的是阴极附近电场能量，对阴极没有冷却作用。

熔化极气体保护焊时，铝、铁或铜阴极表面受其熔点的限制，不可能达到很高的温度，热发射能力较低，致使表面附近产生强电场，电子发射以场致电子发射为主，这样的阴极称为冷阴极。熔点低的材料称为冷阴极材料。

在非接触式引弧过程中，电子也主要通过场致电子发射方式产生。

③ 光发射。阴极表面接收光辐射后吸收光量子能量而释放出自由电子的现象称为光发射。光发射对阴极没有冷却作用。只有K、Na、Ca等碱金属或碱土金属光发射的临界波长在可见光区间，这些金属不可能用作电弧的阴极；而焊接中常见的Fe、Al、Cu、W等阴极的临界波长均在紫外线区间。因此，焊接电弧中是不会产生光发射的。

④ 粒子碰撞发射。运动速度较高、能量大的正离子撞击阴极表面，将能量传递给阴极表面电子而引起的电子发射称为粒子碰撞发射。这种发射对阴极也没有冷却作用。

（3）负离子的产生

在一定条件下，某些中性原子会吸附一个电子而形成负离子。形成负离子的过程是一个放热过程，所放出的能量称为中性粒子的电子亲和能。这部分能量以光量子的形式释放出来。

原子的电子亲和能越大，它形成负离子的倾向就越大。电弧中可能存在的元素主要有 F、Cl、O、Ar、He、Fe、Al、Cu、Ca、Mg、W 等，这些元素中，F 的电子亲和能最大，形成负离子能力最大，而其他原子一般不会形成负离子。由于负离子形成过程是放热过程，而高温不利于放热反应的发生，因此负离子只能在温度较低的电弧周边处或正弦波交流电弧电流过零点时形成。

负离子的形成会消耗电子，降低电弧中电子数量，导致电弧导电能力和稳定性降低，这是由于负离子质量较大，其导电能力显著低于电子。CaF_2 等氟化物在电弧中会分解出 F，因此这种物质被称为反电离物质。CaF_2 含量高的焊剂和焊条一般不能用于正弦波交流电弧焊。

（4）带电粒子的扩散和复合

① 扩散。带电粒子与一般气体分子和原子一样，如果浓度分布不均匀，就会从浓度高的位置向浓度低的位置迁移，这种现象称为带电粒子的扩散。

电弧轴线处温度最高，带电粒子浓度最大，因此，电弧中的带电粒子会从轴线向周边扩散。电子的平均自由行程比正离子的大得多，故其扩散系数也比正离子高，电子首先扩散到电弧周边，当电弧周边的电子密度增加后，出现负电荷堆积，吸引带正电的正离子，并加速扩散到周边。

② 复合。电弧空间中的正离子与带负电的粒子（负离子、电子）在一定条件下结合成中性粒子的过程称为复合。有电子与正离子复合和正离子与负离子复合两种情况。复合过程是放热过程，放出的热量相当于电离能。这部分能量以光量子形式释放出来，对外表现为发光。复合只能发生在温度较低的电弧周边，或者交流电弧电流过零点时。

2.1.3 电弧的区域组成及导电机理

2.1.3.1 电弧的区域组成

焊接电弧在其长度方向上的电场分布是不均匀的，如图 2-6 所示。根据电场强度的不同，电弧在长度方向上可分为三个区域：阴极区、弧柱区和阳极区。紧靠负极的区域为阴极区，其长度大约为 $10^{-6} \sim 10^{-5}$mm，其电场强度最高可达 10^6V/mm，该区域的电压降称为阴极压降 U_K。紧靠正电极的区域为阳极区，其长度大约为 $10^{-4} \sim 10^{-3}$mm，其电场强度最高可达 10^4V/mm，该区域的电压降称为阳极压降 U_A。阴极区和阳极区之间的区域称为弧柱区，其长度可近似认为等于电弧长度，其电场强度一般低于 10V/mm，该区域的电压降称为弧柱压降 U_C。

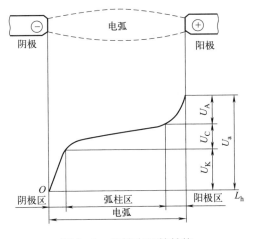

图 2-6　焊接电弧的结构

电弧电流较小的情况下，阴极压降和阳极压降较大，而弧极压降较小。电弧电压 U_a 等于这三部分之和：

$$U_a = U_A + U_K + U_C \tag{2-3}$$

式中，U_a 为电弧电压，V；U_A 为阳极压降，V；U_K 为阴极压降，V；U_C 为弧柱压降，V。

2.1.3.2　电弧各个区域的导电机理

电弧导电就是带电粒子产生、运动及消失的动态平衡过程。带电粒子产生后，绝大部分参加导电，一小部分扩散到电弧周边，通过复合方式消失了。不同区域产生带电粒子的方式是不同的，因此下面分区讨论电弧的导电机理。

（1）弧柱区的导电机理

① 带电粒子的产生方式。弧柱是一团导电气体，自身只能通过电离产生带电粒子。弧柱电场强度很低，其内部不会发生场致电离。另外，由于 K、Na 等碱金属原子在电弧中极少见，因此，弧柱中也鲜见光电离。而弧柱温度很高，可达 5000 ～ 18000K，因此，热电离是弧柱产生带电粒子的主要方式。

研究表明，弧柱中通过热电离产生的带电粒子数量与通过扩散和复合消失的带电粒子数量正好相等，因此，从宏观上来看，热电离产生的带电粒子并不参加导电。弧柱导电所需的带电粒子全部来自两个极区，阴极区注入导电所需的全部电子，阳极区注入导电所需要的全部正离子。

② 带电粒子运动。在电场作用下，电子向阳极运动，形成电子流 I_e；正离子向阴极运动，形成正离子流 I_{A+}。运动方向相反的电子流和离子流，形成的电流方向是相同的，两者共同构成了电弧电流 I_a。由于电子和正离子质量相差极大，在相同的电场作用下运动速度相差悬殊，因此其导电能力就相差极大。在弧柱中，电子流约占 99.9%，而正离子流仅占 0.1% 左右。

尽管正离子流所占的比例很少，但它却保证了弧柱的电中性，这是由于在单位时间内，阴极区注入弧柱的电子数量是 99.9%I_a，阳极区注入弧柱的正离子数量是 0.1%I_a，它们分别与相同时间内离开弧柱的电子数量和正离子数量相等，如图 2-7 所示。由于弧柱具有电中性，电子与离子在弧柱中运动时不受空间剩余电荷的排斥作用，因此具有电场强度（电压降）低、电流大的特点。

弧柱电场强度主要取决于电弧空间气体成分和电流大小，图 2-8 给出了不同气体气氛下电流对弧柱电场强度的影响。由图可知，对于给定的电弧气氛，在较小电流区间，电场强度随电流的增大而减小，在较大电流区间，电场强度随电流的增大而有所增大。气体种类对电弧电场强度的影响，不仅与气体的电离度有关，而且还与气体的解离和热导率有关。具有解离性的气体和热导率较大的气体就会提高电弧电场强度，其影响要比电离能大。CO_2 和 H_2 气氛下的电弧的电场强度高于 Ar 弧。

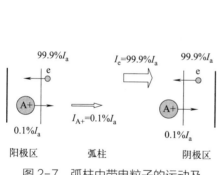

图 2-7 弧柱中带电粒子的运动及
电流的构成

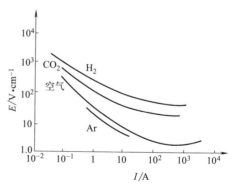

图 2-8 电弧气氛气体及电流对
弧柱电场强度的影响

（2）阴极区的导电机理

在电弧稳定燃烧过程中，阴极区产生弧柱区导电所需的全部电子流 I_e，并接收由弧柱而来的正离子流 I_{A+}，如图 2-7 所示。不同条件下，阴极区产生电子的方式是不同的。根据电子产生方式的不同，阴极区导电机理有热发射型、电场发射型和等离子型等三种。

① 热发射型阴极区导电机理。热发射型阴极区出现在 W、C 等高熔点材料作阴极且电流足够大时。这种情况下，阴极表面可达到很高的温度，具有很强的热发射能力，通过热发射产生的电子数量可满足弧柱导电需要。热发射型阴极区仅仅由阴极表面构成，因为阴极表面产生了弧柱需要的全部电子流，阴极表面以外就是弧柱区，不存在阴极压降区。阴极表面导电面积与弧柱断面相同，不存在阴极斑点。

电子热发射时从阴极带走的热量 $I_e U_w$ 可从两个途径得到补充：

a. 正离子撞击阴极表面时将其动能转换为热能传递给阴极；正离子在阴极表面与电子中和放出电离能，也使阴极受到加热作用；

b. 焊接电流流过阴极时产生的电阻热加热阴极。

大电流钨极氩弧焊的阴极区接近于热发射型阴极。绝对的热发射型阴极在焊接生产中难以见到。生产上应用钨极氩弧焊时，由于电流不够大（一般在 400A 以下），热发射并不能提供弧柱导电所需的全部电子，还要靠阴极区场发射来产生少量电子予以弥补热发射不足，因此，钨极氩弧焊仍有一定的阴极压降，只是数值较小罢了。

② 电场发射型阴极导电机理。电场发射型阴极区出现在低熔点材料 Al、Cu、Fe 作阴极时，或者高熔点材料 W、C 作阴极但焊接电流较小时。前一种情况下，阴极表面受熔沸点的限制不能达到很高的温度；第二种情况下，阴极表面因电流小而不能达到很高温度。这样，阴极表面热发射能力较弱，热发射的电子流小于弧柱导电所需的 $99.9\% I_a$，而弧柱导电要拉走 $99.9\% I_a$，这势必导致阴极表面的电子数量不足，正负电荷的平衡关系被打破，出现正电荷堆积，如图 2-9 所示。也就是说阴极表面附近出现一剩余正电荷区，该区域即为阴极区。阴极区的剩余正电荷产生电场，电场在该区域长度上形成压降，该压降称为阴极压降。只要弧柱所需电子得不到满足，电子的不足量和正离子过剩量继续增大，阴极区的电场强度和压降就继续增大。当电场强度和压降增大到一定程度后，该区域将以下几种方式产生电子，弥补热发射的不足。

a. 场发射：阴极表面的电子在强电场施加的库仑力的作用下溢出金属表面，进入阴极区。

b. 正离子的碰撞发射：由弧柱区进入阴极区的正离子被阴极压降加速，其动能增大，正离子撞击到阴极时交给电子的动能如果足够大，则产生碰撞发射。

c. 场致电离：上述两种方式产生的电子在阴极压降作用下，从阴极表面向弧柱运动，到达阴极区与弧柱区交界处获得 eU_K 的能量，如果该能量大于电离能，则会发生场致电离。

当以上述三种方式产生的电子补足了热发射所欠的数量，满足了弧柱导电需要，则电弧达到平衡，阴极压降和阴极区电场强度不再增大。阴极压降主要取决于电流大小、阴极材料和气体介质等。阴极材料的熔点越高、电流越大、气体介质的电离电压越小，阴极压降就越小。大电流钨极氩弧焊时，如果采用直流正接法（钨极为阴极），阴极温度很高，阴极以热发射产生大量电子，阴极区压降较低。熔化极气体保护焊时，阴极通常为焊丝，受焊丝熔点限制，阴极温度较低，热发射能力低，阴极区压降较大。

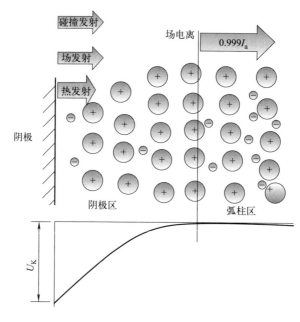

图 2-9　阴极区及阴极压降的形成

场发射型阴极区呈正电性，与弧柱相比，其截面发生了明显的收缩，以利用较小的能量堆积出所需的正电荷密度。其收缩程度取决于焊接电流、电弧气氛及阴极材料。电流越小、阴极材料逸出功越大，场发射型阴极区收缩程度就越高。收缩程度很大时，阴极表面导通电流的区域，即阴极区与阴极的交界面会变为一个或若干个面积很小的点，这些点被称为阴极斑点。

③ 等离子型阴极导电机理。等离子型阴极区出现在电弧气氛压力显著低于大气压，且阴极为冷阴极时。这种调节下，冷阴极表面附近也会聚积剩余正离子，空间剩余正电荷导致阴极压降 U_K。因为，电弧气氛压力较低，阴极压降区长度增大，阴极区电场强度较低，不能进行电场发射。这种情况下，

在阴极区与弧柱交界部位会产生一个局部高温区，其温度显著高于弧柱。在高温作用下，该部位会产生强烈的热电离，生成大量的电子和正离子。电子向弧柱运动，供给弧柱导电需要。正离子向阴极运动，构成阴极电流。阴极电流中电子流减小，正离子流增大，极端情况下阴极不发射电子，阴极表面上的电流全部为正离子流。

由于焊接生产一般都在大气环境下进行，这种导电机理生产实践中基本不会出现。

（3）阳极区的导电机理

在电弧稳定燃烧过程中，阳极区产生弧柱区导电所需的全部正离子流 I_{A+}，接收由弧柱区而来的电子流 I_e，如图2-7所示。不同条件下，阳极区产生正离子的方式是不同的。根据正离子产生方式的不同，阳极区导电机理有热电离型、场致电离型等两种。

① 热电离型阳极区导电机理。热电离型阳极区出现在 Al、Fe、Cu 等高蒸气压材料作阳极，且电流密度较大时。这种情况下，阳极表面温度很高，其附近覆盖着一层高温金属蒸气（阳极材料蒸气），这些高温金属蒸气在高温作用下发生热电离，生成的正离子供弧柱区需要，生成的电子奔向阳极区。如果焊接电流足够大，高温蒸气温度足够高，通过热电离产生的正离子满足了弧柱区的需要，就不再需要以其他方式产生正离子，因此，这种情况下阳极区仅仅由阳极表面及附近的极薄高温金属蒸气构成，阳极压降为零。阳极表面附近没有剩余电荷区，阳极表面以外就是弧柱。

② 场致电离型阳极区导电机理。场致电离型阳极区出现在电流密度较小时或者阳极材料不易蒸发时。这种情况下，阳极表面附近没有足够的金属蒸气，不能发生热电离或热电离产生的正离子数量不足以满足弧柱区导电需要。这时，阳极前面的电平衡被打破，正离数量少于电子数量，导致出现一剩余空间负电荷区，该区即为阳极区，其压降即为阳极压降 U_A，如图2-10所示。只要是弧柱区所需的正离子数量得不到满足，阳极区的电子数与正离子数的差值就继续增大，U_A 就继续增大。U_A 增大到一定程度后，从弧柱区来的电子被阳极压降加速后获得足够的动能，在阳极表面附近与中性粒子碰撞后产生场致电离，当场致电离产生的正离子满足弧柱区所需的正离子数量，U_A 不再继续增高。在这种情况下，阳极压降 U_A 一般大于该区域气体介质的最小电离电压。

阳极压降主要取决于电弧电流和阳极材料。焊接电流越大、阳极材料蒸气压越大、阳极材料电离电压越小，阳极压降就越小。对于 Al、Fe 和 Cu 等阳极，影响最大的是焊接电流，随着焊接电流的增大，阳极温度提高，阳极压降迅速降低。这些材料大电流熔化极气体保护焊阳极压降通常很小，几乎为零。图 2-11 所示为焊接电流及阳极表面处气体温度对阳极压降的影响。

场致电离型阳极区呈负电性，与弧柱区相比，其截面也发生了明显收缩。其收缩程度取决于焊接电流、电弧气氛及阳极材料。电流越小、阳极材料电离能越高，场致电离型阳极区收缩程度就越高。收缩程度很大时，阳极表面导通电流的区域，即阳极区与阳极的交界面会变为一个或若干个面积很小的点，这些点被称为阳极斑点。

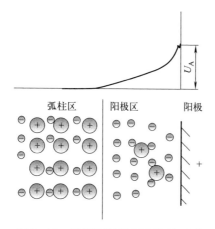

图 2-10　阳极区及阳极压降的形成

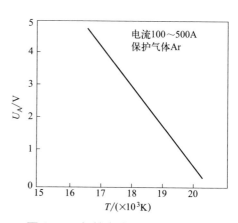

图 2-11　焊接电流及阳极表面处气体温度对阳极压降的影响

（4）阴极斑点和阳极斑点

① 阴极斑点。在一定条件下，焊接电流通过阴极表面上一些孤立的、面积很小的点进入阴极，这些点称为阴极斑点。场致发射型阴极一般会出现阴极斑点。高熔点材料作阴极时，只有在电流很小的情况下才出现阴极斑点。阴极斑点出现主要是由阴极区断面收缩引起的。阴极斑点的形成是由最小能量原理决定的，电流通过这些阴极斑点导通时整个电弧消耗的能量应该保持最小，因此阴极斑点总是产生在最易发射电子且最靠近阳极的那个或那些点上。

阴极斑点的特点如下：

a. 电流密度大、温度高、亮度大。由于全部焊接电流由面积很小的几个点导通，因此电流密度大，在较大的电流密度作用下，斑点被加热到很高的温度，具有很大的亮度。

b. 受到斑点力的作用。阴极斑点导通电流时，大量的正离子撞击在上面，形成强大的撞击力；另外，由于温度很高，斑点上产生强烈的金属蒸发，金属蒸气逸出时会对阴极斑点形成蒸发反作用力。这两个力均指向阴极斑点，共同构成了阴极斑点力。如果阴极斑点出现熔滴上，阴极斑点力通常会阻止熔滴脱离焊丝，阻碍熔滴过渡。

c.阴极斑点自动寻找并破碎氧化膜。由于阴极斑点总是产生在最易发射电子的点上，而氧化膜的逸出功显著低于对应的金属，因此阴极斑点会自动寻找氧化膜，氧化膜发射电子后变得疏松，与母材金属的结合强度变弱，受到质量较大的正离子撞击后破碎，这种作用被称为阴极雾化作用或阴极清理作用。图2-12所示为铝合金交流钨极氩弧焊时阴极雾化作用效果。

图2-12　铝合金交流钨极氩弧焊时阴极雾化作用效果

阴极清理作用对于铝及铝合金、镁及镁合金的焊接非常重要。因为这些活泼金属表面有一层致密的氧化膜，焊接过程中如果不能去除，则覆盖在熔池上面，阻碍电弧热量进入熔池，易导致未焊透、夹渣等缺陷。因此，铝及铝合金、镁及镁合金气体保护焊时，通常采用直流反极性接法（熔化极气体保护焊）和交流（钨极氩弧焊）进行焊接。

d.阴极斑点具有跳跃性和黏着性。如果某一时刻，阴极斑点附近其他的点还不具备充当阴极斑点的条件，即使阳极位置发生移动，阴极斑点仍然固定在原来的点 P，这就是阴极斑点的黏着性，如图2-13所示。P 点氧化膜被完全破坏后，失去作为阴极斑点的条件，阴极斑点跳到另外一个有氧化膜的点 Q，这就是阴极斑点的跳跃性。阴极斑点生存期极短，一般只有零点几纳秒至十几纳秒，跳跃速度极快，可达 $10^4 \sim 10^5$cm/s。

不锈钢的高速 MIG 焊时，阴极斑点的跳跃性和黏着性易导致出现蛇形焊道，乃至不连续焊道。通过在保护气体中加入少量氧气，焊接过程中焊

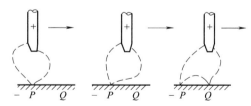

图2-13　阴极斑点的跳跃性和黏着性

道上形成一层连续的氧化膜，可稳定阴极斑点，获得成型良好的焊缝，如图2-14所示。

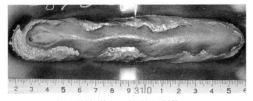

(a) 不锈钢的MIG焊(纯Ar保护)　　　　　(b)不锈钢的MAG焊(Ar+O₂)

图 2-14　阴极斑点黏着性和跳跃性对焊道的影响

② 阳极斑点。在一定条件下，焊接电流通过阳极表面上一些孤立的、面积很小的点进入阳极，这些点称为阳极斑点。电场电离型阳极在电流很小时会出现阳极斑点。阳极斑点出现主要是由阳极区断面收缩引起的。阳极斑点的形成也是由最小能量原理决定的，电流通过这些阳极斑点导通时整个电弧消耗的能量应该保持最小，因此阳极斑点总是产生在最易产生正离子且最靠近阴极的那个或那些点上。

阳极斑点的特点如下：

a. 电流密度大、温度高、亮度大。阳极斑点的面积通常比阴极斑点要大一些，因此阳极电流密度大、温度及亮度通常均低于阴极斑点。

b. 受到斑点力的作用。阳极斑点受电子的撞击力和金属蒸气逸出时产生的反作用力。电子撞击力小于正离子，而阳极斑点温度比阴极斑点低，受到的蒸发反力也小于阴极斑点，因此相同条件下的阳极斑点力总是小于阴极斑点力。熔化极气体保护焊丝接阳极时，熔滴上受到的阳极斑点力较小，熔滴过渡阻碍作用小，过渡稳定性好，因此，熔化极气体保护焊一般采用直流反接（工件接电源负极，焊丝接电源正极）。

c. 阳极斑点自动避开氧化膜。由于阳极斑点总是产生在最易产生正离子的点上，而金属蒸气通常具有较低的电离能，因此它总是自动出现在容易产生金属蒸气的点上。有氧化膜的位置不易产生金属蒸气，因此阳极斑点会避开氧化膜。阳极斑点自动避开氧化膜的特性决定了它没有去除氧化膜的能力，铝及铝合金的焊接时不能采用直流正接。

d. 阳极斑点具有跳跃性和黏着性。阴极和阳极相对移动时，阳极斑点也会自动寻找最易蒸发出金属蒸气且距离阴极最短的点。这决定了阳极斑点也不是连续移动的，是通过跳跃方式移动的，具有黏着性和跳跃性。

小电流钨极氩弧焊时，工件上的阳极斑点的黏着性和跳跃性会导致焊道不连续，如图 2-15 （a）所示。阳极斑点黏着期间电弧不断拉长，电弧电压增大；跳跃到新的位置后，电弧弧长缩短，电弧电压减小，如图 2-15 (b) 所示。

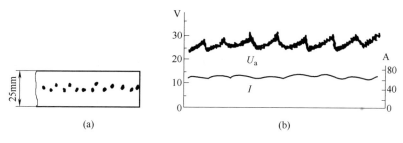

图 2-15　不锈钢小电流钨极氩弧焊焊道及电流电压波形

2.1.3.3　电弧的静特性

（1）电弧静特性曲线

电弧稳定燃烧时，电弧电压 U_a 与焊接电流 I 之间的关系［即 $U_a=f(I)$］称为电弧的静特性，又称电弧的伏安特性。在电压‐电流坐标系中对应于 $U_a=f(I)$ 的曲线称为电弧静特性曲线。当焊接电流在很大的范围内变化时，焊接电弧的静特性曲线近似呈 U 形，典型形状见图 2-16。不同的焊接方法使用电弧静特性的不同区段。钨极氩弧焊（TIG 焊）、埋弧焊（SAW）、焊条电弧焊（MMAW）、粗丝 CO_2 气体保护焊等通常工作在电弧静特性的水平段；小电流钨极氩弧焊、微束等离子弧焊以及脉冲钨极氩弧焊的电弧通常处于下降段；而细丝 CO_2 气体保护焊、大电流 MIG 焊、等离子弧焊等通常工作在电弧静特性的上升段。

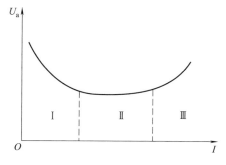

图 2-16　电弧静特性曲线

（2）电弧静特性曲线的影响因素

① 气体介质的成分。气体介质通过电离能、热导率及热解离性能影响电弧各个部分的电场强度 E，进而影响电弧静特性曲线。其他条件一定时，电弧气氛的电离能越大，原子电离所需的能量越大，电弧电场强度越高，静特性曲线上移。电流 I 一定时，保护气体热导率越大或保护气体加入多原子分子，电弧受到的冷却作用加强，单位长度上电弧散失热量增大，为了保持电弧稳定燃烧，单位长度上电弧产热 IE 要相应地增大；由于 I 一定，E 必然要增大，从而使电弧电压升高，电弧静特性曲线上移。

图 2-17 所示为采用不同保护气体时不锈钢 TIG 焊电弧的静特性曲线。采用氦气（He）时，由于氦气的热导率和电离电压均显著大于 Ar，因此，相同

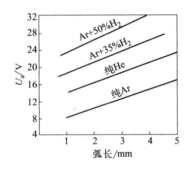

图 2-17 采用不同保护气体时不锈钢 TIG 焊电弧的静特性曲线

电流下电弧电压增大，电弧静特性曲线上移。H 和 H_2 的电离能（H 的为 13.5eV，H_2 的为 15.5eV）均低于 Ar 的电离能（Ar 的为 15.7eV），但是，Ar+50%H_2 保护下的电弧电压比纯 Ar 保护下的电弧电压却高得多，其原因是 H_2 解离吸热且 H_2 的热导率比 Ar 大得多。这说明，气体的热导率及解离能对电弧电压的影响更大。

② 气体介质的压力。电弧气体压力不低于大气压时，随着气体介质压力的增大，气体粒子密度增大，通过散乱运动带走的热量增大，致使电弧电场强度和电弧电压增大。图 2-18 给出了电弧气体压力对 TIG 电弧及 MAG 电弧电压的影响。

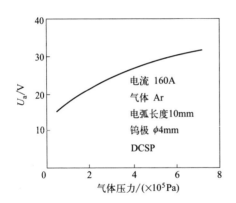

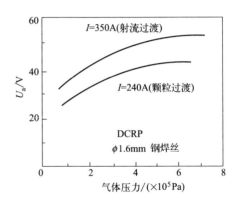

图 2-18 电弧气体压力对 TIG 电弧及 MAG 电弧电压的影响

DCSP—直流正接；DCRP—直流反接

③ 弧长。阴极区及阳极区的长度和压降取决于气体介质类型、电流大小、电极材料，与弧长无关。气体介质类型、电流大小、电极材料一定时，阴极压降 U_K、阳极压降 U_A 和弧柱电场强度 E_C 均为定值，不受弧长影响，弧长变化仅仅影响弧柱长度，而

$$U_a=U_A+U_K+U_C=U_A+U_K+E_Cl_C \tag{2-4}$$

式中，E_C 为弧柱电场强度，V/mm；l_C 为弧柱长度，mm。由于两个极区长度均很短，可认为 $l_C=l_a$（电弧长度）。因此有

$$U_a=U_A+U_K+U_C=U_A+U_K+E_Cl_a \tag{2-5}$$

可见，焊接条件一定时（焊接电流、电极材料、周围气体介质等），电弧电压总是随着弧长的增大而增大，两者是一一对应的关系。图 2-19 给出了钨极氩弧焊弧长对电弧静特性的影响。

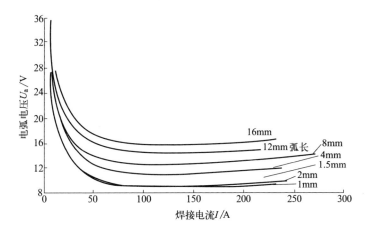

图 2-19　钨极氩弧焊弧长对电弧静特性的影响

2.1.4　电弧的产热及温度分布

2.1.4.1　电弧的产热

电弧热是在导电过程中由电能转变而来的，是带电粒子产生、运动和消失过程中伴随的能量变化结果，因此产热机理与导电机理密切相关。电弧弧柱区、阴极区及阳极区的导电机理不同，决定了其产热机理也不同，下面分区介绍这三个区域的产热机理。

（1）弧柱区

弧柱本身通过热电离产生带电粒子，用于弥补因扩散或复合消失的带电粒子，热电离时吸收的热量与复合过程中放出的热量相互抵消，因此，弧柱的产热仅仅来源于带电粒子在电场作用下的加速运动。正离子和电子两种带电粒子在电场作用下均被加速，其动能增大，而动能增大的宏观表现即为温度上升，即产热。电子的运动速度、自由行程显著大于正离子，因此电子在电能转变为动能的过程中起着主要作用。在较低的电弧气氛压力下，电子温度 T_e 和中性粒子温度 T_g 可能会不同，如图 2-20 所示。电弧气体压力接近大气压时，各种粒子之间的频繁碰撞运动使得其温度趋于一致。

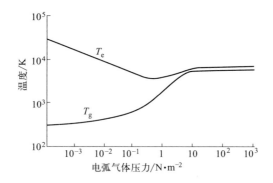

图 2-20　电弧气体压力对电子及中性粒子温度的影响

类似于金属导体，弧柱产生热量可用下式计算：

$$P_c = IU_c \qquad\qquad (2\text{-}6)$$

式中，I 为焊接电流，A；U_c 为弧柱压降，V。由于弧柱与电极及工件并不直接接触，它产生的热量一般不能直接用于加热焊丝及工件，主要用于弥补弧柱通过对流、辐射、传导等方式散失的热量，只有极少部分通过辐射和对流进入焊丝和工件。凡是影响弧柱压降的因素，如弧长、电弧气体介质及压力、电弧散热条件等均会影响弧柱的产热量。

（2）阴极区的产热

阴极区的产热是该区在产生电子、接收正离子以及两者在电场作用下运动过程中产生的能量变化量。简单起见，忽略极小的正离子流，并把电子流近似为焊接电流，通过如图 2-21 所示的虚拟导电机理，可推导出阴极区的产

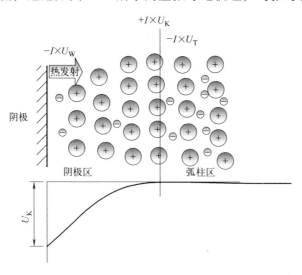

图 2-21　电子产生、运动和消失过程中伴随的能量变化

热量。假定弧柱导电所需的全部电子均由阴极热发射，阴极区压降为 U_K，那么电子流在产生、运动以及从阴极区消失的过程中伴随的能量变化为：

① 电子流从阴极表面溢出时消耗能量 IU_W；

② 电子流从阴极表面运动到阴极区与弧柱区交界面时，被阴极压降加速后获得的能量为 IU_K；

③ 电子流穿过阴极区与弧柱区交界面，以一定的速度进入弧柱区时带走的能量为 IU_T，U_T 为弧柱温度等效电压（V）。

这些能量的平衡结果就是阴极区产热功率 P_K，可表示为：

$$P_K=IU_K-IU_W-IU_T=I(U_K-U_W-U_T) \tag{2-7}$$

阴极区产生的热量直接加热阴极。

（3）阳极区的产热

阳极区的产热等于该区在接收电子、产生正离子及两者在阳极区被电场加速过程中伴随的能量变化。同样忽略极小的正离子流，并把电子流近似为焊接电流，则阳极区导电过程中的能量变化有：

① 电子流从阳极区与弧柱区交界面以一定的速度进入阳极区时带来的相当于弧柱温度那部分能量 IU_T；

② 电子流从阳极区与弧柱区交界面到达阳极表面被 U_A 加速所得到的能量为 IU_A；

③ 电子流进入阳极表面与原子核复合放出的逸出功为 IU_W。

这些能量的平衡结果就是阳极区产热功率 P_A，可表示为：

$$P_A=I(U_A+U_W+U_T) \tag{2-8}$$

阳极区的产生的热量直接用于加热阳极。

2.1.4.2 电弧热功率及热效率系数

电弧热功率 P_0 是上述三个区的产热功率之和：

$$P_0=P_C+P_K+P_A=IU_C+I(U_K-U_W-U_T)+I(U_A+U_W+U_T)=I(U_C+U_K+U_A)=IU_a \tag{2-9}$$

可见电弧热功率等于焊接电流与电弧电压的乘积。

2.1.4.3 电弧的温度分布

电弧轴向功率密度分布情况与电流密度分布相对应，两个极区大，弧柱区小。但温度的轴向分布与功率密度分布正好相反，弧柱区的温度较高，而两个极区的温度较低，如图 2-22 所示。虽然两个极区的产热量高，但因电极材料的导热性好、熔点和沸点较低，因此，其温度受到了限制，一般不超过

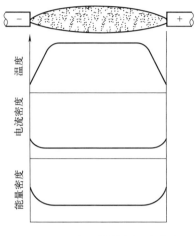

图 2-22 电弧的轴向温度分布

电极材料的沸点。而弧柱区则没有这些限制，可以达到很高的温度。

两个极区的温度也不相同：熔化极气体保护焊和埋弧焊，阳极的温度通常低于阴极的温度；而焊条电弧焊和钨极氩弧焊则正好相反，见表 2-5。

实际焊接电弧的两个电极尺寸并不相同，工件大而焊丝或钨极小，弧柱区的轴向温度分布并不像图 2-22 那样均匀分布，而是靠近焊丝或钨极一端温度高，靠近工件一端的温度低，因此，焊丝端部的熔滴温度总是比熔池温度高，熔滴从焊丝过渡到熔池时，不仅提供填充金属，而且还提供了热量。

表 2-5 阴极与阳极的温度比较

焊接方法	焊条电弧焊	钨极氩弧焊	熔化极氩弧焊	CO_2 气体保护焊	埋弧自动焊
温度比较	阳极温度＞阴极温度		阴极温度＞阳极温度		

电弧弧柱径向温度分布特点是：电弧中心部位温度最高，从中心向周边温度逐渐降低，如图 2-23 所示。

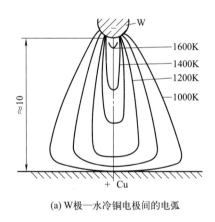

(a) W极—水冷铜电极间的电弧

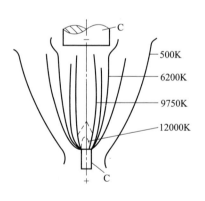

(b) C极—C极间的电弧

图 2-23 电弧的径向温度分布

自由电弧弧柱的温度一般在 5000 ～ 18000K 之间，而压缩电弧（等离子弧）弧柱温度则在 18000 ～ 50000K 之间。温度高低受电极材料、气体介质、电流密度大小的影响。电弧中存在电离能低的 K、Na 金属蒸气，则电弧温度较低。电弧中有多原子气体，如 CO_2、O_2、H_2、H_2O、N_2 等时，由于多原子气体解离吸热，电弧温度将升高。焊接电流增大，弧柱温度提高，如图 2-24 所示，但电流增大到一定数值后，电弧温度不再随电流的增大而提高，主要是因为，随着电流的增大，电弧断面面积增大，而电弧电流密度不能有效增大。

图 2-24　焊接电流对焊条
电弧焊弧柱温度的影响

2.1.5　电弧力及其影响因素

电弧不仅是个热源，而且也是一个力源。电弧力对熔滴过渡、熔池金属流动、焊缝成型尺寸及质量等均具有重要的影响。焊接电弧力主要包括电磁收缩力、等离子流力、斑点力、爆破力等。

2.1.5.1　电弧力

（1）电磁收缩力

电弧的电磁收缩力源于同向载流导体之间的相互吸引力。电流流过具有一定截面积的导体时并不是仅仅沿轴线流动，而是相对均匀地分布在整个截面上流动，也就是说电流在导体中被分解为许多平行的电流线，这些电流线之间的相互吸引力使得导体断面发生收缩。这个效应称为电磁收缩效应，这个力称为电磁收缩力。电磁收缩力较小，不足以改变固体导体的外形，但可使液态导体（熔滴和熔池）和气态导体（电弧）发生显著收缩或变形。图 2-25 给出了短路过渡时液态熔滴的收缩图片及原理示意图。

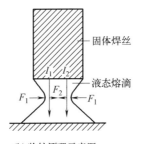

(a)液态熔滴的收缩图片　(b)收缩原理示意图

图 2-25　短路过渡时液态熔滴的收缩图片及原理示意图

电磁收缩力在导体内形成径向压力，该压力称为电弧的电磁静压力。对于圆柱形导体，离电弧轴线距离为 r 的任意一点处的径向压力可用下式计算：

$$P_r = k \frac{I^2}{\pi R^4}(R^2 - r^2) \qquad (2\text{-}10)$$

式中，P_r 为导体内任意半径 r 处的电磁静压力，Pa；R 为导体外径，m；I 为导体的总电流，A；k 为常数。

可见，电弧中心处的电磁静压力最大，随着距离电弧轴线距离的增大，电磁静压力逐渐减小。电流一定时，电弧断面半径越小，电弧电磁静压力越大。

流体中各方向的压力大小相等，电弧轴向压力也可按式（2-10）计算，在电弧横截面上对式（2-10）进行积分可算出电弧轴向力为：

$$F = \frac{k}{2} I^2 \qquad (2\text{-}11)$$

电弧中的任何一截面的上面及下面均受到该力的作用，由于两者方向相反，合力为零。而电极端部和熔池表面仅仅在电弧侧受到该力，因此，确实受到该力的影响，熔池表面会在该力的作用下产生凹陷。

焊接电弧形状一般接近于锥台，如图 2-26 所示。这是因为较小的焊丝直径限制了电弧扩展，而在较大尺寸的工件上电弧可以扩展较宽。锥台形导体中任意一点 A 的压力可用下式计算：

$$p_A = \frac{2kI^2}{\pi L^2 (1 - \cos\theta)^2} \lg \left(\frac{\cos\dfrac{\varphi}{2}}{\cos\dfrac{\theta}{2}} \right) \qquad (2\text{-}12)$$

式中，p_A 为离电弧锥顶距离为 L（m）、半锥角为 φ（°）的任意一点 A 的压力；θ 为电弧的半锥角；I 为导体的总电流；k 为常数。

由式（2-12）可看出，锥台形电弧中不仅在径向方向存在压力差，在轴线方向也存在压力差，直径较小的焊丝端的压力大，而直径较大的工件端的压力小。这种压力会导致一由焊丝指向工件的轴向推力：

$$F_t = kI^2 \lg \frac{R_b}{R_a} \qquad (2\text{-}13)$$

式中，F_t 为轴向推力，N；R_b 为锥台电弧工件端半径，m；R_a 为锥台电弧焊丝端半径，m。这个轴向推力也可看作是由电流线受到的电磁力导致的。如图 2-26 所示，每条电流线受到的电磁力 F_C 都有一轴向分力，所有电流线的轴向分力之合力就构成了由式（2-13）计算出的轴向推力。

（2）等离子流力

如前所述，锥台形电弧中存在轴向压力差。该轴向压力差会在电弧中激发从焊丝指向工件的高速高温气流，如图 2-27 所示。该高温气流具有一定的电离度，因此称为等离子流。等离子流的形成原理与风的形成原理完全相同，都是在压力差的作用下形成的。等离子流高速运动所形成的力称为等离子流力。由于等离子流力源于电磁收缩效应引起的压力差，而且是通过高速运动引起的，因此其又称为电磁动压力。

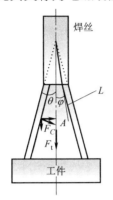

图 2-26　锥台形电弧的压力及轴向推力

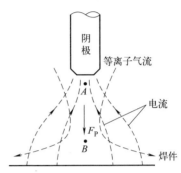

图 2-27　等离子流形成示意图

等离子流的运动速度极快，可达数百米每秒，而且随着电流的增大而增大。等离子流速度分布是不均匀的，电弧轴线处最大，随着离轴线距离的增大而迅速衰减。而且，等离子流速度衰减梯度随着焊接电流的增大而加剧，如图 2-28 所示。等离子流力分布与等离子流速度分布基本对应。大电流熔化极气体保护焊时，等离子流力的这种分布易使得熔池中心的深度显著加深，形成如图 2-29 所示的指状熔深。

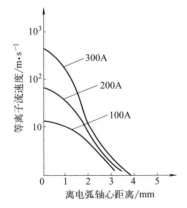

图 2-28　电弧中等离子流速度分布

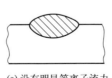

(a) 没有明显等离子流力　　(b) 有强的等离子流力

图 2-29　等离子流对焊缝成型的影响

（3）斑点力

电极上的斑点承受蒸发反力和带电粒子的撞击力，其方向均为沿着斑点法线指向斑点。

① 蒸发反力。由于斑点上的电流密度很大，局部温度很高，电极材料产生强烈蒸发，蒸气逸出时向斑点施加一反作用力。由于阴极斑点的电流密度一般比阳极斑点高，蒸发更激烈，因此，阴极斑点承受的蒸发反力比阳极斑点大。

② 带电粒子的撞击力。阴极受正离子撞击，阳极受电子撞击，由于正离子的质量远远大于电子的质量，而且一般情况下阴极压降大于阳极压降，因此，阴极承受的带电粒子撞击力也比阳极大。

由于斑点承受的两个力均是阴极斑点大，因此，阴极斑点力总是比阳极斑点力较大。斑点力一般阻碍熔滴过渡，因此，焊丝一般接阳极，这样有利于减小熔滴尺寸，稳定电弧。

（4）爆破力

爆破力仅仅出现在短路过渡电弧中。短路过渡焊接采用较小的焊接电流和电弧电压，由于弧长较小，熔滴长大过程中把焊丝和熔池短路，短路后焊接电流迅速增大，焊丝与工件之间的金属液柱在强大的电磁收缩力作用下发生收缩，随着缩颈变细和短路电流的持续增大，缩颈部位在迅速增大的电阻热的加热作用下气化爆断，形成爆破力，如图2-30所示。爆破力指向四面八方，向下的作用力使得爆破位置以下的熔滴过渡到熔池中，向上的作用力使得爆破位置以上的液态金属回到焊丝，指向前后左右的爆破力会导致飞溅。

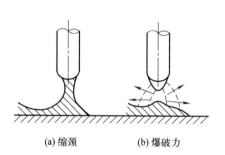

(a) 缩颈　　(b) 爆破力

图2-30　短路液态金属柱的缩颈及爆破力的产生

另外，电弧熄灭时，电弧空间气体温度迅速下降；电弧重新点燃时，电弧空间气体因温度突然升高而膨胀，致使局部压力迅速升高，这种压力对熔池和焊丝端头的液体金属也形成较大的冲击作用，严重时也会导致飞溅。

（5）细熔滴的冲击力

在射流过渡熔化极氩弧焊过程中，焊丝端部熔化金属以细小的尺寸、很快的速度向熔滴过渡，到达熔池时其速度可达几百米每秒，对熔池形成很大的冲击作用力。这种冲击力与等离子流力的作用类似，极易使焊缝形成指状的熔深，如图 2-31 所示。

2.1.5.2 电弧力的影响因素

（1）气体介质

气体介质影响电弧的收缩程度和电流密度，进而影响电弧力。其他条件一定的情况下，热导率越大、多原子分子解离能和解离度就越大，电弧收缩程度就越大，电弧力越大，如图 2-32。

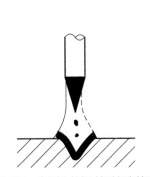

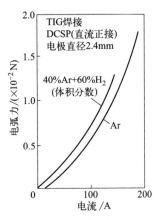

图 2-31　射流过渡时细熔滴的冲击力　　　图 2-32　气体介质对电弧力的影响

而且，电弧断面的严重收缩易使电弧及电弧力失去对称性，导致飞溅。

（2）焊接电流和电弧电压

电弧电磁收缩力和等离子流力均随焊接电流增大而增大，随电弧电压增大而减小。随着焊接电流的增大，斑点尺寸增大直至消失，因此斑点力对熔滴的阻碍作用逐渐减小。图 2-33 所示为焊接电流和电弧电压（电弧长度）对

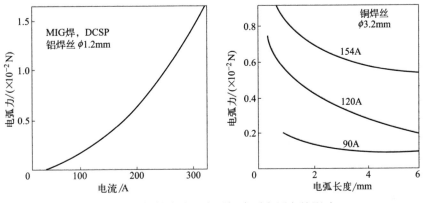

图 2-33　焊接电流及电弧长度对电弧力的影响

电弧力的影响。

（3）电极直径

其他条件一定时，钨极或焊丝直径越小，电弧电流密度越大，电磁收缩力及等离子流力越大。

（4）电弧的极性

直流电弧焊有两种极性接法：一种是工件接阳极，电极（钨极、焊丝或焊条）接阴极，这种接法称为直流正接（DCSP）；另一种是工件接阴极，电极接阳极，这种接法称为直流反接（DCRP）。

图 2-34 所示为电弧极性对电弧力的影响，可见钨极氩弧焊（TIG 焊）时，DCSP 电弧的电弧力大于 DCRP 电弧，这是因为直流正接时，钨极上的阴极斑点收缩程度更高，电弧收缩程度更大。而熔化极气体保护焊（GMAW焊）正好相反，DCSP 电弧的电弧力小于 DCRP 电弧，这是因为，焊丝接阴极时，熔滴上是阴极斑点，阴极斑点力较大，熔滴尺寸较大，阻碍了等离子流。

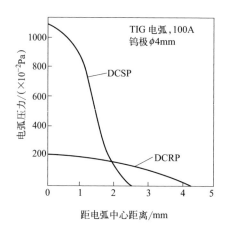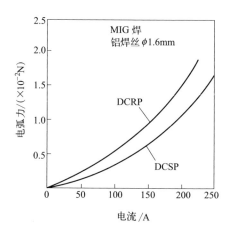

图 2-34　电弧极性对电弧力的影响

（5）钨极端部形状

钨极端部为尖锥形时，对于直径为 3.2mm 的钨极，锥角为 45°时电弧力最大，如图 2-35 所示。钨极端部为锥台时，端部半径对等离子流力（等离子流流速）的影响见图 2-36。

（6）电流波形

交流电弧的电弧力介于直流正接电弧与直流反接电弧之间。

低频脉冲直流电弧（频率不高于 10Hz）的电弧力大小与电流幅值同步变

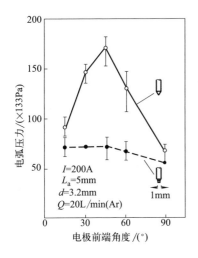

图2-35　锥角对电弧力的影响　　　　　图2-36　端部半径对等离子流流速的影响

化。频率高于100Hz时，一定焊接电流下的电弧力随着脉冲频率的增大而增大，如图2-37所示。

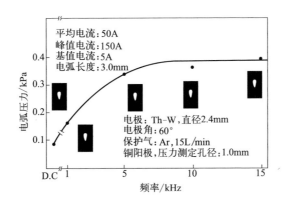

图 2-37　直流脉冲频率对电弧力的影响

2.1.6　交流电弧的特点

2.1.6.1　交流电弧的类型

　　焊接中常用的交流电弧有正弦波交流电弧和方波交流电弧两种。方波交流电弧的电压及电流幅值在各个半波基本不变，而正负半波之间的电流及电压转变在瞬间完成，如图2-38所示。两个半波切换期间的熄弧时间接近为零，因此，电弧稳定性很好，在较低的电压下（20～40V）就可使下个半波电弧

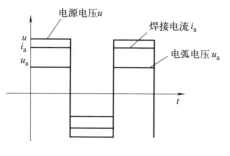

图 2-38 方波交流电流波形

再引燃。

正弦波交流电弧在电流接近零点时，电弧熄灭，直到电源电压在下个半波达到再引燃电压时电弧才能重新引燃。如果熄灭时间过长，电弧在下个半波内就不能重新引燃。因此，为了稳定电弧，通常需要在焊接回路中串接一个足够大的电感。

2.1.6.2 正弦波交流电弧的燃烧过程

正弦波交流电弧的电流以 50Hz 的正弦波规律变化。每秒内 100 次过零点，由于过零点的速度较慢，焊接电流在零点附近停留时间较长，电弧温度下降，带电粒子大量复合导致电离度下降，致使电弧熄灭，下个半波需要重新引燃。电弧重新引燃所需的电压称为再引燃电压（U_r）。由于电弧空间仍有一定的残余带电粒子，因此再引燃电压显著低于冷态下的引燃电压。

焊接电弧为非线性阻性元件。如果焊接回路中没有电感或电容，则焊接回路为阻性回路。这种情况下，弧焊电源输出电压 u、焊接电流 i 和电弧电压 u_a 同相位，如图 2-39 所示。当电源电压 u 由零逐渐上升至电弧的再引燃电压 U_r 时，则电弧重新引燃。电弧一旦引燃，电弧电压由 U_r 迅速下降到其稳定值。随着电源电压的增大，焊接电流也逐渐增大，而电弧电压基本不变。随着电源电压的下降，焊接电流减小，当电源电压低于电弧电压时（图 2-39 中的 C 点），电弧熄灭，焊接电流下降到零。电源电压在下个半波上升到再引

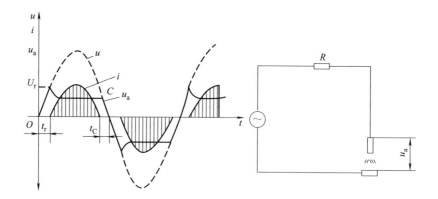

图 2-39 阻性焊接回路的焊接电流和电弧电压波形

燃电压值时，电弧又重新引燃。如此不断重复形成交流电弧的燃烧过程。可看出，阻性回路时焊接电流是不连续的，每个周期的熄弧时间为 t_r+t_C。如果熄弧时间过长，在引燃电压高于电源最大输出电压时，下个半波电弧不能再引燃，导致电弧熄灭。因此正弦波交流电弧要采取特殊的稳弧措施，通常是在回路中串联一个足够大的电感。

电感具有储能续流和延迟电流相位的作用。当电源电压降至低于电弧电压时，电感仍继续提供能量维持电弧电压和焊接电流。由于电感上储存的能量逐渐减小，因此焊接电流也逐渐降低，如果电感足够大，焊接电流衰减为零时电源的输出电压在下一个半波达到或超过再引燃电压 U_r，则电弧立即再引燃，如图 2-40 所示。这种情况下，电弧连续燃烧，熄弧时间为零，电弧稳定。因此利用正弦波交流弧焊电源焊接时，焊接回路中一般都要串联一个合适的电感。

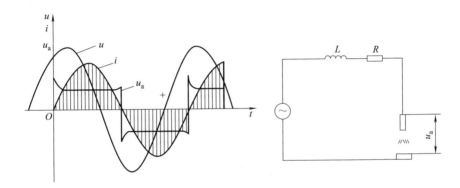

图 2-40 焊接回路中串联足够大电感时焊接电流和电弧电压波形

2.1.6.3 交流电弧的加热及力的特点

（1）加热特点

正弦波交流电弧的电流值和电流方向是周期性变化的，其瞬时功率和温度随电流值发生同步变化。其对焊丝和工件的加热作用可用正弦波交流电流的有效功率表示，但由于电弧电压波形不是正弦波，计算时需要考虑一修正系数。

$$P_0=\delta I U_a$$

式中，P_0 为正弦波交流电弧热功率，W；δ 为修正系数，一般取 0.9；I 为焊接电流有效值，A；U_a 为电弧电压有效值，V。

方波交流电弧的热功率等于两个半波的平均功率，每个半波功率计算方法和直流相同。

交流电弧的热效率系数一般介于直流正接和直流反接之间。

（2）交流电弧力的特点

交流电弧的电弧力介于 DCSP 与 DCRP 之间，不易导致指状熔深。

（3）保护特点

由于焊接电流幅值周期性变化，电弧弧柱直径呈现周期性扩大 - 收缩。这种周期性扩大 - 收缩对周围保护气体形成一定的干扰，破坏气体保护效果，因此在同样保护条件下，交流电弧焊焊缝的氢、氮含量往往比直流电弧焊焊缝高。要保证相同的保护效果，交流电弧焊时应采用更高的保护气体流量。

2.1.7 电弧刚直性和偏吹

2.1.7.1 电弧刚直性

电弧刚直性是指电弧作为柔软的气体导体具有抵抗外界干扰保持沿焊丝（焊条）轴向方向流动的能力，又称电弧挺度。刚直性是电弧的固有性质，它使得电弧中心线总是处在焊丝轴线上，无论焊丝垂直于工件还是相对于工件倾斜，如图 2-41 所示。正是由于电弧刚直性，各种电弧焊方法才具有良好的操作性和灵活性，操作者只需将焊丝指向被焊部位就可保证焊缝形成位置。

电弧的刚直性是由电弧自身磁场决定的，或者说是由电磁收缩力决定的。电弧是一段载流气体导体，电流在其周围产生对称的磁场，该磁场使得电弧中带电粒子均受到指向焊丝轴线的洛伦兹力，即电磁收缩力，如图 2-42 所示。

图 2-41　电弧的刚直性

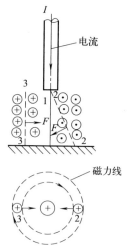

图 2-42　刚直性的本质

1—电弧轴线上的电流线；2—平行于轴线的电流线；3—与轴线呈一定夹角的电流线

该力能够抵抗外界干扰，阻止带电粒子偏离焊丝轴向。

电弧刚直性影响电弧在焊缝轴向上的加热均匀性。刚直性较大时，电弧紧随着焊枪匀速行走，在焊道长度方向上均匀加热，焊缝成型均匀性好。如果刚直性较小，高速焊接时容易因斑点的黏着性和跳跃性导致焊道弯曲，甚至不连续。

影响刚直性的因素有：

① 焊接电流：焊接电流越大，电磁收缩力越大，电弧刚直性就越强；

② 电弧拘束度：拘束度越大，一定电流下焊接电流密度越强，电磁收缩力越大，刚直性就越强；

③ 脉冲电流频率：脉冲电流频率越高，电磁收缩效应越明显，电弧刚直性就越强；

④ 气体介质：电弧中有热解离气体或气体热导率大时，电弧收缩程度大，焊接电流密度增大，电磁收缩力就增大。

2.1.7.2 电弧偏吹

电弧轴线偏离焊丝轴线的现象称为电弧偏吹。电弧偏吹通常是由电弧两边受力不对称引起的。而电弧受力不对称的可能原因有电弧周围磁场不对称和气流压力不对称两种，前一种原因引起的电弧偏离称为磁偏吹，后一种原因引起的电弧偏离称为气流偏吹。

（1）磁偏吹

如果外部因素使电弧周围磁场不对称，电弧中心线周围带电粒子受到的电磁收缩力将不对称，从而使电弧偏向电磁收缩力较小的一侧，这种现象称为磁偏吹。引起磁偏吹的主要原因有：

① 接地线接法不正确。对于长大的工件，如果工件一端接地，则会产生磁偏吹，如图 2-43（a）所示。这是由于焊丝轴线左侧的工件有电流流过，它产生的磁场与电弧产生的磁场相叠加，使得该侧的磁力线密度大于电弧右侧。这样左侧电磁力大于右侧，电弧被推向右侧。解决的方式是工件两端接地；或者把焊丝（焊条）向右倾斜一定角度，增大左侧空间，使两侧磁力线密度对称，如图 2-43（b）所示。

② 铁磁性物质。铁磁性物质导磁能力远远大于空气。当电弧一侧有铁磁性物质（例如，钢板、铁块等）时，该侧的磁力线将被吸到铁磁性物质中去，从而使得焊丝（焊条）轴线附近在该侧的磁力线密度小于另一侧，如图 2-44 所示。这样，有铁磁性物质一侧的受力小于另外一侧，电弧就偏向有铁磁性物质的一侧，就像铁磁性物质吸引电弧一样。电弧周围的铁磁性物质越大或

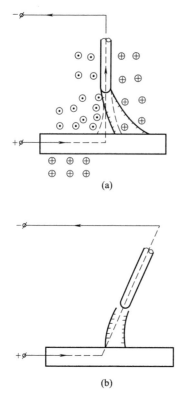

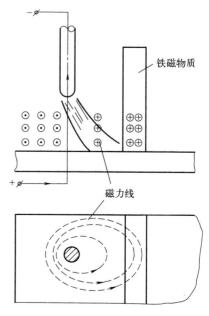

图 2-43 接地线接法不正确引起的磁偏吹　　　图 2-44 铁磁性物质引起的磁偏吹

距离电弧越近，磁偏吹就越严重。

对于长大的工件，当电弧行走到工件端部时，电弧会偏向工件内侧，这是由此时电弧两侧铁磁性物质不对称引起的，钢板内侧的导磁面积远远大于外侧，相当于在内侧放置了一块铁磁性物质，如图 2-45 所示。

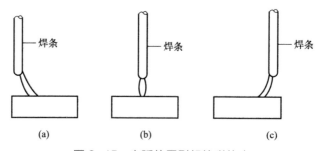

图 2-45 电弧位置引起的磁偏吹

（2）气流偏吹

电弧周围气流不对称会引起气流偏吹，常出现在以下几种情况下：

① 在厚板坡口内进行多层焊接时，如果间隙较大，焊接第一层焊道时往往会因热对流而形成电弧偏吹；

② 在室外焊接或狭小空间中焊接时，大风会导致电弧偏吹，而且气体保护效果也变差；

③ 在焊接管子时，由于管子中的空气流动速度较大，形成所谓"穿堂风"，也会导致偏吹。在这些情况下，只要查明气流来向，采用必要的遮挡措施就不难消除偏吹。

2.1.7.3　偏吹防治措施

偏吹导致电弧的可操作性变差、焊接过程不稳定、焊缝成型差，严重时会造成焊接缺陷及熄弧，因此焊接过程中必须避免出现偏吹。防止偏吹的方法如下：

① 缩短弧长。产生磁偏吹时，一定偏吹角度下短弧的偏离程度比长弧时小。短弧不易受气流的影响，因此缩短弧长也可减小气流偏吹。

② 采用交流电弧进行焊接。交流电弧几乎不会产生磁偏吹，其原因是：

a. 交流电流引起的磁场是交变磁场，方向变化的磁力线在母材中引起涡流，而涡流电流有抵消原磁场的作用，使合成磁场变弱，电弧两侧不对称程度减弱。

b. 不均衡磁场引起的电弧偏吹作用力大小与正弦波交流电流同相位变化。对于 50Hz 正弦波交流电弧，电流和电弧偏吹作用力由零增到最大值的时间只有 0.005s，这么短的时间内，电弧还来不及偏离，电流和电弧偏吹作用力就又从最大值降低到零，因此，电弧基本不会偏离。方波交流电流大小在每个半波基本不变，电弧偏吹作用力大小也不变，因此，电弧的偏吹程度就大一些。

c. 室外作业时，如遇大风，则必须采取遮挡措施，对电弧进行保护。焊接管子时，尽量将管口堵住，防止管子中的气流引起偏吹。

d. 对于坡口间隙较大的对接焊缝，在焊缝下面加上垫板，防止热对流引起的电弧偏吹。

e. 在焊缝的两端各加一小块引弧板和熄弧板，使电弧行走在端部时其两侧的磁力线分布也尽量保持对称。

f. 在操作时调整焊丝（焊条）角度，使焊丝两侧的磁力线保持对称，这种方法在实际生产中应用较多。

g. 采用正确的接线方法，对于长大的工件采用两端接地的方式。

h. 尽量采用小电流进行焊接。

2.2

焊丝的熔化及熔滴过渡

电弧焊一般要使用焊丝（或焊条）进行焊接。焊丝（或焊条）钢芯在电弧热作用下熔化，熔化的焊丝（或焊条）钢芯金属形成熔滴，熔滴在各种力的作用下脱离焊丝进入熔池，该过程称为熔滴过渡。熔滴过渡对焊接过程稳定性和焊缝成型质量具有重要影响。

2.2.1 焊丝的熔化

2.2.1.1 加热焊丝的热源

加热并熔化焊丝的热量主要来自焊丝所在极区产生的热量，另外，伸出到导电嘴之外的那段焊丝上的电阻热对焊丝加热和熔化也起着重要作用。

（1）加热焊丝的电弧热

焊丝接阳极时，加热焊丝的电弧热为阳极区产热 P_A，计算公式如下：

$$P_A = I(U_A + U_T + U_W) \tag{2-14}$$

焊丝接阴极时，加热焊丝的电弧热为阴极区产热 P_K，计算公式如下：

$$P_K = I(U_K - U_T - U_W) \tag{2-15}$$

上述两式中，U_A 为阳极压降，V；U_K 为阴极压降，V；U_T 为弧柱温度等效电压，V；U_W 为阴极材料的溢出电压，V；I 为焊接电流，A。

焊接生产所用焊接电流通常较大，U_A 接近为零；在 5000K 的高温下，U_T 小于 1V，因此，U_A 和 U_T 均可忽略，式（2-14）和式（2-15）可简化为：

$$P_A = IU_W \tag{2-16}$$

$$P_K = I(U_K - U_W) \tag{2-17}$$

可见，阳极区的产热主要取决于焊接电流和阴极材料的逸出电压；而阴极区的产热取决于焊接电流、阴极材料逸出功和电弧气氛的气体。对于熔化极电弧焊，一般情况下 U_K 显著大于 U_W，因此，阴极区的产热总是大于阳极区，焊丝接阴极时熔化速度大于阳极。但是埋弧焊和熔化极气体保护焊等一般采用焊丝接阳极的直流反接法（DCRP），这是因为焊丝接阳极时熔滴上受到的斑点力为较小的阳极斑点力，熔滴过渡更容易，电弧收缩程度更高，电弧力更大；另外，阴极区更多的热量集中在工件上，熔深能力大，而且工件上的阴极斑点能够自动去除氧化膜。

（2）焊丝干伸长度上的电阻热

熔化极电弧焊焊接时，伸出到导电嘴之外的焊丝长度称为干伸长度，通常用 l_s 表示。该长度实际上是在焊接过程中参加导电的焊丝长度，这段焊丝上产生的电阻热对焊丝熔化也具有重要的影响。干伸长度及其电阻热分布见图 2-46 所示。

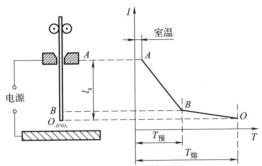

图 2-46　干伸长度及其电阻热分布

干伸长度上的电阻热功率可用下式计算

$$P_R = \frac{I^2 \rho l_s}{S} \tag{2-18}$$

式中，P_R 为焊丝干伸长度上的电阻热，J；I 为焊接电流，A；l_s 为焊丝干伸长度，m；S 为焊丝横截面积，m^2；ρ 为焊丝的电阻率，$\Omega \cdot m$。

由式（2-18）可看出，除了焊接电流以外，干伸长度上的电阻热功率还取决于焊丝电阻率和直径。铝及铝合金焊丝、铜及铜合金焊丝的电阻率很小，干伸长度上的电阻热可以忽略不计；而钢焊丝，特别是不锈钢等高合金钢焊丝的电阻率较大，干伸长度上的电阻热对焊丝的加热及熔化具有显著影响。一定焊接电流下，随着焊丝直径的减小，干伸长度的增大，焊丝受到的电阻热增大。

（3）加热焊丝的总热功率

加热焊丝的总热功率为焊丝所在极区的热量和干伸长度上的电阻热之和，可表示为

$$P = P_a + P_R = I \left(U_m + \frac{I \rho l_s}{S} \right) \tag{2-19}$$

式中，U_m 为电弧加热焊丝的等效电压，焊丝接阴极时 $U_m = U_K - U_W$，焊丝接阳极时 $U_m = U_W$。

2.2.1.2 熔化速度及其影响因素

（1）熔化速度和熔化系数

单位时间内熔化的焊丝质量或长度被称为熔化速度，通常用 v_m 表示。单位时间内由单位电流熔化的焊丝金属质量或长度称为熔化系数，通常用 α_m 表示。显然，熔化速度正比于加热焊丝的总热功率。

$$v_m = kI\left(U_m + \frac{I\rho l_s}{S}\right) \tag{2-20}$$

熔化系数等于熔化速度除以焊接电流，因此 α_m 可表示为：

$$\alpha_m = k\left(U_m + \frac{I\rho l_s}{S}\right) \tag{2-21}$$

（2）影响熔化速度的因素

焊丝的熔化速度决定了工作间隙或坡口的填充速度，对焊接生产率具有重要的影响，因此了解影响熔化速度和熔化系数的因素具有重要意义。影响熔化速度的因素主要有焊接电流、弧长、焊丝极性、电弧气氛、焊丝干伸长度、焊丝类型及直径等。

① 焊接电流。由式（2-20）和式（2-21）可看出，焊丝熔化速度随着焊接电流的增大而增大。对于钢焊丝，熔化系数也随着焊接电流的增大而增大；而对于铝、铜等焊丝，由于电阻率很小，熔化系数几乎不随焊接电流的变化而变化。图 2-47 和图 2-48 分别给出了钢的 CO_2 气体保护焊和铝的 MIG 焊的焊丝熔化速度随焊接电流的变化曲线。可看出，钢焊丝熔化速度随着焊接电流增大而增大的速度越来越快，即熔化系数随焊接电流增大而增大；而铝焊丝的熔化速度与焊接电流呈直线关系，熔化速度随电流增大而增大的速度保持不变。

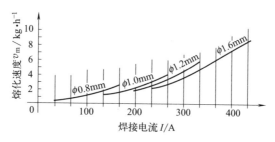

图 2-47 钢的 CO_2 气体保护焊的焊丝熔化速度随电流的变化曲线

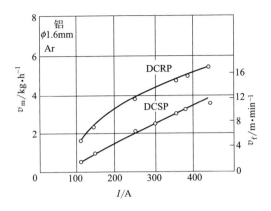

图 2-48　铝的 MIG 焊的焊丝熔化速度随电流的变化曲线

② 电弧电压。图 2-49 示出了电弧稳定燃烧时低碳钢 MAG 焊送丝速度与焊接电流、电弧电压之间的关系曲线。熔化极气体保护焊（GMAW，包含 MIG、MAG 和 CO_2 气体保护焊）一般采用等速送丝方式。图 2-49 中每一条曲线对应着一个固定的送丝速度，曲线的位置越靠右，其对应的送丝速度越大。电弧稳定燃烧时送丝速度等于熔化速度，因此，这些曲线也是熔化速度与焊接电流、电弧电压之间的关系曲线。由于每条曲线的熔化速度是恒定的，因此这些曲线称为等熔化曲线。由图 2-49 可看出，钢焊丝的等熔化曲线基本上垂直于电流轴，这说明熔化速度只取决于焊接电流，电弧电压对熔化速度无影响。

图 2-50 给出了电弧稳定燃烧时铝合金 MIG 焊的送丝速度与焊接电流、电弧电压之间的关系曲线。可看出，铝焊丝的等熔化曲线形状较复杂，长弧

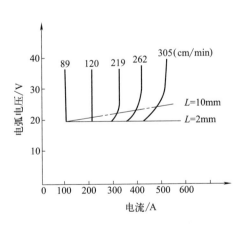

图 2-49　钢焊丝的等熔化曲线

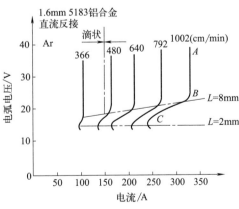

图 2-50　铝焊丝的等熔化曲线

段为垂直于电流轴的线段，短弧段为C形，因此，该等熔化曲线又称为C曲线。这说明，在弧长较长（电弧电压较大）时，熔化速度仅仅取决于焊接电流；而弧长较短时，随着弧长的减小，保持一定的熔化速度所需的焊接电流减小，即熔化系数随着弧长的缩短而增大，如果焊接电流不变，则熔化速度随着弧长的缩短而增大。

短弧 MIG 焊时，铝焊丝熔化速度 v_m 随弧长 l_a 的缩短而增大，使得电弧具有抵抗外界干扰保持稳定的能力，这种能力被称为电弧的固有自调节作用。焊接过程中，电弧稳定燃烧的必要条件是弧长 l_a 保持不变且送丝速度等于熔化速度，另外，导电嘴到工件表面的距离 L_H、焊丝干伸长度 l_s 也保持不变。如图 2-51 所示，导电嘴到工件表面的距离 L_H、焊丝干伸长度 l_s 和弧长 l_a 满足如下关系式：

$$L_H = l_s + l_a \tag{2-22}$$

如果电弧弧长位于图 2-50 的 C 形段上半部，在电弧受到干扰而变短时，熔化速度会增大。由于焊丝是等速送进的，这样熔化速度就会大于送丝速度，单位时间内熔化的焊丝长度大于送出的焊丝长度，因此干伸长度逐渐变短，弧长逐渐变长。当弧长增长到原来长度时，熔化速度又重新与送丝速度相等，重新回到原来的平衡状态，如图 2-52 所示。这就是电弧的固有自调节过程。

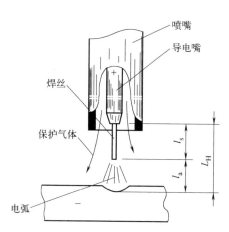

图 2-51 导电嘴到工件表面的距离 L_H、焊丝干伸长度 l_s 和弧长 l_a 之间的关系

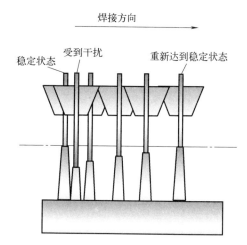

图 2-52 电弧的固有自调节过程

③ 焊丝的极性。由于熔化极电弧焊的阴极区的产热总是大于阳极区，因此焊丝接阴极时熔化速度大于阳极。堆焊或母材的焊接性很差，有时会采用直流正接法，以提高熔敷速度，降低母材对熔敷金属的稀释率，提高焊接性。

④ 电弧气体介质（atmospheric gas）。焊丝接阳极时，熔化焊丝的电弧取决于焊接电流和阴极材料的逸出电压 U_W，而焊接电流和逸出电压 U_W 均与气体介质无关，因此气体介质对熔化速度没有影响。焊丝接阴极时，$v_m=kI(U_K-U_W)$，U_K 与气体介质有关，因此气体介质影响熔化速度，例如在 Ar 中加 CO_2 可使 v_m 增大。

⑤ 焊丝直径及干伸长度。由于铝焊丝的电阻率很小，电阻热对焊丝的熔化几乎没有影响，因此焊丝直径和干伸长度不影响焊丝熔化速度。钢焊丝具有较大的电阻率，焊丝直径和干伸长度对于熔化速度具有显著影响。在电流一定时，焊丝直径越小或干伸长度越大，加热焊丝的电阻热越大，熔化速度越大。熔化极气体保护焊和细丝埋弧焊通常采用等速送丝方式，电弧稳定燃烧时熔化速度等于送丝速度，也就是说熔化速度不是由焊接电流决定的，而是由设定的送丝速度决定的，送丝速度决定焊接电流。在一定的送丝速度下，随着干伸长度的增大或者焊丝直径的减小，焊接电源输出的焊接电流会减小。

2.2.2　熔滴过渡机理

在电弧热量作用下，焊丝端部熔化，熔化的液态金属在表面张力的作用下形成接近球形的熔滴，熔滴长大到一定程度后在各种力的综合作用下脱离焊丝进入熔池，这个过程称为熔滴过渡。熔滴过渡是熔化极电弧焊的重要现象，过渡的稳定性不但直接影响焊材的利用率、焊接过程稳定性、焊缝成型质量，还影响电能利用率。由于熔滴尺寸小、温度高、过渡速度快，而且又处于高温、高亮度的电弧内，因此熔滴过渡机理目前尚未完全明确，通常利用熔滴受到的作用力来解释。

2.2.2.1　表面张力

熔滴与焊丝交界线上及短路过渡时熔滴与固体工件之间的交界线上的表面张力对熔滴过渡具有显著影响。不同部位的表面张力所起的作用是不同。

（1）焊丝与熔滴交界线上的表面张力

焊丝与熔滴交界线上的表面张力 F_σ 的作用方向如图 2-53 所示。该力在水平方向上的分力使得熔滴在液固界面上的形状保持为焊丝横截面，在竖直方向上的分力将熔滴保持在焊丝上，因此，该部位的表面张力阻碍熔滴过渡。其大小可用下式计算：

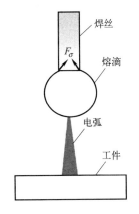

图 2-53　焊丝与熔滴交界线上的表面张力

$$F_\sigma = 2\pi R_s \sigma \qquad (2\text{-}23)$$

式中，R_s 为焊丝半径，m；σ 为表面张力系数，N/m。

在焊丝直径一定时，表面张力系数 σ 越大，熔滴过渡阻碍力越大。影响表面张力系数 σ 的因素有：

① 材料类型：铁的表面张力系数大于铝的；

② 温度：随着温度的上升，表面张力系数降低；

③ 表面活性物质：在较低的含量下就能显著降低表面张力的物质。钢液的常见表面活性物质有 S、O、Se 等。

（2）熔滴与工件交界线上的表面张力

短路过渡时，熔滴与熔池发生短路，熔滴与固态工件交界线上也存在表面张力作用，如图 2-54 所示。显然该位置上的表面张力起着把熔滴拉到熔池的作用，即促进熔滴过渡的作用。在 STT（表面张力过渡）熔化极气体保护焊中，该力是促进熔滴过渡的主要作用力。

2.2.2.2 重力

熔滴自身的重力对熔滴的形状变化及过渡具有重要影响，重力的大小为：

$$F_g = mg = \frac{4}{3}\pi R_s^3 \rho g \qquad (2\text{-}24)$$

式中，R_s 为焊丝半径，m；ρ 为熔滴的密度，kg/m³；g 为重力加速度，m/s²。

显然，重力对熔滴过渡的作用取决于焊接位置。平焊时，重力促进熔滴向熔池中过渡，如图 2-55 所示；立焊、横焊和仰焊时，重力阻止熔滴向熔池中过渡。

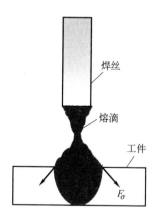

图2-54　熔滴与固态工件交界线上的表面张力 F_σ

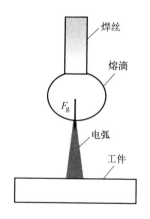

图2-55　熔滴上受到的重力

2.2.2.3　电磁收缩力

电流通过熔滴时电流线之间产生电磁收缩力，其作用取决于弧根（斑点）面积的大小。电流很小时，弧根面积小于焊丝横截面积，熔滴中的电流线呈铅笔尖状，电磁收缩力形成的轴向推力 F_T 向上，起着阻碍熔滴过渡的作用，如图 2-56 所示。随着电流的增大，弧根面积逐渐增大，当弧根面积大于焊丝横截面积时，熔滴中的电流线呈正锥形，电磁收缩力形成的轴向推力 F_T 向下，起着促进熔滴过渡的作用，如图 2-57 所示。

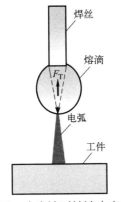

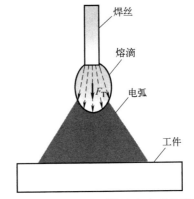

图 2-56　小电流时熔滴中电磁收缩力的作用方向　　　　图 2-57　大电流时熔滴中电磁收缩力的作用方向

2.2.2.4　斑点力

其作用亦与弧根面积有关。电流较小时，弧根面积小于焊丝截面积，斑点力 F_s 作用在熔滴的下部，起着阻碍熔滴过渡的作用，如图 2-58 所示。随着电流的增大，弧根面积逐渐增大，电弧包围整个熔滴时，不仅熔滴下部受到斑点力的作用，熔滴上部也会受到斑点力的作用。而斑点力总是指向熔滴，熔滴上部受到的斑点力有抵消下部斑点力的作用，因此，斑点力的阻碍作用显著变小，甚至失去阻碍作用，如图 2-59 所示。

2.2.2.5　爆破力

短路过渡时，缩颈部位发生爆破，爆破力 F_B 指向四面八方，如图 2-60 所示。向下的爆破力把爆破位置之下的液态金属推向熔池，向上的爆破力把爆破位置之上的液态金属推向焊丝，而指向四周的爆破力可能会导致飞溅。因此，爆破力对熔滴过渡的作用是多方面的，既能促进过渡，又会阻碍过渡并导致飞溅。

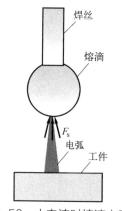

图 2-58　小电流时熔滴上斑点
力的作用方向

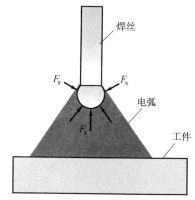

图 2-59　大电流时熔滴上斑点
力的作用方向

2.2.2.6　等离子流力

等离子流力 F_p 总是从焊丝指向工件，因此它总是促进熔滴过渡。在焊接电流较小时，等离子流力很小，对熔滴过渡几乎没有促进作用。当电流较大时，强大的等离子流力不仅会促进熔滴脱离焊丝、细化熔滴，而且还会推动脱离后的熔滴加速向熔池运动，如图 2-61 所示。熔滴到达熔池后被加速到很高的速度，对熔池形成很大的冲击力，导致较大挖掘作用，使得熔池在轴线上的深度显著大于两侧，形成指状熔深，如图 2-31 所示。

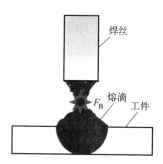

图 2-60　熔滴爆破力示意图

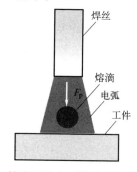

图 2-61　等离子流力对熔滴的加速作用

2.2.3　熔滴过渡基本形式

根据焊接方法和焊接工艺参数的不同，熔滴过渡表现为自由过渡、渣壁过渡、接触过渡等三大类。

2.2.3.1　自由过渡

熔滴脱离焊丝，穿过电弧空间进入熔池的过渡过程称为自由过渡。在这种过渡过程中焊丝与熔池不发生短路。自由过渡又分为大滴过渡、喷射过渡和细颗粒过渡三种形式。

（1）大滴过渡

大滴过渡出现在焊接电流较小且电弧电压较大的熔化极气体保护焊（GMAW）中。在较大的电弧电压下，焊丝端部的熔滴在脱离焊丝之前不会与熔池短路。由于焊接电流较小，弧根位于熔滴下部，如图 2-62 所示。等离子流力很小，几乎可以忽略，熔滴主要受重力 F_g、焊丝与熔滴之间的表面张力 F_σ、电磁收缩力 F_T、斑点力 F_s 的作用。在这些力中，只有重力 F_g 是促进熔滴过渡的，因此，只有当熔滴长大到足够大的尺寸，其重力能够克服表面张力、电磁收缩力及斑点力的阻碍作用时才能脱离焊丝。这样，过渡熔滴的尺寸较大，其直径通常大于焊丝直径。而熔滴脱离焊丝后仅受到重力作用，以重力加速度穿过电弧进入熔池。

根据保护气体的性质，大滴过渡又可分为大滴滴落过渡和大滴排斥过渡。

① 大滴滴落过渡。大滴滴落过渡出现在利用氩气或富氩混合气体作为保护气体的 MIG/MAG 焊中。富氩气体作为保护气体时，电弧收缩程度较低、对称性较好，熔滴受到的各个力沿焊丝轴线对称，因此熔滴在长大、脱离焊丝及穿过电弧运动过程中基本上都保持沿焊丝轴线对称，几乎不产生飞溅，如图 2-62 所示。

② 大滴排斥过渡。大滴排斥过渡出现在小电流、高电压的 CO_2 气体保护焊过程中。由于 CO_2 气体的分解吸热作用，电弧弧根发生显著收缩。小尺寸的弧根受到干扰后偏离焊丝轴线，在偏离焊丝轴线的斑点力的作用下，焊丝端部的熔滴逐渐上翘，如图 2-63 所示。熔滴长大到足够大尺寸脱离焊丝后，易在上翘运动的惯性作用下飞出熔池之外，导致大颗粒飞溅。

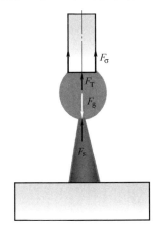

图 2-62　大滴滴落过渡

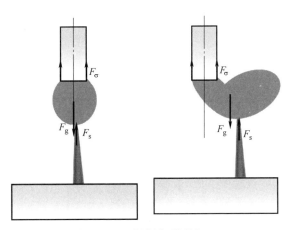

图 2-63　大滴排斥过渡

（2）喷射过渡

对于纯氩或富氩混合气体作为保护气体的熔化极气体保护焊（MIG/MAG），在较大的电弧电压下，随着焊接电流的增大，熔滴过渡的频率逐渐增大，熔滴尺寸逐渐减小，如图2-64所示。焊接电流增大到某一特定数值时，过渡频率和熔滴尺寸发生突变，过渡模式由大滴滴落过渡转变为喷射过渡。由大滴过渡向喷射过渡转变的最小焊接电流称为喷射过渡临界电流。在喷射过渡中，焊丝端部熔化的液态金属以细小的尺寸脱离焊丝，以很快的加速度沿着焊丝轴线方向穿过电弧空间进入熔池中。根据焊丝类型的不同，这种过渡形式又分为射滴过渡和射流过渡两种。

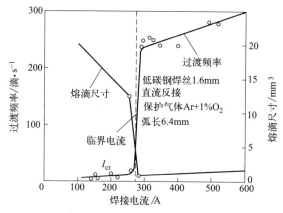

图2-64　焊接电流对熔滴尺寸和过渡频率的影响

① 射滴过渡。射滴过渡主要出现在铝及铝合金的MIG焊中。随着焊接电流的增大，电弧弧根面积增大，当焊接电流增大到临界电流时，电弧的弧根包围整个熔滴并达到焊丝与熔滴交界线上，如图2-65所示。这种情况下，熔

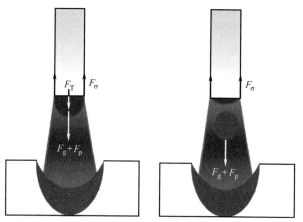

图2-65　射滴过渡过程中熔滴受力示意图

滴受到的斑点力阻碍作用显著减小，焊丝与熔滴交界线上的表面张力的阻碍作用也因此处温度升高而有所减小，同时，除了熔滴重力之外，熔滴上的电磁收缩力和等离子流力也起着促进熔滴过渡的作用，因此，熔滴在较小的尺寸下就可脱离焊丝。脱离焊丝后的熔滴在等离子流力和重力作用下以很高的加速度向熔池过渡，通常是过渡完一滴后再过渡另一滴，由于过渡速度很快，好像一滴一滴地射向熔池一样，故称射滴过渡。

② 射流过渡。这种过渡形式主要出现在钢的 MAG 焊中。焊丝端部熔化的液态金属呈铅笔尖状，熔滴以细小尺寸从该部位一个接一个地射向熔池，其直径远小于焊丝直径，由于熔滴过渡频率很高，看上去好像存在一个从焊丝端部指向熔池的连续束流，故称射流过渡。由于钢液的表面张力大，焊丝端部第一个熔滴不容易脱落，长时间保持在焊丝端部的熔滴在较大的重力作用下被拉长，在电磁收缩力和金属蒸发反力作用下产生缩颈，熔滴长大并缩颈到一定程度后才能发射脱落，如图 2-66 所示。第一滴熔滴脱落后，残留在焊丝端部的液态金属在电磁收缩力、金属蒸发反力和等离子流力的作用下被冲刷成倒锥状，此后，细小的熔滴从铅笔尖状液态金属端部脱落，以很高的速度向熔池过渡。随着电流的增大，过渡熔滴直径减小，熔滴之间的间隙减小，逐步变为束流状。

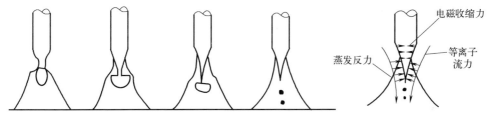

(a) 射流过渡演变过程　　　　　　　　(b) 射流过渡过程中熔滴受力

图 2-66　钢的 MAG 焊熔滴过渡的演变过程及受力分析

焊丝干伸长度过大或焊接电流过大时，焊丝端部的铅笔尖状液态金属长度显著增大，容易失稳旋转，这种情况下的射流过渡称为旋转射流过渡。旋转射流过渡时，从锥状液态金属端部脱落的熔滴容易在惯性作用下甩出熔池，导致大量飞溅，因此这种过渡形式一般不能用于实际焊接生产。

（3）细颗粒过渡

这种过渡形式出现在焊接电流和电弧电压均较大的粗丝（焊丝直径一般不小于 1.6mm）CO_2 气体保护焊过程中。这种过渡方式的特点是：

a. 电弧大半潜入或全部潜入工件表面之下（取决于电流大小），熔池较深，如图 2-67 所示。

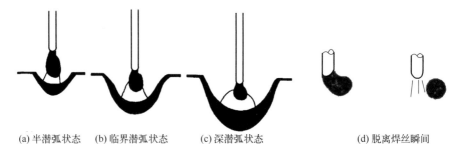

(a) 半潜弧状态　(b) 临界潜弧状态　(c) 深潜弧状态　(d) 脱离焊丝瞬间

图2-67　细颗粒过渡

b. 熔滴以细小的尺寸、较大的速度向熔池中过渡，类似于射滴过渡，但轴向性较差，飞溅较大。

2.2.3.2　接触过渡

焊丝端部的熔滴在接触到熔池之后再脱离焊丝进入熔池的过渡形式称为接触过渡。接触过渡又可分为短路过渡和搭桥过渡两种形式。

（1）短路过渡

短路过渡发生在焊接电流和电弧电压均较小的熔化极气体保护焊及焊条电弧焊中，由于弧长很短，不断长大的熔滴在脱离焊丝前就与熔池接触，将焊接回路短路，焊丝与工件之间形成液态金属短路小桥，同时，焊接电流快速上升。随着电流的增大，短路小桥在电磁收缩力的作用下迅速缩颈，缩颈部位的电阻热因局部电阻及电流的增大而急速增大。当电阻热增大到一定程度时，缩颈部位气化爆断，液态金属过渡到熔池中，电弧重燃，进入下一个过渡周期，如图2-68所示。

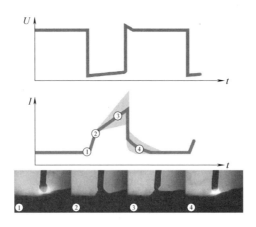

图2-68　短路过渡

（2）搭桥过渡

搭桥过渡方式仅仅出现在填丝钨极氩弧焊和等离子弧焊中。焊丝搭在熔池前沿或插入熔池尾部，熔化后直接流入熔池，如图2-69所示。熔化的焊丝金属把熔池和焊丝持续搭接起来，因此这种过渡称为搭桥过渡。

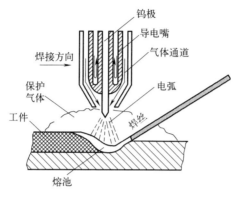

图2-69　搭桥过渡

2.2.3.3　渣壁过渡

渣壁过渡产生在埋弧焊和焊条电弧焊中。

（1）沿熔渣壁过渡

埋弧焊时，焊剂熔化形成熔渣，由于熔渣密度较小，而电弧空间的压力较大，熔渣覆盖在电弧空间周围形成熔渣壁，如图2-70所示。焊丝端部铅笔尖状液态金属柱发生摆动时，尖端部位碰到熔渣壁后发生断裂，分裂出的液态熔滴穿过或沿着熔渣壁过渡到熔池中。除了渣壁过渡外，埋弧焊还可能会发生射滴过渡或细颗粒过渡。采用直流反接时，熔池尺寸较小，过渡频率较大，过渡稳定程度高；而采用直流正接时，熔滴尺寸较大，过渡频率较低，稳定性较差。

（2）沿套筒过渡

焊条电弧焊时，药皮的熔化通常滞后于钢芯，致使焊条端部形成一个具有一定长度的套筒。该套筒不但起着拘束电弧、控制保护气体流向、增强电弧刚直性的作用，而且还可为熔滴过渡提供通道。酸性焊条的套筒与熔滴之间的表面张力很小，钢芯端部的熔滴可沿着套筒进入熔池中，这种过渡称为沿套筒过渡，如图2-71所示。熔化的钢芯金属沿着套筒的某一侧向下滑落，在完全从套筒中滑落之前，与钢芯脱离并与熔池接触，然后自然落入熔池，这种过渡稳定性好、飞溅小。碱性焊条的套筒与熔滴之间的表面张力较大，一般不会发生这种过渡。焊条电弧焊的熔滴过渡形式除了渣壁过渡外，还有短路过渡、大滴过渡和细颗粒过渡。

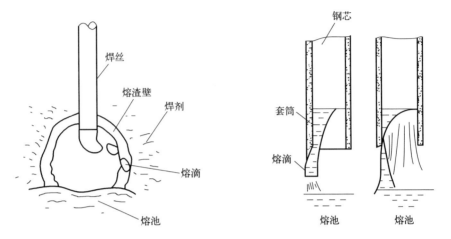

图 2-70　埋弧焊的渣壁过渡　　　　图 2-71　焊条电弧焊的沿套筒过渡

表 2-6 总结了各种熔滴过渡的特点及产生条件。

表 2-6　各种熔滴过渡的特点及产生条件

过渡类型		熔滴形态及特点	焊接条件
自由过渡	大滴过渡	大滴滴落过渡	小电流、高电压的 MIG/MAG 焊
		大滴排斥过渡	小电流、高电压的 CO_2 气体保护焊
	喷射过渡	射滴过渡	铝的大电流 MIG 焊、脉冲 MIG/MAG 焊

过渡类型			熔滴形态及特点	焊接条件
自由过渡	喷射过渡	射流过渡		钢的大电流 MAG 焊
		旋转射流		干伸长度或电流很大的 MAG 焊
	细颗粒过渡			大电流 CO_2 气体保护焊
接触过渡	短路过渡			小电流、低电压的 GMAW 焊
	搭桥过渡			填丝 TIG 焊或等离子弧焊
渣壁过渡	沿熔渣壁过渡			埋弧焊
	沿套筒过渡			厚药皮酸性焊条电弧焊

2.2.4 飞溅及熔敷效率

2.2.4.1 飞溅

熔化的焊丝金属飞到熔池之外的现象称为飞溅。单位时间内飞溅的焊丝金属质量与熔化的焊丝金属质量之比称为飞溅率。飞溅是熔滴过渡过程中发生的,因此飞溅率的大小取决于熔滴过渡方式。而熔滴过渡方式又取决于焊接方法及焊接工艺参数,因此飞溅率大小也主要取决于焊接方法和焊接工艺参数。正常情况下,埋弧焊和填丝 TIG 焊均不会出现任何飞溅,因为埋弧焊的熔滴过渡是在熔渣壁包围的空腔内进行的,而填丝 TIG 焊的搭桥过渡过程中焊丝熔化后直接流入熔池。只有熔化极气体保护焊和焊条电弧焊涉及飞溅问题。在熔化极气体保护焊中,MIG/MAG 焊主要采用射滴过渡和射流过渡,这两种过渡形式飞溅率极低;CO_2 气体保护焊采用短路过渡和细颗粒过渡,这两种过渡形式的飞溅率较大,需要采用优化焊接工艺参数、焊接电流波形控制、采用药芯焊丝等方式进行控制。图 2-72 给出了焊接电流及焊丝直径对熔化极气体保护焊飞溅率大小的影响。

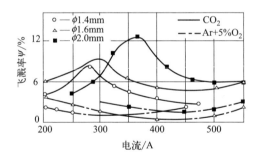

图 2-72 焊接电流及焊丝直径对熔化极气体保护焊飞溅率大小的影响

2.2.4.2 熔敷效率

熔化的焊丝金属并不能完全过渡到熔池中,部分焊丝金属会以飞溅的形式损失掉。单位时间内熔敷到焊缝中的焊丝金属质量称为熔敷速度。单位时间内过渡到焊缝中的焊丝金属质量与熔化的焊丝金属质量之比称为熔敷效率。熔敷速度是衡量焊接生产率的重要指标;而熔敷效率是衡量焊丝利用率的重要指标。熔敷效率的影响因素与飞溅率的影响因素完全相同。正常情况下,埋弧焊和填丝 TIG 焊的熔敷效率为 100%,MIG/MAG 焊接近 100%,而 CO_2 气体保护焊和焊条电弧焊的熔敷效率较低。

2.3

熔池行为及焊缝成型

　　焊接的主要目的在于获得尺寸和性能满足要求的焊接接头。焊接过程中，电弧局部熔化工件待焊部位和焊丝，熔化的母材与焊丝金属共同构成熔池，电弧前移后熔池结晶形成焊缝。本节主要介绍熔池及焊缝形状尺寸及其影响因素。

2.3.1　熔池形状尺寸及其影响因素

2.3.1.1　熔池

　　形成于工件上的由熔化的母材金属与焊丝金属组成的具有一定几何形状的液态金属叫熔池；或者说形成在工件上的由温度等于母材熔点的等温面包围的液态金属叫熔池。熔池的形状尺寸、内部液态金属的流动、温度分布及存在时间对焊接冶金反应、结晶方向、缺陷敏感性、焊缝成型尺寸及质量具有重要影响。

　　平焊时，如果热源固定，熔池形状接近半球形；如果热源为移动热源，熔池形状接近半椭球形。以电弧中心线与工件表面的交点为原点，焊接方向为 x 轴正方向，电弧轴线为 z 轴，工件表面上与焊接方向垂直的直线为 y 轴，建立随电弧一起移动的动坐标系，如图 2-73 所示。熔池中的温度分布极不均匀，图 2-74 给出了熔池纵向（焊接方向）和几个横截面上的温度分布。熔池形状尺寸可用下列几个参数表征。

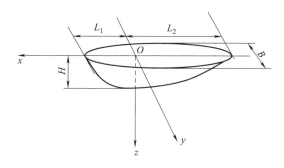

图 2-73　熔池的形状尺寸

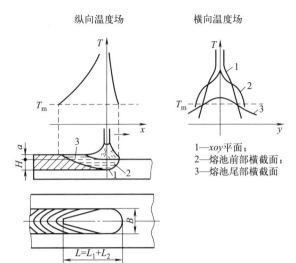

图 2-74　熔池的温度分布

① 熔宽 B：熔池在 y 轴上的截距称为熔宽。它是熔池存续期间的最大宽度，熔池结晶形成焊缝后变为焊缝的熔宽。

② 熔深 H：熔池在 z 轴上的截距称为熔深。它是熔池存续期间的最大深度，熔池结晶形成焊缝后变为焊缝的熔深。

③ 熔池前部长度 L_1：熔池在 x 轴正半轴上的截距称为熔池前部长度。焊接过程中，熔池前部为升温区，温度梯度陡升。

④ 熔池尾部长度 L_2：熔池在 x 轴负半轴上的截距称为熔池尾部长度。焊接过程中，熔池尾部为降温区，温度梯度比前部低。

假定电弧为点热源且其热能全部输入到工件中，工件为半无限大热源，工件熔化时没有熔化潜热，工件热物理性能参数不随温度变化，熔池不受电弧力的作用，可以推导出四个形状参数的计算公式：

$$L_1 = \frac{a}{v_w} \ln \frac{P}{2\pi\lambda T_m} \tag{2-25}$$

$$L_2 = \frac{P}{2\pi\lambda T_m} \tag{2-26}$$

$$H = \sqrt{\frac{2P}{\pi e c \rho v_w T_m}} \tag{2-27}$$

$$B = 2H = 2\sqrt{\frac{2P}{\pi e c \rho v_w T_m}} \tag{2-28}$$

式中，P 为电弧功率，W；T_m 为母材的熔点，K；λ 为热导率，W/（m·K）；a 为热扩散率，m^2/s；c 为比热容，J/（kg·K）；ρ 为母材的密度，kg/m^3；v_w 为焊接速度，m/s；e 为自然常数。

由式（2-25）~式（2-28）可见，所有的熔池形状尺寸随着电弧功率增大而增大，随着母材热导率、熔点及热扩散率的增大而减小。熔池尾部长度与焊接速度无关，而其他尺寸均随焊接速度的增大而减小。这些计算公式清晰地指示了母材热物理性能参数、焊接速度和电弧功率对熔池形状尺寸的影响趋势，但由于忽略了电弧的热损失、电弧加热斑点尺寸、电弧力等因素，因此计算出的尺寸与实际尺寸相差甚远。

2.3.1.2　热输入

电弧热量不能全部输入工件，有一部分热量通过一定方式损失到周围环境中了。通常把输入到单位焊缝长度上的热功率称为热输入，可用下式计算：

$$q = \eta \frac{P}{v_w} = \eta \frac{U_a I}{v_w} \tag{2-29}$$

式中，q 为热输入；P 为电弧功率，W；U_a 为电弧电压，V；I 为焊接电流，A；η 为电弧热效率系数。

电弧热效率系数取决于电弧损失热量的大小，电弧热损失途径如图 2-75 所示，主要有以下几种：

① 电弧弧柱通过辐射、对流和传导散失到周围空间中的热量；

② 加热钨极或焊条头的热量；

③ 通过焊丝传导走的热量；

④ 加热焊剂的部分热量；

⑤ 飞溅热损失；

⑥ 金属蒸气热损失。

由于热损失途径不同，因此不同电弧焊方法的热效率系数相差很大，见表 2-7。除焊接方法外，焊接工艺参数、焊接材料、电流种类、极性和焊接位置也会影响热效率系数。钨极氩弧焊时，加热钨极的热量不能传递给工件，因此，其热效率系数较低。熔化极电弧焊时，熔

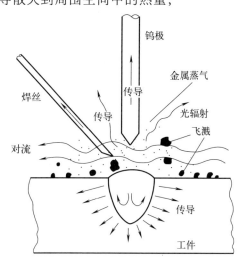

图 2-75　电弧热损失途径

化焊丝的热量最终通过熔滴过渡传递给母材，其热效率系数高于钨极氩弧焊。短路过渡熔化极气体保护焊飞溅率大于喷射过渡，飞溅颗粒导致的热损失大，其热效率系数小于喷射过渡。埋弧焊的电弧在焊剂层下燃烧，电弧热量散失不出来，因此热效率系数最高。

表 2-7 常见焊接方法的热效率系数

焊接方法		热效率系数
钨极氩弧焊	直流正接（DCSP），小电流	0.40～0.60
	直流正接（DCSP），大电流	0.60～0.80
	直流反接（DCRP）	0.20～0.40
	交流	0.20～0.50
等离子弧焊	穿孔型	0.85～0.95
	融入型	0.70～0.85
熔化极气体保护焊	短路过渡	0.60～0.75
	喷射过渡	0.65～0.85
焊条电弧焊		0.65～0.85
药芯焊丝电弧焊		0.65～0.85
埋弧焊		0.85～0.99
电子束焊	穿孔型	0.85～0.95
	融入型	0.70～0.85
激光焊	表面强反射	0.005～0.50
	穿孔型	0.50～0.75

在其他条件不变的情况下，随着电弧电压升高，弧长增大，弧柱通过对流、辐射等方式损失的热量增加，热效率系数 η 降低。

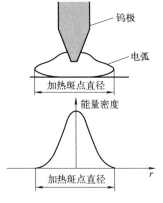

图 2-76 电弧加热斑点中的能量密度分布

2.3.1.3 热源功率密度及其分布

（1）功率密度

热源是通过一定面积的区域加热工件的，该区域称为加热斑点，如图 2-76 所示。通过单位加热斑点面积输入工件的热功率称为热源功率密度，又称能量密度。事实上，加热斑点上的功率密度并不一致，在电弧轴线处最大，从中心到周围逐渐降低。通常所说的热源功率密度指的是其平均功率密度。

功率密度影响焊缝成型及焊接质量。功率

密度越高，焊缝的深宽比（熔深比熔宽）越大，加热和冷却速度越快，能量的利用率越高，而焊接变形及热影响区越小。

常用热源的功率密度见表2-8。图2-77示出了功率密度对焊缝形状的影响。

表2-8　常用焊接热源的功率密度

热源	气焊火焰	电弧	等离子弧	电子束	激光束
功率密度 /W·cm^{-2}	$1 \sim 10$	$10^3 \sim 10^4$	$10^5 \sim 10^6$	$10^6 \sim 10^8$	$10^6 \sim 10^7$

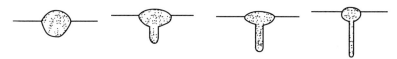

$5 \times 10^3 \sim 5 \times 10^4 \text{W/cm}^2$　$5 \times 10^3 \sim 5 \times 10^4 \text{W/cm}^2$　$5 \times 10^4 \sim 5 \times 10^6 \text{W/cm}^2$　$5 \times 10^6 \sim 5 \times 10^8 \text{W/cm}^2$

普通电弧焊　　大电流熔化极气体保护焊　　穿孔型等离子弧焊　　电子束焊

图2-77　功率密度对焊缝形状尺寸的影响

（2）功率密度分布

在电弧的加热斑点中，各个点的能量密度并不相同。对于大部分热源来说，能量密度在加热斑点中的分布呈正态分布（高斯分布），能量密度在中心处最大，随着与斑点中心的距离增大而衰减。图2-78给出了电流为100A、弧长为4.7mm的直流正接TIG电弧的能量密度分布。

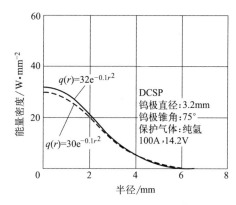

图2-78　TIG电弧能量密度分布测量值

根据正态分布规律，加热斑点中任意一点处的功率密度 $q(r)$ 可表示为：

$$q(r) = q_{\mathrm{m}} \mathrm{e}^{-kr^2} \qquad (2\text{-}30)$$

式中，$q(r)$ 为离加热斑点中心距离为 r 的某点的功率密度；q_{m} 为加热斑点中心处的功率密度；k 为电弧集中系数。

把功率密度降低到 $5\%q_{\mathrm{m}}$ 时对应的半径 $\bar{r}$ 定义为加热斑点的半径，则由 $q(\bar{r}) = 0.05q_{\mathrm{m}}$ 可得：

$$\bar{r} = \sqrt{\frac{3}{k}} \qquad (2\text{-}31)$$

通过整个加热斑点输入到工件的热功率等于电弧的有效热功率：

$$\int_0^\infty q_{\mathrm{m}} \mathrm{e}^{-kr^2} \mathrm{d}r = \eta P \qquad (2\text{-}32)$$

式中，η 为电弧热效率系数；P 为电弧总功率。

对式（2-30）左边进行积分可得

$$q_{\mathrm{m}} = \frac{\eta k}{\pi} P = \frac{\eta k}{\pi} I U_{\mathrm{a}} \qquad (2\text{-}33)$$

式中，I 为焊接电流；U_{a} 为电弧电压。

由于加热作用遵循简单的累加效应，加热斑点中心处的功率密度 q_{m} 越大，熔深越大。在焊接速度较慢时，加热斑点半径 $\bar{r}$ 越大，熔宽越大；焊接速度很快时，熔宽不仅不会随着加热斑点半径的增大而增大，反而会减小，因为焊接速度快时，加热斑点周边输入的热量不足以熔化工件。

其他条件一定的情况下，随着焊丝或钨极直径的减小，电弧集中系数 k 增大，根据式（2-33），q_{m} 增大，熔深随之增大；同时熔宽减小。随着电流的增大，尽管加热斑点半径会因电弧扩展而增大，电弧集中系数有所减小，但 q_{m} 仍会增大，因此，熔深增大。随着电弧电压的增大，电弧加热斑点显著增大，同时电弧热效率系数 η 也减小，因此 q_{m} 会有所减小，熔深减小。

2.3.1.4 熔化效率系数

热源输入到工件的热量并不能完全用来熔化母材和焊丝，有一部分通过传导方式传递到熔池周围的母材中，这部分热量导致热影响区的产生，如图 2-79 所示。熔化母材和焊丝所用的热输入与总热输入之比称为电弧熔化效率系数，可用下式计算：

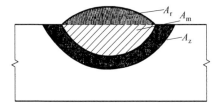

图 2-79 输入到工件中的热量之分配

A_{r}—由熔化的焊丝所形成的焊缝横截面面积；
A_{m}—由熔化的母材所形成的焊缝横截面面积；
A_{z}—热输入加热工件形成的热影响区面积

$$f = \frac{q_{\mathrm{m}}}{q} \qquad (2\text{-}34)$$

式中，f 为电弧熔化效率系数；q_{m} 为熔化焊丝和母材的热输入；q 为总的热输入。

熔化焊丝和母材的热输入 q_{m} 可用下式计算：

$$q_{\mathrm{m}} = (A_{\mathrm{r}} + A_{\mathrm{m}}) Q \qquad (2\text{-}35)$$

式中，A_{r} 为由熔化的焊丝形成的焊缝横截面面积；A_{m} 为熔化的母材所形成的焊缝横截面面积；Q 为熔化单位体积的母材或焊丝金属所需的热量，可近似用下式计算：

$$Q = \frac{(T_m + 273)^2}{30000} \tag{2-36}$$

式中，T_m 为母材的熔点。对于电弧焊，有

$$f = \frac{q_m}{q} = \frac{(A_r + A_m)Q}{\eta \dfrac{U_a I_a}{v_w}} = \frac{(A_r + A_m)Q v_w}{\eta U_a I_a} \tag{2-37}$$

熔化效率系数取决于具体的焊接方法、材料的热物理性能参数及工件尺寸。电弧能量密度越大，母材的导热性能越差，工件的尺寸越小，电弧熔化效率系数越高。

2.3.2 熔池上受到的力及其对熔池行为的影响

焊接过程中，熔池受到多种力的作用。根据其作用特点，熔池受到的力可分为两类，一类为使熔池表面凹陷的力，另一类为使熔池中液态金属对流的力。无论是使熔池表面凹陷，还是使熔池金属对流，均会影响熔池中热量分布，从而影响熔池的形状尺寸。

2.3.2.1 使熔池表面凹陷的作用力

电弧的电磁静压力、电磁动压力、过渡熔滴的冲击力及熔池重力具有使熔池凹陷的作用。焊接过程中，电弧弧长一般保持不变，熔池凹陷时电弧位置下移，更靠近工件底部，因此有利于增大熔深。熔池凹陷使得电弧在工件表面的加热范围受到了限制，因此这些力对熔宽影响不大。

（1）电磁静压力及电磁动压力

熔池表面受到的电磁静压力大小沿径向方向变化较平缓，见式（2-12）及式（2-13），因此在电磁静压力作用下，熔池表面的凹陷深度变化也比较平缓，如图 2-80 所示。而电磁动压力随着离电弧中心线的距离的增大而急剧下降，特别是大电流熔化极气体保护焊时，电弧中心处的等离子流力显著大于周边，因此，在电磁动压力作用下，熔池在其中心线附近凹陷深度显著大于周边，易导致指状熔深，如图 2-81 所示。

（2）细熔滴的冲击力

大电流 MAG 焊时，细小的熔滴沿着电弧轴线高速过渡到熔池，对熔池形成强大的冲击力。该冲击力也主要作用于熔池中线附近，其作用类似于等离子流力，易导致指状熔深，如图 2-82 所示。指状熔深的根部容易出现未焊透，中心部分易导致偏析和气孔等缺陷，实际生产中要尽量避免，因此，应合理地选择工艺措施，防止强烈的射流过渡产生。

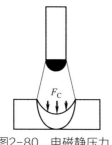

图2-80 电磁静压力
对熔池凹陷的影响

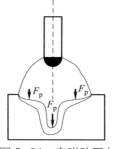

图2-81 电磁动压力
对熔池凹陷的影响

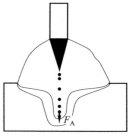

图2-82 细熔滴冲击
力对熔池凹陷的影响

（3）熔池金属的重力

平焊时，熔池金属的重力使熔池表面凹陷，有利于增大熔深。立焊、横焊、仰焊等非平焊位置焊接时，熔池金属的重力易使熔池金属流淌出熔池，因此，这些位置焊接时应采取一定工艺措施来防止熔池金属流失。

电弧下面熔池金属的凹陷，驱使液态金属沿着熔池底部向后流动，使得熔池尾部的液态金属高于工件的表面，凝固后尽管发生一定程度的收缩，但焊缝表面通常仍高于工件表面。高于工件表面的高度称为余高，如图2-83所示。

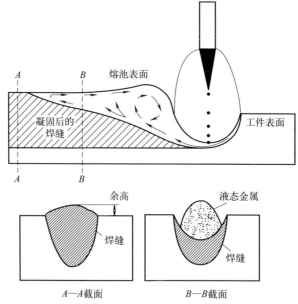

图2-83 熔池金属凹陷导致的后向液体流及其对焊缝余高的影响

2.3.2.2 使熔池金属对流的作用力

使熔池金属对流的作用力主要有小电流时的等离子流力、浮力、熔池中的电磁收缩力、表面张力梯度等。在这些力的作用下，熔池中会发生两种形式的对流，一种是汇聚流，另一种是发散流，如图2-84所示。汇聚流时熔池表面上的液态金属从四周向熔池中心部位汇聚，汇集到中心部位后沿着熔池中心线向下流动，然后再沿着熔池的侧壁返回到熔池表面边缘部位，如

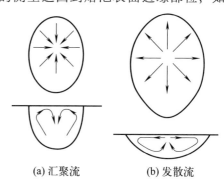

(a) 汇聚流　　　(b) 发散流

图2-84　熔池中液态金属的对流方式

图2-84（a）所示。熔池表面的中心位置是熔池中温度最高的部位，因为该部位直接被加热斑点中心所加热。汇聚流把熔池表面中心处的温度最高的液态金属带到熔池的底部，增大了熔深，因此使熔池深而窄。发散流时熔池表面的液态金属从中心向四周运动，到达熔池边缘后沿着熔池边缘向下流动，到达熔池底部后沿着熔池中心线向上运动，如图2-84（b）所示。发散流把熔池中心部位温度最高的液态金属带到熔池边缘，增大了熔宽，因此使熔池宽而浅。

（1）小电流时的等离子流力

焊接电流较小时等离子流挺度较小，对熔池表面的冲击力较小，因此，它从焊丝端部到达熔池表面后，不会使熔池凹陷，而是沿着熔池表面向外运动。在等离子流与熔池表面的摩擦作用下，熔池表面的液态金属由熔池中心部位向熔池边缘流动，导致发散流，如图2-85所示。

（2）浮力

浮力源于密度差。熔池中各个部位的温度不同，温度高的部位密度较小，温度低的部位密度较大。熔池表面边缘部位的温度最低，该处的液态金属密度最大，因此，在浮力的作用下，该处的液态金属沿着熔池边缘向下运动，到达熔池底部后沿着熔池中心线向上运动，到达熔池表面中心部位后沿着表面向四周运动，形成发散流，如图2-86所示。

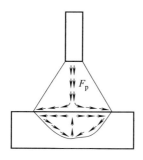

图2-85　小电流时等离子流力导致的熔池金属对流

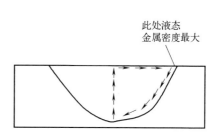

此处液态金属密度最大

图2-86　浮力导致的熔池金属对流

（3）熔池中的电磁收缩力

工件两端接地时，电流进入熔池后电流线总是发散的，因此沿着熔池中心线产生一个向下的轴向分力 F_T，致使熔池中的液态金属沿着熔池的中心线从表面向下运动，到达熔池底部后沿着熔合线向上运动，到达熔池表面边缘部位后沿着熔池表面向中心运动，形成汇聚流，如图 2-87 所示。

（4）表面张力梯度

熔池表面张力梯度会促使表面的液态金属流动，流动方向与表面张力梯度升高方向相同，也就是说在表面张力梯度作用下，液态金属总是从表面张力小的部位向表面张力大的部位流动。流动方向是由最小自由能原理决定的，表面张力小的液态金属流动到表面张力大的部位后，降低了所到之处的表面张力，从而使熔池的总表面能降低。母材的主要成分一定的情况下，熔池金属的表面张力主要取决于温度和是否含表面活性物质。氧、硫等是大部分液态金属，特别是铁的表面活性物质，如图 2-88 所示。

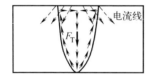

图 2-87　熔池中电磁收缩力
导致的熔池金属对流

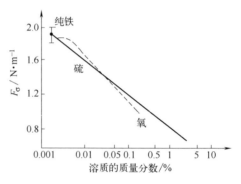

图 2-88　氧和硫对铁水表面张力的影响

① 熔池中不含表面活性物质。熔池中不含任何表面活性物质时，表面张力仅仅取决于熔池表面的温度，表面张力温度系数是负的 $\left(\dfrac{d\sigma}{dT}<0\right)$，即温度越高的部位表面张力系数越低。熔池表面温度随着离中心距离的增大而降低 $\left(\dfrac{dT}{dr}<0\right)$，因此，$\dfrac{d\sigma}{dr}>0$，也就是说熔池表面张力随着离开熔池中心距离的增大而增大。这样，熔池表面的液态金属从中心向周边流动，形成发散流，如图 2-84（b）所示。

② 熔池中含表面活性物质。熔池中含有一定的表面活性物质时，熔池表面张力温度系数由负变正，如图 2-89 所示。这是因为表面活性物质在高温作

用下易于蒸发，在温度越高的部位表面活性物质的浓度会越低，而表面活性物质对表面张力的影响比温度本身的直接影响要大得多，这使得温度高的部位表面张力反而更高了。表面张力温度系数的反转使得熔池中液态金属的对流方向也反转，由发散流变为汇聚流。

上面介绍的仅仅是在一种作用力单独作用下熔池金属的对流情况。实际焊接过程中，熔池受到多种力的作用，液态金属的流动状态是各个力综合作用的结果，通常是非常复杂的。

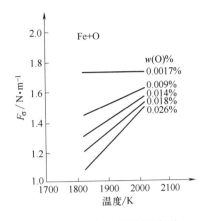

图 2-89　氧含量及温度对铁水表面张力的影响

2.3.3　焊缝形状尺寸及其影响因素

2.3.3.1　焊缝形状参数及其与焊缝质量的关系

电弧前移时，熔池尾部结晶形成焊缝，因此，焊缝形状尺寸与熔池形状尺寸有着天然的联系。焊缝形状的表征参数有熔深（H）、熔宽（B）、余高（a）、余高系数、焊缝成型系数（φ）及熔合比（γ）等，图 2-90 给出了对接接头和角接接头单道焊缝的熔深、熔宽和余高。

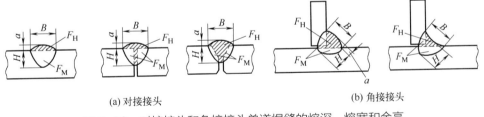

(a) 对接接头　　　　　　　　　　　　　　(b) 角接接头

图 2-90　对接接头和角接接头单道焊缝的熔深、熔宽和余高

熔深（H）是对接接头最重要的焊缝形状尺寸，它直接决定了焊缝的承载能力。焊缝的熔深一般等于熔池的熔深。焊缝的熔宽（B）等于熔池的熔宽。熔宽与熔深之比（B/H）称为焊缝成型系数（φ）。焊缝成型系数越小，气孔敏感性越大。焊缝成型系数还影响焊缝结晶方向和热裂纹敏感性，如图 2-91 所示。另外，φ 较小时，焊缝的树枝状晶生长方向近似平行于工件表面，结晶前沿将低熔点组织推移到焊缝中心，导致明显的成分偏析的同时提高了热裂纹敏感性，如图 2-91（a）所示；而 φ 较大时，焊缝结晶方向上方倾斜，使

得低熔点组织聚集到熔池表面，有利于防止热裂纹，如图2-91（b）所示。因此，电弧焊的焊缝成型系数一般要求大于1.0。

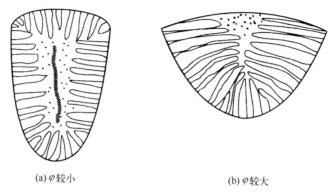

(a) φ较小　　　　　　　　　　　　(b) φ较大

图2-91　焊缝成型系数对结晶方向和成分偏析的影响

余高是由高于工件表面的熔池尾部液态金属凝固后形成的。余高可防止因凝固收缩造成凹陷缺陷，也有利于增大静载承载能力，但余高会导致应力集中，进而降低接头的疲劳寿命，因此应严格限制余高。一般情况下应将余高 a 控制在 $0 \sim 3mm$，或把余高系数 B/a 控制在 $4 \sim 8$ 的范围内。对于承受动载荷的接头，焊后应将余高磨平，角接接头最好磨成凹形的，如图2-90(b)的右图所示。

焊缝金属由熔化的母材金属和焊丝金属熔合而成，其中，母材金属在焊缝金属中所占的比例称为熔合比（γ），可用下式计算：

$$\gamma = \frac{F_M}{F_M + F_H} \tag{2-38}$$

式中，F_M 为焊缝横截面上母材金属所占的面积；F_H 为焊缝横截面上焊丝所占的面积，如图2-90所示。一般情况下，焊丝成分和母材成分并不完全相同，因此，可通过调整熔合比来改善焊缝成分，提高焊缝力学性能或改善焊接性。由图2-90可明显看出，增大熔深、坡口尺寸和间隙尺寸可降低熔合比。

2.3.3.2　影响焊缝尺寸的焊接工艺参数

凡是影响熔池形状尺寸的焊接工艺参数均会影响焊缝形状尺寸，主要有焊接电流、电弧电压、焊接速度、电流种类及极性、焊丝或钨极直径、干伸长度、坡口尺寸、焊丝或钨极倾角、工件倾角等，其中焊接电流、电弧电压和焊接速度是影响焊缝成型尺寸的最主要的三个焊接工艺参数。

（1）焊接电流、电弧电压和焊接速度

随着焊接电流的增大，加热斑点中心处的功率密度 q_m 增大，熔深增大；

另外，焊接电流增大时电弧压力增大，电弧下方熔池凹陷深度增大，也有利于增大熔深。尽管加热斑点的面积会随着焊接电流的增大而稍有增大，但熔池表面的凹陷限制了加热斑点的作用范围，因此，熔宽随电流增大而增大的程度非常有限。由于焊丝熔化量随着电流增大而显著增大，在熔宽基本不变的情况下，余高会明显增大。另外，熔合比一般随着电流的增大而增大。图 2-92 给出

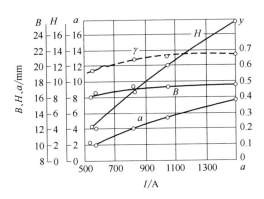

图 2-92　交流埋弧焊的焊接电流对熔深、熔宽及余高的影响（焊丝直径为 5mm，电弧电压为 36～38V，焊接速度为 40m/h）

了交流埋弧焊的焊接电流对熔深、熔宽及余高的影响。

随着电弧电压（弧长）的增大，加热斑点尺寸增大，因此，熔宽会增大，熔深和余高一般会有所减小，熔合比会增大，如图 2-93 所示。焊接电流选定后，电弧电压的可选范围并不大，因为一定的焊接电流下，只有匹配合适的电弧电压才能保证电弧的稳定性和合适的焊缝成型系数。

焊接速度影响焊接热输入，随着焊接速度的增大，输入单位焊缝长度上的热量降低，因此熔深、熔宽和余高一般均会减小，而熔合比变化不大。图 2-94 给出了交流埋弧焊时焊接速度对熔深、熔宽及余高的影响。

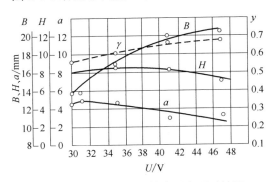

图 2-93　交流埋弧焊的电弧电压对熔深、熔宽及余高的影响（焊丝直径为 5mm，焊接电流为 800A，焊接速度为 40m/h）

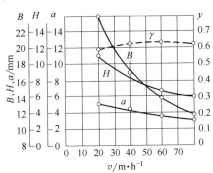

图 2-94　交流埋弧焊的焊接速度对熔深、熔宽及余高的影响（焊丝直径为 5mm，焊接电流为 800A，电弧电压为 36～38V）

焊接生产中，通常利用焊接电流来控制熔深，利用电弧电压来控制熔宽。尽管焊接速度对熔深和熔宽也具有显著影响，但一般不用焊接速度来控

制熔深和熔宽，因为降低焊接速度会影响焊接生产率，而提高焊接速度则易导致驼峰、未焊透、咬边、未熔合等缺陷。对于一定的电弧焊方法，常用的焊接速度范围基本上是固定的。例如，对于钨极氩弧焊，常用的焊接速度范围为 0.1～0.5m/min；对于熔化极气体保护焊和埋弧焊，常用的焊接速度范围为 0.4～0.8m/min。一般首先按照板厚或熔深要求选定焊接电流，结合焊缝成型系数和电弧稳定性要求选择合适的电弧电压。对于一定的焊接电流，电弧电压的可选范围并不大，例如，埋弧焊的焊丝直径为 6mm，焊接电流为 650A 时，电弧电压一般应控制为 35V 左右。

（2）电流种类及极性、电极直径、焊丝干伸长度

① 电流种类及极性。熔化极电弧焊的阴极区的产热大于阳极区产热，直流反接（DCRP）时加热工件的热量较大，因此熔深和熔宽较大；直流正接（DCSP）时加热工件的热量最小，熔深和熔宽最小；利用交流焊接时熔深和熔宽处于前两者之间。例如，埋弧焊时直流反接的熔深通常比直流正接大 40%～50%。

钨极氩弧焊时正好相反，阳极区产热大于阴极区产热，因此，直流正接时熔深最大，直流反接时熔深最小，而交流焊接时熔深处于前两者之间。

② 电极直径。一定电流条件下，钨极或焊丝直径越小，电弧集中程度越高，加热斑点中心处的热功率密度 q_m 越大，熔深越大，熔宽越小。钨极端部如果磨成尖锥形，则熔深也会增大，而且锥角越小，熔深越大。

③ 焊丝干伸长度。焊丝干伸长度增大时，焊丝上的电阻热增大，加热焊丝的总热量增大，焊丝熔敷速度增大，余高增大。焊丝加热热量的增大势必会造成工件加热热量的降低，因此，熔深减小，熔合比降低。焊丝的电阻率越大，这种影响越大，而对于电阻率很低的铝或铜焊丝，这种影响基本可忽略不计。

（3）其他工艺因素

① 坡口和间隙。厚板焊接时需要采用一定形状的坡口，以使电弧接近工件底部。坡口有 I 形、V 形、X 形、U 形及双 U 形等多种形式。坡口或间隙尺寸越大，余高和熔合比越小，如图 2-95 所示。开坡口除了可保证焊透外，还可通过调整熔合比来改善焊接性、提高焊缝力学性能。另外，坡口形状和

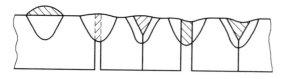

图 2-95　坡口及间隙对焊缝形状尺寸的影响

尺寸的还影响熔池的散热条件，进而影响结晶方向。

② 电极倾角。焊丝倾斜方向有前倾和后倾两种。焊丝端头指向焊接方向之反方

向（即指向已焊部分）的倾斜称为后倾，见图2-96（a）；焊丝端头指向焊接方向（即指向待焊部分）的倾斜称为前倾，见图2-96（b）。

焊丝后倾时，电弧力有一个指向熔池后方的分力，熔池金属向后流动速度增大，电弧正下面的熔池金属较薄，有利于对熔池底部的加热，故熔深较大，熔宽较小。焊丝前倾时，电弧力有一个指向熔池前方的分力，熔池金属向后流动速度降低，电弧正下面的熔池金属增厚，不利于对熔池底部的加热，故熔深较小。电弧对熔池前方的母材预热作用较强，故熔宽较大。倾角越小这种作用越明显，见图2-96（c）。

焊接生产中，焊丝后倾用得较多，而焊丝前倾只在某些特殊情况下使用，例如焊接小直径圆筒形工件的焊缝等。

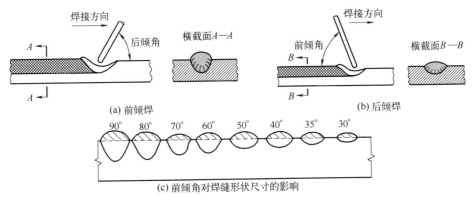

图2-96　焊丝倾角对焊缝形状尺寸的影响

③ 工件倾角。工件倾斜时熔池金属重力沿工件表面的分力影响熔池金属向后运动，因此影响焊缝形状尺寸，见图2-97。上坡焊时 [见图2-97（a）]，重力作用下熔池金属向后排开，电弧下面液态金属层变薄，有利于电弧对熔池底部的加热，因此熔深和余高较大，熔宽减小。随着倾斜角的增大，这种影响越明显。若倾角 β 过大（大于6°～12°），则焊缝余高过大，两侧出现咬边，焊缝成型变差 [见图2-97（b）]。实际工作中应避免采用上坡焊。下坡焊 [见图2-97（c）] 正好与上坡焊相反，随着倾角的增大，熔深减小，熔宽增大，倾角过大时会出现未焊透和满溢缺陷 [见图2-97（d）]。

④ 焊剂和保护气体。保护气体影响电弧的收缩程度、极区压降、电弧压力和熔滴过渡方式，因此对焊缝形状尺寸具有重要的影响，如图2-98所示。

焊剂密度越大、颗粒尺寸越小，堆积厚度越大，电弧压力就越大。电弧压力增大使熔深增大，熔宽减小，余高增大。稳弧性好的焊剂容易获得稳定的焊接过程和良好的焊缝表面，但熔深较小。

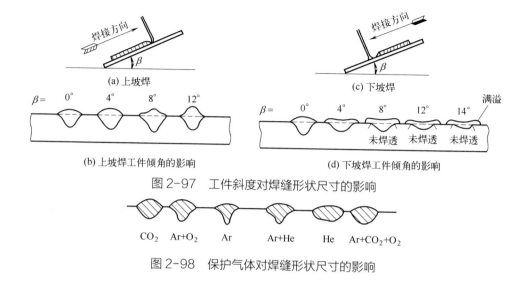

图 2-97 工件斜度对焊缝形状尺寸的影响

图 2-98 保护气体对焊缝形状尺寸的影响

2.3.4 焊缝成型缺陷及其防治措施

电弧焊焊接缺陷主要有裂纹、气孔、夹渣、未焊透、未熔合、焊瘤、驼峰、烧穿、凹陷和背部凸起过大等。其中裂纹、气孔和夹渣是由冶金和工艺原因共同引起的，一般称为冶金缺陷；而未焊透、未熔合、焊瘤、驼峰、烧穿、凹陷和背部凸起过大主要由工艺参数选择不当引起，称为工艺缺陷。本节主要讨论工艺缺陷。

（1）未焊透

熔焊时，焊缝根部或侧部未完全焊透的现象称为未焊透，如图 2-99 所示。未焊透最易发生在短路过渡 CO_2 气体保护焊中。产生原因主要有焊接电流过小、焊接速度过大和坡口尺寸不合适等。

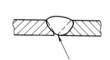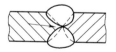

图 2-99 未焊透

（2）未熔合

熔焊时，焊道与焊道之间或焊道与母材之间未完全熔化而结合的部分叫未熔合，如图 2-100 所示。未熔合主要产生在高速大电流焊接或上坡焊时。

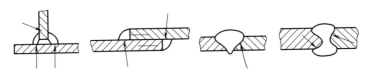

图 2-100 未熔合

（3）咬边

熔焊时，沿焊趾的母材部位烧熔成凹陷或沟槽的现象叫咬边，如图 2-101 所示。其主要产生在高速大电流焊以及角焊缝焊脚过大或电弧电压过大时。

图 2-101 咬边

（4）焊瘤

熔焊时熔化金属流淌到焊缝以外未熔合的母材上形成的金属瘤叫焊瘤，如图 2-102 所示。导致焊瘤的主要原因是坡口尺寸小、电弧电压过小或干伸长度太大。

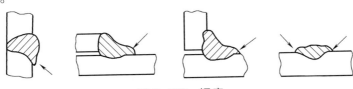

图 2-102 焊瘤

（5）烧穿

熔焊时熔化金属自焊缝背面流出，形成穿孔的现象叫烧穿，如图 2-103 所示。导致烧穿的主要原因是焊接电流过大、焊接速度过小或坡口尺寸过大。

（6）凹坑

焊缝表面低于母材表面的部分叫凹坑，如图 2-104 所示。焊缝表面凹陷、背面过度凸起的现象，则称为塌陷。产生凹坑或塌陷的主要原因是焊接电流太大、坡口尺寸太大或焊接速度太小。

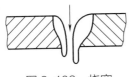

图 2-103 烧穿

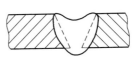

图 2-104 凹坑

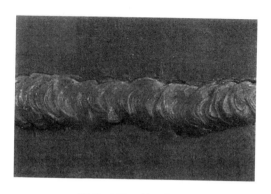

图 2-105 蛇形焊道

（7）蛇形焊道

高速焊时或利用纯氩焊接黑色金属时，因阴极斑点黏着性而引起的弯曲焊道称为蛇形焊道，如图 2-105 所示。

（8）驼峰焊道

在大电流高速焊接过程中，当焊接速度达到临界值时通常会出现焊道表面周期性凸起，类似于驼背形状，这种缺陷称为驼峰焊道，如图 2-106 所示。这种缺陷主要产生在高速大电流焊接或上坡焊时。这两种情况下，熔池前部的凹陷深度较大，致使液态金属迅速向后排开，熔池长度很大，熔池前部和尾部之间会出现厚度很薄的液态金属薄层，该部位热含量较低，容易率先凝固。电弧前移时，如果填充过来的液态金属铺展在该凝固部位，则形成低谷；而低谷的前方出现熔池金属堆积，结晶后形成凸起。

(a) 驼峰焊道

(b) 正常焊道

图 2-106　驼峰焊道与正常焊道的对比

2.4

焊接参数的自动调节

要获得质量合格的焊接接头，必须选择合适的焊接工艺参数。但仅仅做到这一点是不够的，因为焊接过程容易受到外界因素干扰，受到干扰后焊接工艺参数会偏离设定值。焊条电弧焊时，焊工可根据观察到的熔池变化情况调节弧长或运条方式来克服干扰。但对于引弧、焊接、熄弧等环节均实现了机械化或自动化的自动化焊接，焊接开始后，焊工就无法干预焊接工艺参数，因此，影响焊缝成型质量的焊接工艺参数必须能自动调节，也就是说，焊接参数因受到干扰而变化时，必须能够迅速地自动恢复到原来的设定数值。

焊接电流 I_a、电弧电压 U_a 和焊接速度 v_w 是影响焊缝形状尺寸和接头质量的主要工艺参数，这三个参数是所有自动焊设备都必须自动调节的。

2.4.1 焊接速度的自动调节

焊接速度是工件和焊枪之间的相对运动速度。对于自动焊设备，无论是焊枪行走还是工件行走，行走装置均是利用直流电机来拖动，焊接速度由拖动电机的转速决定，因此，焊接速度的自动调节实际上就是行走机构拖动电机转速的自动调节。

引起直流拖动电机转速波动的主要因素是电网电压波动及拖动负载的波动。通常采用以下几种反馈控制来克服这两种干扰因素，维持转速恒定：

① 电枢电压负反馈；

② 电势负反馈；

③ 电枢电流正反馈；

④ 测速发电机负反馈等。

2.4.2 焊接电流及电弧电压的自动调节

焊接过程中，每个时刻的焊接电流 I_a 和电弧电压 U_a 是由该时刻的瞬态工作点决定的。而瞬态工作点由电源外特性曲线与电弧静特性曲线（该时刻的弧长对应的电弧静特性曲线）交点决定，如图 2-107 所示的 O 点。凡影响这两个特性曲线的因素，均影响焊接电流 I_a 和电弧电压 U_a。

电弧静特性曲线影响因素主要是弧长的波动和弧柱气体的变化。电源外特性曲线的影响因素主要是网压波动。焊接过程中，弧柱气体基本上是不变的，其影响可忽略。弧焊电源通常设有网压补偿装置，网压波动的影响也很小。因此影响焊接电流 I_a 和电弧电压 U_a 的因素主要是弧长，只要是弧长稳定，则焊接电流 I_a 和电弧电压 U_a 也会稳定。也就是说，I_a、U_a 的自动调节实际上是弧长的自动调节。

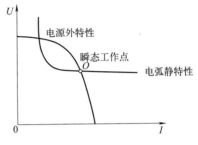

图 2-107 电弧瞬态工作点

弧长的自动调节方式有等速送丝系统的自身调节和均匀送丝系统的弧压反馈调节两种。

2.4.2.1　等速送丝系统的自身调节

焊丝直径不超过 3.2mm 时，无论是埋弧焊还是熔化极气体保护焊均选用等速送丝机构。焊接过程中，焊丝以恒定的速度送进，弧长发生波动时，熔化速度会发生变化，依靠熔化速度的变化调节弧长，使其恢复到原来的长度。这种调节作用仅仅依靠电弧本身，无需采用任何外部附加装置，因此称为电弧的自调节作用。

（1）等速送丝系统的静特性

熔化速度随着焊接电流的增大而增大，随着电弧电压的增大而减小，因此有：

$$v_m = k_i I_a - k_u U_a \qquad (2-39)$$

式中，v_m 为熔化速度，m/s；I_a 为焊接电流，A；U_a 为电弧电压，V；k_i 为熔化速度随焊接电流而变化的系数，m/(s·A)；k_u 为熔化速度随电弧电压而变化的系数，m/(s·V)。k_i 随焊接电流的增大、焊丝直径的减小或干伸长度的增大而增大。影响 k_u 的因素主要有焊丝材料和弧长：对于钢焊丝，k_u 为零；对于铝焊丝，在实际焊接常用的弧长范围内 k_u 为零，电弧很短时 k_u 较大。

电弧稳定燃烧时，送丝速度 v_f 等于熔化速度 v_m，即：

$$v_m = v_f \qquad (2-40)$$

式（2-39）代入式（2-40）并整理得：

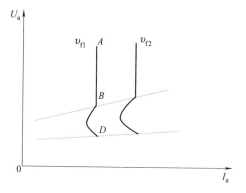

图 2-108　等速送丝系统的静
特性曲线（C 曲线）

$$I_a = \frac{v_f}{k_i} + \frac{k_u}{k_i} U_a \qquad (2-41)$$

该式为电弧稳定燃烧时焊接电流、电弧电压和送丝速度之间满足的关系式，称为等速送丝系统的静特性方程，对应的曲线称为等速送丝系统的静特性曲线或 C 曲线，见图 2-108。

对于实际焊接生产中常用的弧长范围，k_u 几乎为零，C 曲线为垂直于电流轴的 AB 段，等速送丝系统的静特性方程变为：

$$I_a = \frac{v_f}{k_i} \qquad (2\text{-}42)$$

显然，随着送丝速度的增大，C 曲线右移；而随着焊丝直径的增大、干伸长度的减小，k_i 减小，C 曲线也会右移。

由于 C 曲线是电弧稳定燃烧时焊接电流、电弧电压和送丝速度之间满足的关系曲线，因此由电弧稳定燃烧时的焊接电流和电弧电压构成的点，即静态工作点必定落在该曲线上。也就是说，电弧静态工作点是电源外特性曲线与 C 曲线的交点，电弧静特性曲线自动通过该交点，如图 2-109 所示。

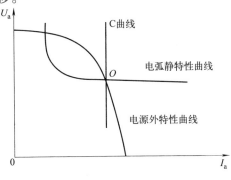

图 2-109　等速送丝自调节系统的电弧静态工作点

（2）弧长的自调节过程

如果弧长缩短，例如，从图 2-110 中的 A 状态变为 B 状态，则电弧静特性下移，电弧静态工作点图 2-111 中的由 O 变为 O_1，电弧的瞬时电流增大，瞬时电压减小。焊丝熔化速度随着电流的增大而增大，而送丝速度不变，因此，单位时间内熔化的焊丝长度大于送出来的焊丝长度，焊丝干伸长度逐渐缩短，弧长逐渐拉长；同时，熔化速度逐渐变慢，当熔化速度减小到送丝速度时，电弧回到新的平衡状态（图 2-110 中的 C 状态）。这就是弧长自调节过程。可见，电弧自调节作用是依靠弧长变化时熔化速度的变化实现的，熔化速度是调节量。

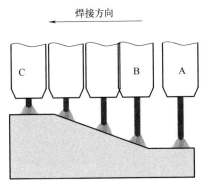

图 2-110　弧长变化及自动调节过程

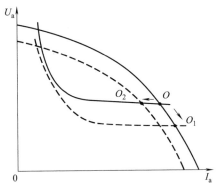

图 2-111　弧长变化时的焊接电流及电弧电压的变化

（3）调节误差

新的平衡状态（图 2-110 中的 C 状态）与原来的平衡状态（图 2-110 中

的 A 状态）通常不是一个状态，两者之间的弧长误差被称为调节误差。显然，新的平衡状态（图 2-110 中的 C 状态）下焊丝伸出长度减小了，新的 C 曲线右移，如图 2-112 所示。新的稳态工作点为新的 C 曲线与电源外特性的交点。采用缓降特性电源时，新的稳态点为 O_h；而采用陡降外特性电源时，新的稳态点为 O_d。O_h 与原稳态点 O_0 之间的竖直距离较近，而 O_d 与原稳态点 O_0 之间的竖直距离较远，因此，采用缓降特性或平特性电源时，弧长调节误差较小。

　　如果弧长的变化是在导电嘴到工件的距离不发生变化的情况下引起的，例如送丝速度突然加快了一下又重新回到原来速度，这时弧长会缩短，如图 2-113 所示。弧长缩短后，电弧的工作点由图 2-111 中稳态点 O 变为瞬态工作点 O_1，焊接电流增大，焊丝熔化速度加快，从而使弧长逐渐增大，熔化速度逐渐减小，当弧长回到原弧长时，熔化速度等于送丝速度，电弧重新回到平衡状态，显然新的平衡状态与原来的平衡状态相同，这种情况下调节误差为零。

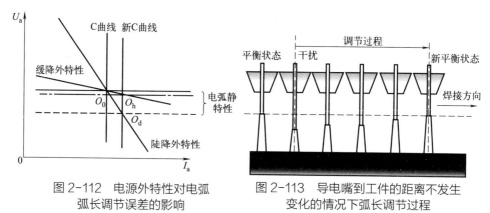

图 2-112　电源外特性对电弧　　　　图 2-113　导电嘴到工件的距离不发生
弧长调节误差的影响　　　　　　　变化的情况下弧长调节过程

（4）调节灵敏度

　　调节过程所用时间的倒数称为调节灵敏度。自调节的灵敏度取决于单位弧长变化引起的熔化速度变化量 $\Delta v_m = k_i \Delta I_a$。同样的弧长波动量，$\Delta v_m$ 越大，调节时间越短，调节灵敏度越高。

　　首先，Δv_m 取决于 k_i，而 k_i 又取决于焊丝直径。焊丝直径较大时，k_i 很小，Δv_m 就很小，自调节作用灵敏度很低，因此粗丝熔化极电弧焊是不能依靠等速送丝系统的自调节作用来保证弧长稳定的。等速送丝系统的自调节作用仅仅适用于焊丝直径小于 3.2mm 的细丝。

　　其次，Δv_m 取决于 ΔI_a。对于不同外特性的电源，同样的弧长波动（例如由图 2-114 中的 l_0 变化为 l_1）引起的电流变化 ΔI_a 是不同的。采用平特性或缓降特性电源时电流的变化量 $\Delta I_{缓降}$ 显著大于采用陡降特性电源时电流的变化量 $\Delta I_{陡降}$，调节灵敏度更高。因此，细丝熔化极电弧焊通常采用等速送丝机构配缓降特性（或配平特性）弧焊电源这种匹配方式。

（5）等速送丝熔化极电弧焊的焊接电流、电弧电压设定方法

采用等速送丝系统时，配平特性或缓降特性电源，电源外特性曲线近似垂直于电压轴，等速送丝系统的静特性曲线垂直于电流轴，如图 2-115 所示。因此，焊接电流通过调整送丝速度来设定，而电弧电压通过调整电源外特性来设定。

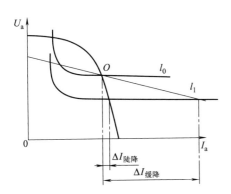

图 2-114　电源外特性对调节
灵敏度的影响

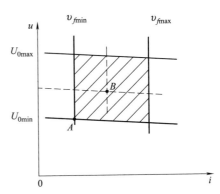

图 2-115　等速送丝系统焊接
电流和电弧电压的设定方法

2.4.2.2 电弧电压反馈调节系统

焊丝直径大于 3.2mm 时，电流对熔化速度的影响系数 k_i 很小，弧长变化时熔化速度的变化量 $\Delta v_m = k_i \Delta I_a$ 很低，通过熔化速度的调节作用不足以保证弧长的稳定，因此，必须采用电弧电压反馈调节方式。这种调节方式需要使用电弧电压反馈送丝机，利用送丝速度作为调节量来调节弧长。

（1）电弧电压反馈送丝机

图 2-116 给出了电弧电压反馈送丝机控制系统的基本原理。送丝电动机由晶闸管整流电源供电，电弧电压反馈信号 U_a 从电位器 RP_{13} 中点取出。该反馈控制信号与从电位器 RP_1 中点取出的给定控制信号 U_g 相减后得到 (U_a-U_g)。该信号加在晶闸管触发输入端晶体管 VT_1 的基极，使晶体管 VT_1 的基极电流、VT_2 的集电极电流、晶闸管的导通角、送丝电动机的转子电压和转速都将正比于 (U_a-U_g)，最终使得送丝速度也正比于 (U_a-U_g)，即

$$v_f = k\ (U_a-U_g) \tag{2-43}$$

式中，k 为电弧电压反馈调节器的灵敏度系数，该系数越大，调节灵敏度越高。

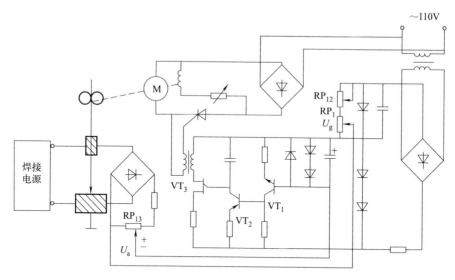

图2-116　晶闸管整流式电弧电压反馈送丝机控制电路

（2）电弧电压反馈调节系统的静特性方程

电弧稳定燃烧时，送丝速度 v_f 等于熔化速度 v_m，即

$$v_m = v_f \tag{2-44}$$

式（2-39）和式（2-43）代入式（2-44）并整理得：

$$U_a = \frac{k}{k+k_u} U_g + \frac{k_i}{k+k_u} I_a \tag{2-45}$$

该式为电弧电压反馈调节系统的静特性方程，对应的曲线为电弧电压反馈调节系统的静特性曲线，如图2-117所示。该曲线实际上是一条直线。对于常用的弧长，k_u 为零，因此该直线的截距为 U_g；对于粗丝 k_i 很小，而 k 很大，该直线的斜率很小，也就是说该直线接近平行于电流轴；而对于细丝，由于 k_i 很大，该直线的斜率则较大。

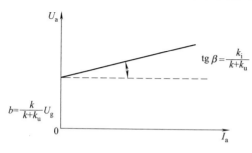

图2-117　电弧电压反馈调节系统的
静特性曲线

既然电弧电压反馈调节系统的静特性曲线是电弧稳定燃烧时，给定电压与焊接电流及电弧电压之间的关系曲线，电弧静态工作点必然落在它上面。因此静态工作点应是电源外特性曲线、电弧静特性曲线和均匀送丝系统静特性曲线三条线的交点，如图2-118所示。

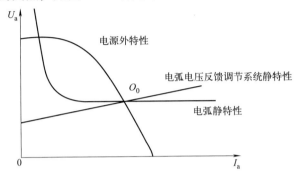

图2-118　弧压反馈调节系统的电弧静态工作点

（3）弧长的调节过程

如果弧长缩短，电弧静特性下移，电弧工作点从O_0变为O_1（如图2-119所示），焊接电流增大，而电弧电压减小，这使得送丝速度减小（甚至回抽），熔化速度增大，因此，单位时间内送出的焊丝长度小于熔化的焊丝长度，从而迫使弧长逐渐拉长，恢复到原来的长度。反之，如果弧长增大，电弧电压增大，送丝速度增大，单位时间内送出的焊丝长度大于熔化的焊丝长度，从而迫使弧长逐渐缩短，恢复到原来的长度。

尽管弧长变化时熔化速度仍有一定的变化，但由于粗丝时k_i很小，熔化速度变

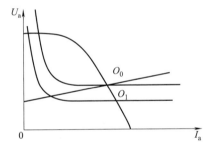

图2-119　弧长变化时的调节过程

化量$\Delta v_m = k_i \Delta I_a$很小，因此电弧电压调节作用主要是依靠弧长变化时送丝速度的变化实现的。

（4）调节误差

① 弧长波动时的调节误差。弧长波动调节完成后，新的平衡状态与旧的平衡状态相比，干伸长度通常会发生变化（见图2-110），因此新的电弧电压反馈调节系统静特性曲线的$\text{tg}\beta'$与原来的$\text{tg}\beta$不同，有调节误差，如图2-120所示。但是由于粗丝时的k_i较小而k较大，$\text{tg}\beta$和$\text{tg}\beta'$均近似为零，因此调节误差是很小的，基本可以忽略不计。一般情况下，电弧电压反馈调节系统的调节误差比自调节系统小得多。

② 网压波动时的调节误差。当电网电压波动，焊接电源外特性曲线位置会发生变化。如果网压下降一定值，电压外特性将向左下方平移一定的距离，如图 2-121 所示。采用陡降外特性电源时，电弧工作点由 O_0 点移动到 $O_陡$；采用缓降外特性电源时，电弧稳定工作点由 O_0 移到 $O_缓$。显然，采用陡降外特性电源时，弧长的调节误差小，因此，采用电弧电压反馈调节送丝机的熔化极电弧焊机宜配用具有陡降（恒流）外特性的弧焊电源。

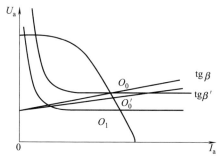

图 2-120　电弧电压反馈调节系统的调节误差

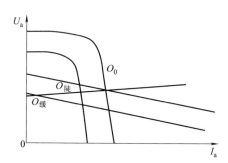

图 2-121　电网电压波动时电弧电压自动调节系统的调节误差

（5）调节灵敏度

电弧电压反馈调节系统的灵敏度取决于单位弧长变化量所引起的送丝速度变化量，送丝速度变化量可表示为：

$$\Delta v_f = k\Delta U_a \tag{2-46}$$

显然调节灵敏度取决于下列因素：

① 弧压反馈调节器灵敏度系数 k 越大，弧压反馈调节的灵敏度越高。

② 电弧电场强度越大时，同样的弧长波动引起的 U_a 越大，调节灵敏度就越高。

③ 采用陡降特性的电源时，同样的弧长波动引起的 U_a 比用缓降特性电源引起的 U_a 大，调节灵敏度较高。

（6）电弧电压反馈送丝熔化极电弧焊的焊接电流及电弧电压的设定方法

采用电弧电压反馈送丝机的熔化极电弧焊设备需要配陡降特性电源。在这种匹配方式下，焊接电流通过调节弧焊电源外特性曲线来设定，电弧电压通过改变电弧电压反馈送丝装置的给定电压 U_g 来设定，如图 2-122 所示。焊接过程中，U_g 保持不变，焊前设定的焊接电流和电弧电压通过电弧电压负反馈调节作用保持恒定。

电弧电压反馈调节系统的调节灵敏度和精度均高于等速送丝系统，但这种调节方式不宜用于细丝。因为利用细丝焊接时，k_i 很大，致使电弧电压反馈送丝系统静特性曲线的斜率增大，焊接参数的调节范围由图 2-122（a）中的"焊接电流大、电弧电压低"区域转变为图 2-122（b）中"焊接电流小、电弧电压高"区域，焊接过程稳定性下降。

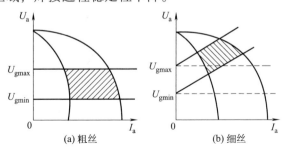

图 2-122　电弧电压反馈送丝熔化极电弧焊的焊接电流及电弧电压的设定

思　考　题

1. 解释下列名词术语：

电弧、气体放电、电离、电子发射、阴极斑点、阳极斑点、刚直性、磁偏吹、电离能、逸出功、电离电压、逸出电压、干伸长度、熔化速度、熔化系数、熔敷速度、熔敷效率、熔滴过渡、飞溅、热输入、电弧功率密度、加热斑点、熔化效率系数、焊缝成型系数、余高、熔合比。

2. 电弧中带电粒子主要通过哪些方式产生？

3. 电离有哪几种？各自产生哪个电弧区域？

4. 电离能对电弧稳定性有何影响？

5. 影响逸出功的因素有哪些？焊接生产中有效利用了哪些因素来降低逸出功？

6. 阴极区和阳极区的导电机理各有几种？各有何特点？

7. 阴极斑点和阳极斑点各有何特点？

8. 什么是阴极雾化作用？该作用对焊接工艺过程有何影响？

9. 电弧中存在哪些作用力？对熔滴过渡和熔池行为各有何影响？

10. 电弧为什么总是沿着焊丝轴向流动？影响电弧刚直性的因素有哪些？

11. 常用交流电弧有哪几种？各有何特点？各自稳定性如何？

12. 什么是磁偏吹？磁偏吹对焊接过程和焊接质量有何影响？产生磁偏吹的原因有哪些？如何防止磁偏吹？

13. 为什么说交流电弧的磁偏吹很小？磁力线对称程度相同的情况下，正弦波交流电弧和方波交流电弧哪个磁偏吹更小？

14. 焊丝熔化速度主要受哪些因素的影响？

15. 为什么说熔化极电弧焊一般采用直流反接？

16. 熔滴上受到哪些作用力？它们对熔滴过渡各有何作用？

17. 什么是自由过渡、接触过渡和渣壁过渡？

18. 自由过渡有哪几种？各自产生在什么条件下？各有何特点？

19. 接触过渡有哪几种？各自产生在什么条件下？各有何特点？

20. 渣壁过渡有哪几种？各自产生在什么条件下？各有何特点？

21. 什么是飞溅？它对焊接成本和质量有何影响？影响飞溅的因素有哪些？

22. 什么是熔池？熔池形状尺寸有哪些？影响熔池形状尺寸的因素有哪些？

23. 熔池上受到哪些力？各自对熔池行为及形状尺寸有何影响？

24. 电弧功率密度对熔池形状尺寸及接头性能有何影响？

25. 电弧加热斑点中功率密度分布一般呈什么规律？功率密度分布一般用什么来表征？

26. 影响熔化效率系数的因素有哪些？

27. 焊缝形状尺寸有哪些？对接头承载能力有何影响？

28. 为什么电弧焊的焊缝成型系数一般要求大于1？而电子束焊可以显著小于1？

29. 熔合比对接头质量有何影响？

30. 影响焊缝形状尺寸的因素有哪些？这些因素对熔深、熔宽、余高和熔合比的影响规律是什么？

31. 焊接工艺缺陷有哪些？各种缺陷产生条件是什么？

32. 为什么自动焊的焊接工艺参数需要自动调节？焊接生产中通常对哪些焊接工艺参数进行自动调节？

33. 焊接速度的自动调节方式有哪些？

34. 为什么焊接电流和电弧电压的自动调节可通过弧长的自动调节来实现？

35. 弧长自动调节方式有哪些？各自适用的条件是什么？

36. 为什么说等速送丝系统自调节作用只适合细丝？如何匹配电源外特性？为什么？

37. 粗丝电弧焊采用什么送丝系统？匹配什么外特性电源？为什么？

38. 弧压反馈送丝系统能否用于细丝电弧焊？为什么？

第 3 章

埋弧焊

3.1
埋弧焊原理、特点及应用

3.1.1 埋弧焊工艺原理

埋弧焊（SAW）是一种利用埋在焊剂层下的、燃烧在连续送进的焊丝与工件之间的电弧进行焊接的电弧焊方法。图 3-1 所示为埋弧焊工艺原理。焊前首先送丝使焊丝与工件短路，并通过焊剂漏斗将焊剂铺撒在焊道上。启动焊机后焊丝回抽将电弧引燃并同时使焊丝送进，当熔化速度等于送丝速度后电弧稳定燃烧。电弧将焊丝、工件、焊剂熔化并蒸发，产生的蒸气聚集在电弧周围，将密度较小的熔渣托起来，形成一个覆盖在熔池和电弧上面的熔渣壁，对电弧、熔池及刚刚凝固的焊缝进行保护。熔滴沿着熔渣壁或穿过电弧过渡到熔池中。电弧前移时，熔池结晶形成焊缝。另外，熔渣与熔滴和熔池金属发生冶金反应，使焊缝金属得以净化和强化。熔渣凝固后形成玻璃状的焊渣，覆盖在刚刚凝固的焊缝表面，对仍处于高温的焊缝进行保护。

埋弧焊通常采用自动化操作方式，在这种操作方式下，引弧、送丝、电弧或工件移动、焊接参数的稳定化控制、熄弧等过程全部是机械化或自动化的。

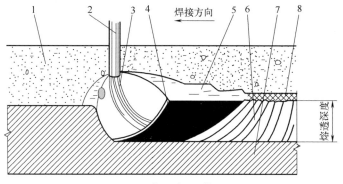

图 3-1　埋弧焊工艺原理

1—焊剂；2—焊丝；3—电弧；4—熔池；5—熔渣壁；6—焊缝；7—工件；8—渣壳

3.1.2　埋弧焊特点

（1）优点

① 生产效率高。与焊条电弧焊相比，埋弧焊焊丝的干伸长度短，允许使用的焊接电流（阈电流密度）可提高 4～5 倍。因此，熔透能力和焊丝熔敷速度显著提高，在不开坡口的情况下可焊透 20mm 的工件；另一方面，由于焊剂和熔渣将电弧与周围环境隔离开来，电弧因传导、辐射、对流和飞溅散失的热量少，电弧热效率高，这进一步提高了熔深或焊接速度。厚度 8～10mm 钢板对接，单丝埋弧焊速度可达 30～50m/h，而焊条电弧焊不超过 6～8m/h。

② 焊缝质量高。埋弧焊时，焊剂和熔渣能有效地防止空气侵入熔池而造成污染，焊缝中有害元素含量低；另外，由于焊接参数稳定性高，焊缝金属的化学成分和力学性能均匀而稳定，焊缝表面光洁平直。

③ 冷裂纹敏感性低。覆盖在熔池上的熔渣降低了焊缝冷却速度，降低了冷裂纹敏感性。

④ 节省焊接材料和能源。较厚的焊件不开坡口也能熔透，焊缝中所需填充金属量显著减少，省去了开坡口和填充坡口所需能源和时间；熔渣的保护作用避免了金属元素的烧损和飞溅损失，而且不像焊条电弧焊那样，有焊条头的损耗。

⑤ 劳动条件好。由于焊接过程的机械化和自动化，焊工劳动强度大大降低；没有弧光对焊工的有害作用；焊接时放出的烟尘和有害气体少，改善了焊工的劳动条件。

（2）缺点

① 只能用于平焊和横焊位置焊接。埋弧焊需要通过堆积在焊道上的颗粒状焊剂进行保护，其他焊接位置不能实现焊剂的堆积。

② 不能用于活泼金属的焊接。这是因为焊剂中有大量的氧化物，焊活泼

金属与焊剂反应激烈。

③ 不能焊薄板。电弧电场强度大，小电流时电弧不稳定，因此不能焊薄板。

④ 从经济上来考虑，不适合焊接短而复杂的焊缝。

⑤ 无法观察到电弧与坡口的相对位置，应该特别注意防止焊偏，最好采用焊缝自动跟踪装置。

⑥ 焊件的表面处理与焊件的加工精度等较焊条电弧焊高，在多层焊时需要进行清渣操作，否则会产生气孔、夹渣、裂纹和烧穿等缺陷。

⑦ 热输入大，接头热影响区的力学性能较差。对于调质钢，该问题尤其显著。

3.1.3　埋弧焊的应用

（1）适用的材料范围

埋弧焊最广泛的用途是碳含量低于0.30%、硫含量低于0.05%的低碳钢的焊接，其次是低合金钢和不锈钢的焊接。高、中碳钢和合金钢较少采用埋弧焊，因为这些材料对埋弧焊工艺的要求极高，可用的工艺范围较窄。

除了焊接外，埋弧焊还广泛用来在普通结构钢基体表面上进行耐磨或耐蚀堆焊。

（2）厚度范围

埋弧焊适用于焊接厚度2mm以上的工件，厚度大于12mm时一般需要开坡口。表3-1列出其一般可焊厚度范围。

表3-1　埋弧焊焊接厚度范围　　　　　单位：mm

焊接形式	0.13	0.4	1.6	3.2	4.8	6.4	10	12.7	19	25	51	102	205
单层无坡口			⟵					⟶					
单层带坡口						⟵				⟶			
多层焊								⟵					⟶

3.2
埋弧焊焊接材料

3.2.1　埋弧焊焊剂

焊剂与焊条的药皮作用相似，焊接过程中起着稳弧、保护、脱氧、合金化及改善焊缝成型等作用。它与焊丝配合使用，共同决定熔敷金属的化学成分和性能。

3.2.1.1 焊剂的分类

焊剂有许多分类方法，每一种分类方法只能反映焊剂某一方面的特性。

（1）按制造方法分类

按制造方法，焊接可分为熔炼焊剂和非熔炼焊剂两大类。

① 熔炼焊剂。熔炼焊剂是将按一定配比配好的原料放在炉内加热到1500℃左右进行熔炼，然后经水冷粒化、烘干、筛选而制成的一种焊剂。制造过程中因需要对原料进行高温熔化，因此，焊剂中不能加入碳酸盐、脱氧剂和合金剂，而且高碱度焊剂很难制造。根据颗粒结构不同，熔炼焊剂又分玻璃状焊剂、结晶状焊剂和浮石状焊剂，其中浮石状焊剂较疏松。

② 非熔炼焊剂。非熔炼焊剂有黏结焊剂和烧结焊剂两类。

黏结焊剂是将一定比例的各种粉状配料加入适量黏结剂，经混合搅拌、造粒和低温（一般在400℃以下）烘干而制成。烧结焊剂则是粉料加入黏结剂并搅拌之后，经高温（600～1000℃）烧结成块，然后粉碎、筛选而制成。经高温烧结后，焊剂的颗粒强度明显提高，吸潮性大为降低。

非熔炼焊剂的碱度可以在较大范围内调节，并且仍能保持良好的工艺性能；由于烧结温度低，故可以根据需要加入合金剂、脱氧剂和铁粉等，所以非熔炼焊剂适用性强，而且制造简便。

（2）按化学成分分类

熔炼焊剂可按照 SiO_2、MnO 和 CaF_2 含量来分类：按照 MnO 含量可分为无锰焊剂（小于2%）、低锰焊剂（2%～15%）、中锰焊剂（15%～30%）和高锰焊剂（大于30%）四类；按照剂 SiO_2 含量可分为低硅焊剂（小于10%）、中硅焊剂（10%～30%）和高硅焊剂（大于30%）三类；按照 CaF_2含量可分为低氟焊剂（小于10%）、中氟焊剂（10%～30%）和高氟焊剂（大于30%）三类。

（3）按焊剂碱度分类

焊剂碱度 B 常用国际焊接学会（ⅡW）推荐的公式计算：

$$B=\frac{CaO + MgO + BaO + Na_2O + K_2O + CaF_2 + 0.5(MnO + FeO)}{SiO_2 + 0.5(Al_2O_3 + TiO_2 + ZrO_2)}$$

式中各组分的含量按质量分数计算。$B < 1.0$ 的焊剂称为酸性焊剂，具有良好的焊接工艺性能，焊缝成型美观，但焊缝金属含氧量高，冲击韧度较低。$B > 1.5$ 的焊剂称为碱性焊剂，焊后熔敷金属含氧量低，接头力学性能特别是冲击韧性高，但工艺性能较差。B=1～1.5 的焊剂称为中性焊剂，焊后熔敷金属的化学成分与焊丝的化学成分相近，焊缝含氧量有所降低。

（4）按用途分类

有两种分类法：若按焊接方法分，则有埋弧焊用焊剂、堆焊用焊剂和电渣焊用焊剂等；若按被焊金属材料分，则有碳钢用焊剂、低合金钢用焊剂、不锈钢用焊剂和各种非钢合金用焊剂等。

3.2.1.2 焊剂的型号

关于焊剂型号的国家标准为 GB/T 36037—2018《埋弧焊和电渣焊用焊剂》。该标准规定，焊剂型号根据适用焊接方法、制造方法、焊剂成分类型和适用范围等进行划分。

焊剂型号由四部分组成：第一部分指示焊剂适用的焊接方法，"S"表示适用于埋弧焊，"ES"表示适用于电渣焊；第二部分指示焊剂制造方法，"F"表示熔炼焊剂，"A"表示烧结焊剂，"M"表示混合焊剂；第三部分指示焊剂类型及成分，见表 3-2；第四部指示焊剂适用范围，见表 3-3。除以上强制分类代号外，焊剂型号还有三个可选的附加部分：第一部分指示焊剂的冶金性能特点，用数字、元素符号、元素符号和数字组合等指示焊剂导致的合金元素烧损或增加程度，见表 3-4；第二部分指示适用的电流类型，"DC"表示适用于直流焊接，"AC"表示适用于交流和直流焊接；第三部分为字母"H"加一到两位数字表示，用于指示扩散氢含量。

焊剂型号示例：

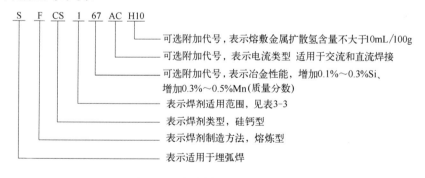

表 3-2 焊剂类型代号及成分

代号	主要化学成分	成分范围 /%	特点
MS（硅锰型）	MnO+SiO₂	≥50	具有比较高的电流承载能力，适用于薄板的高速焊接。具有好的抗气孔性，焊缝外观也很平滑，不易形成咬边。焊缝金属含氧量高，韧性低。不适用于厚截面的多道焊
	CaO	≤15	

代号	主要化学成分	成分范围 /%	特点
CS (硅钙型)	$CaO+MgO+SiO_2$	≥55	酸性 CS 焊剂具有最高的电流承载能力,常用于多丝焊。随着碱性增强,焊剂的电流承载能力逐渐减弱,但焊缝外观平滑、无咬边。碱性较强的 CS 焊剂适用于对焊缝韧性要求高的多道焊,常用于耐磨堆焊
	$CaO+MgO$	≥15	
CG (钙镁型)	$CaO+MgO$	5～50	碳酸盐较多,在焊接过程中产生 CO_2 气体,能降低焊缝金属中氮和扩散氢含量。该类焊剂常用于需要高冲击韧性的多道焊或高热输入焊接
	CO_2	≥2	
	Fe	≤10	
CB (钙镁碱型)	$CaO+MgO$	40～80	碳酸盐较多,在焊接过程中产生 CO_2 气体,能降低焊缝金属中氮和扩散氢含量。该类焊剂常用于需要高冲击韧性的多道焊或高热输入焊接
	CO_2	≥2	
	Fe	≤10	
CG-I (铁粉镁钙型)	$CaO+MgO$	5～45	碳酸盐较多,在焊接过程中产生 CO_2 气体,能降低焊缝金属中氮和扩散氢含量。该类焊剂常用于对力学性能要求不高的厚板高热输入焊接
	CO_2	≥2	
	Fe	15～60	
CB-I (铁粉镁钙碱型)	$CaO+MgO$	40～80	碳酸盐较多,在焊接过程中产生 CO_2 气体,能降低焊缝金属中氮和扩散氢含量。该类焊剂常用于对力学性能要求不高的厚板高热输入焊接
	CO_2	≥2	
	Fe	15～60	
GS (硅镁型)	$MgO+SiO_2$	≥42	添加金属粉进行合金化,特别适用于化学成分要求比较特殊的堆焊
	Al_2O_3	≤20	
	$CaO+CaF_2$	≤14	
ZS (硅锆型)	ZrO_2+SiO_2+MnO	≥45	常用于洁净板材和薄板的高速、单道焊;能够过渡合金元素
	ZrO_2	≥15	
RS (硅钛型)	TiO_2+SiO_2	≥50	通常匹配中锰或高锰含量的焊丝、焊带。焊缝金属含氧量相对较高,因而韧性受限。该类焊剂常用于单丝和多丝高速双面焊场合
	TiO_2	≥20	
AR (铝钛型)	$Al_2O_3+TiO_2$	≥40	冶金活性和碱度调整范围较宽,多用于单丝和多丝高速焊接,包括薄壁和角焊缝
BA (碱铝型)	$Al_2O_3+CaF_2+SiO_2$	≥55	焊缝金属含氧量较低,在多道焊应用中可以获得良好韧性
	CaO	≥8	
	SiO_2	≤20	
AAS (硅铝酸型)	$Al_2O_3+CaF_2+SiO_2$	≥50	特别适用于各种堆焊
	CaF_2+MgO	≥20	
AB (碱铝型)	$Al_2O_3+CaO+MgO$	≥40	冶金活性范围较宽。由于 Al_2O_3 含量高,液态熔渣快速凝固,常用于各种单丝或多丝的单道和多道焊
	Al_2O_3	≥20	
	CaF_2	≤22	
AS (硅铝型)	$Al_2O_3+SiO_2+ZrO_2$	≥40	碱度高,焊缝金属含氧最低,所以韧性较高,应用于各种接头和堆焊
	CaF_2+MgO	≥30	
	ZrO_2	≥5	

代号	主要化学成分	成分范围/%	特点
AF (铝氟碱型)	$Al_2O_3+CaF_2$	≥70	主要匹配合金焊丝，用于不锈钢和镍基合金等的接头堆焊
FB (氟碱型)	$CaO+MgO+CaF_2+MnO$	≥50	碱度高，焊缝金属含氧量低，所以韧性较高，广泛用于单丝和多丝的接头和堆焊，包括电渣焊
	SiO_2	≤20	
	CaF_2	≥15	
G*	其他协定成分		其化学组成范围不做规定，因此同是 G 类型的两种焊剂可能差别较大

* 表中未列出的焊剂类型可用相类似的符号表示，词头加字母 G，化学成分不进行规定，两种分类之间不可替换。

表3-3 焊剂适用范围代号

代号*	适用范围
1	用于非合金钢及细晶粒钢、高强钢、热强钢和耐候钢，适用于焊接接头和/或堆焊 在接头焊接时，一些焊剂可应用于多道焊和单/双道焊
2	用于不锈钢和/或镍及镍合金 主要适用于接头焊接，也能用于带极堆焊
2B	用于不锈钢和/或镍及镍合金 主要适用于带极堆焊
3	主要用于耐磨堆焊
4	1～3类都不适用的其他焊剂，例如铜合金用焊剂

* 由于匹配的焊丝、焊带或应用条件不同，焊剂按此划分的适用范围代号可能不止一个，在型号中应至少标出一种适用范围代号。

表3-4 焊剂冶金性能代号

1 类使用范围焊剂

冶金性能	代号	化学成分差值（质量分数)/%	
		Si	Mn
烧损	1	—	>0.7
	2	—	0.5～0.7
	3	—	0.3～0.5
	4	—	0.1～0.3
中性	5	0～0.1	
增加	6	0.1～0.3	
	7	0.3～0.5	
	8	0.5～0.7	
	9	>0.7	

2 类及 2B 类使用范围焊剂

冶金性能	代号	化学成分差值（质量分数）/%			
		C	Si	Cr	Nb
烧损	1	> 0.020	> 0.7	> 0.2	> 0.20
	2	—	0.5 ~ 0.7	1.5 ~ 2.0	0.15 ~ 0.20
	3	0.010 ~ 0.020	0.3 ~ 0.5	1.0 ~ 1.5	0.10 ~ 0.15
	4	—	0.1 ~ 0.3	0.5 ~ 1.0	0.05 ~ 0.10
中性	5	0 ~ 0.010	0 ~ 0.1	0 ~ 0.5	0 ~ 0.05
增加	6		0.1 ~ 0.3	0.5 ~ 1.0	0.05 ~ 0.10
	7	0.010 ~ 0.020	0.3 ~ 0.5	1.0 ~ 1.5	0.10 ~ 0.15
	8	—	0.5 ~ 0.7	1.5 ~ 2.0	0.15 ~ 0.20
	9	> 0.020	> 0.7	> 2.0	> 0.20

3.2.1.3 焊剂的牌号

焊剂牌号是由《焊接材料产品样本》（1997）规定的，工业界沿用至今。

（1）熔炼焊剂

用汉语拼音字母"HJ"表示埋弧焊及电渣焊用熔炼焊剂；"HJ"后第一位数字表示氧化锰含量，见表3-5；第二位数字表示二氧化硅与氟化钙含量，见表3-6；第三位数字为同一类型的不同编号，按0、1、2、…、9顺序排列。

同一牌号焊剂生产两种颗粒度时，在细颗粒焊剂牌号后面加短线"-"，再加表示"细"的汉语拼音字母"X"，有些生产厂常在牌号前加上厂标志的代号，中间用圆点"•"分开。

举例：

表 3-5　熔炼焊剂牌号中第一位数字含义

X_1	焊剂类型	w (MnO) /%
1	无锰	< 2
2	低锰	2 ~ 15
3	中锰	15 ~ 30
4	高锰	> 30

表 3-6 熔炼焊剂牌号中第二位数字含义

X_2	焊剂类型	$w\,(SiO_2)/\%$	$w\,(CaF_2)/\%$
1	低硅低氟	< 10	< 10
2	中硅低氟	10 ～ 30	
3	高硅低氟	> 30	
4	低硅中氟	< 10	10 ～ 30
5	中硅中氟	10 ～ 30	
6	高硅中氟	> 30	
7	低硅高氟	< 10	> 30
8	中硅高氟	10 ～ 30	
9	其他	不规定	不规定

例如：HJ431 表示此为高锰高硅低氟型埋弧焊用熔炼焊剂。

（2）烧结焊剂

用汉语拼音字母"SJ"表示埋弧焊用烧结焊剂，后面第一位数字表示焊剂熔渣渣系，见表 3-7。第二、第三位数字表示相同渣系焊剂中的不同牌号，按 01、02、…、09 顺序排列。

举例：

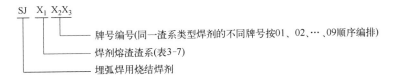

表 3-7 烧结焊剂熔渣渣系

X_1	熔渣系类型	主要化学成分（质量分数，%）组成类型
1	氟碱型	$CaF_2 \geqslant 15\%$ $CaO+MgO+MnO+CaF_2 > 50\%$ $SiO_2 < 20\%$
2	高铝型	$Al_2O_3 \geqslant 20\%$ $Al_2O_3+CaO+MgO > 45\%$
3	硅钙型	$CaO+MgO+SiO_2 > 60\%$
4	硅锰型	$MnO+SiO_2 > 50\%$
5	铝钛型	$Al_2O_3+TiO_2 > 45\%$
6、7	其他型	不规定

3.2.2 埋弧焊焊丝

3.2.2.1 埋弧焊实心焊丝的牌号

GB/T 14957—1994《熔化焊用钢丝》规定了钢焊丝的牌号的编制方法如

下：第一位符号为"H"，表示焊接用钢丝；在"H"之后的一位（千分数）或两位（万分数）数字表示碳的质量分数的平均数；在碳的质量分数后面的化学元素符号及其后面的数字，表示该元素的大约质量分数，当主要合金元素的质量分数≤1%时，可省略数字只记该元素的符号。在牌号尾部标有"A"或"E"，分别表示"高级优质"和"特高级优质"，后者比前者含S、P杂质更低。目前，气体保护焊已很少使用焊丝牌号，但埋弧焊仍普遍使用焊丝牌号。

示例：

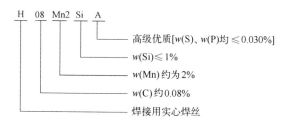

3.2.2.2　埋弧焊焊丝的型号

与焊丝型号相关的标准有：GB/T 5293—2018《埋弧焊用非合金钢及细晶粒钢实心焊丝、药芯焊丝和焊丝 - 焊剂组合分类要求》、GB/T 12470—2018《埋弧焊用热强钢实心焊丝、药芯焊丝和焊丝 - 焊剂组合分类要求》及 GB/T 36034—2018《埋弧焊用高强钢实心焊丝、药芯焊丝和焊丝 - 焊剂组合分类要求》。这些标准规定，实心焊丝型号根据化学成分进行划分。

埋弧焊实心焊丝型号由两部分组成，第一部分为"SU"表示埋弧焊实心焊丝，第二部分利用数字和字母组合指示焊丝的化学成分，见表 3-8。

实心焊丝型号示例如下：

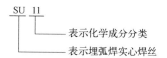

表 3-8　部分非合金钢及细晶粒钢实心焊丝的化学成分及其对应的冶金牌号

焊丝型号	冶金牌号分类	化学成分（质量分数）/%									
		C	Mn	Si	P	S	Ni	Cr	Mo	Cu[b]	其他
SU08	H08	0.10	0.25～0.60	0.10～0.25	0.030	0.030	—	—	—	0.35	—
SU08A	H08A	0.10	0.40～0.65	0.03	0.030	0.030	0.30	0.20	—	0.35	—
SU08E	H08E	0.10	0.40～0.65	0.03	0.020	0.020	0.30	0.20	—	0.35	—
SU08C	H08C	0.10	0.40～0.65	0.03	0.015	0.015	0.10	0.10	—	0.35	—

焊丝型号	冶金牌号分类	化学成分（质量分数）/%									
		C	Mn	Si	P	S	Ni	Cr	Mo	Cu[b]	其他
SU10	H11Mn2	0.17～0.15	1.30～1.70	0.05～0.25	0.025	0.025	—	—	—	0.35	—
SU11	H11Mn	0.15	0.20～0.90	0.15	0.025	0.025	0.15	0.15	0.15	0.40	—
SU111	H11MnSi	0.17～0.15	1.00～1.50	0.65～0.85	0.025	0.030	—	—	—	0.35	—
SU12	H12MnSi	0.15	0.20～0.90	0.10～0.60	0.025	0.025	0.15	0.15	0.15	0.40	—

3.2.2.3　埋弧焊焊丝 – 焊剂组合分类

焊丝 - 焊剂组合可依据相关国家标准确定。关于焊丝 - 焊剂组合的国家标准有 GB/T 5293—2018《埋弧焊用非合金钢及细晶粒钢实心焊丝、药芯焊丝和焊丝 - 焊剂组合分类要求》、GB/T 12470—2018《埋弧焊用热强钢实心焊丝、药芯焊丝和焊丝 - 焊剂组合分类要求》、GB/T 36034—2018《埋弧焊用高强钢实心焊丝、药芯焊丝和焊丝 - 焊剂组合分类要求》、GB/T 17854—2018《埋弧焊用不锈钢焊丝 - 焊剂组合分类要求》。

GB/T 5293—2018《埋弧焊用非合金钢及细晶粒钢实心焊丝、药芯焊丝和焊丝 - 焊剂组合分类要求》规定，实心焊丝 - 焊剂组合类型按照力学性能、焊后状态、焊剂类型和焊丝型号等进行划分；药芯焊丝 - 焊剂组合类型按照力学性能、焊后状态、焊剂类型和熔敷金属化学成分等进行划分。

焊丝 - 焊剂组合类型编号由五部分组成。第一部分用字母"S"表示埋弧焊用焊丝 - 焊剂组合；第二部分为两位数字和一个字母，表示多道焊在焊态或热处理状态下熔敷金属的抗拉强度代号，见表3-9，或表示双面单道焊接接头的抗拉强度代号，见表3-10；第三部分为一到两位数字，表示冲击吸收能量不小于27J时对应的冲击试验温度代号，见表3-11；第四部分为焊剂类型代号，见表3-2；第五部分为焊丝型号，见表3-8，或者为药芯焊丝 - 焊剂组合下熔敷金属化学成分代号，见表3-12。除以上强制部分外，组合类型编号中还有两个可选的附加代号，第一部分是字母"U"，附加在第三部分冲击试验温度代号后面，表示冲击吸收能量不小于47J；第二部分用"H"加一位或两位阿拉伯数字来指示熔敷金属中扩散氢的最大含量（100g 熔敷金属中扩散氢含量，单位：毫升）。

焊丝 - 焊剂组合类型编号示例：

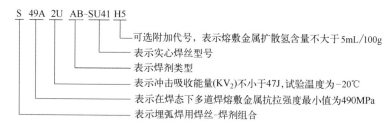

S 49A 2U AB-SU41 H5

可选附加代号，表示熔敷金属扩散氢含量不大于5mL/100g
表示实心焊丝型号
表示焊剂类型
表示冲击吸收能量(KV₂)不小于47J，试验温度为-20℃
表示在焊态下多道焊熔敷金属抗拉强度最小值为490MPa
表示埋弧焊用焊丝-焊剂组合

表3-9 埋弧焊多道焊熔敷金属抗拉强度代号

抗拉强度代号	抗拉强度 σ_b/MPa	屈服强度 σ_s 或 $\sigma_{0.2}$/MPa	断后伸长率 δ_5/%
43X	430 ~ 600	≥ 330	≥ 20
49X	490 ~ 670	≥ 390	≥ 18
55X	550 ~ 740	≥ 460	≥ 17
57X	570 ~ 770	≥ 490	≥ 17

注："X"为"A"或"P"，"A"表示焊态，"P"表示焊后热处理状态。

表3-10 双面单道埋弧焊焊接接头抗拉强度代号

抗拉强度代号	抗拉强度 σ_b/MPa	抗拉强度代号	抗拉强度 σ_b/MPa
43S	≥ 430	55S	≥ 550
49S	≥ 490	57S	≥ 570

表3-11 冲击试验温度代号

冲击试验温度代号	冲击试验吸收能量不小于27J时的试验温度 /℃	冲击试验温度代号	冲击试验吸收能量不小于27J时的试验温度 /℃
Z	不要求冲击试验	5	-50
Y	+20	6	-60
0	0	7	-70
2	-20	8	-80
3	-30	9	-90
4	-40	10	-100

表3-12 药芯焊丝-焊剂组合下熔敷金属化学成分代号

化学成分分类	化学成分（质量分数）[a]/%									
	C	Mn	Si	P	S	Ni	Cr	Mo	Cu	其他
TU3M	0.15	1.80	0.90	0.035	0.035	—	—	—	0.35	—
TU2M3[b]	0.12	1.00	0.80	0.030	0.030	—	—	0.40 ~ 0.65	0.35	—
TU2M31	0.12	1.40	0.80	0.030	0.030	—	—	0.40 ~ 0.65	0.35	—
TU4M3[b]	0.15	2.10	0.80	0.030	0.030	—	—	0.40 ~ 0.65	0.35	—
TU3M3[b]	0.15	1.60	0.80	0.030	0.030	—	—	0.40 ~ 0.65	0.35	—

化学成分分类	化学成分（质量分数）ª/%									
	C	Mn	Si	P	S	Ni	Cr	Mo	Cu	其他
TUN2	0.12ᶜ	1.60ª	0.80	0.030	0.025	0.75 ～ 1.10	0.15	0.35	0.35	Ti+V+Zr: 0.05
TUN5	0.12ᶜ	1.60ª	0.80	0.030	0.025	2.00 ～ 2.90	—	—	0.35	
TUN7	0.12	1.60	0.80	0.030	0.025	2.80 ～ 3.80	0.15	—	0.35	
TUN4M1	0.14	1.60	0.80	0.030	0.025	1.40 ～ 2.10	—	0.10 ～ 0.35	0.35	
TUN2M1	0.12ᶜ	1.60ª	0.80	0.030	0.025	0.70 ～ 1.10	—	0.10 ～ 0.35	0.35	
TUN3M2ᵈ	0.12	0.70 ～ 1.50	0.80	0.030	0.030	0.90 ～ 1.70	0.15	0.55	0.35	
TUN1M3ᵈ	0.17	1.25 ～ 2.25	0.80	0.030	0.030	0.40 ～ 0.80	—	0.40 ～ 0.65	0.35	
TUN2M3ᵈ	0.17	1.25 ～ 2.25	0.80	0.030	0.030	0.70 ～ 1.10	—	0.40 ～ 0.65	0.35	
TUN1C2ᵈ	0.17	1.60	0.80	0.030	0.035	0.40 ～ 0.80	0.60	0.25	0.35	Ti+V+Zr: 0.03
TUN5C2M3ᵈ	0.17	1.20 ～ 1.80	0.80	0.020	0.020	2.00 ～ 2.80	0.65	0.30 ～ 0.80	0.50	—
TUN4C2M3ᵈ	0.14	0.80 ～ 1.85	0.80	0.030	0.020	1.50 ～ 2.25	0.65	0.60	0.40	
TUN3ᵈ	0.10	0.60 ～ 1.60	0.80	0.030	0.030	1.25 ～ 2.00	0.15	0.35	0.30	Ti+V+Zr: 0.03
TUN4M2ᵈ	0.10	0.90 ～ 1.80	0.80	0.020	0.020	1.40 ～ 2.10	0.35	0.25 ～ 0.65	0.30	Ti+V+Zr: 0.03
TUN4M3ᵈ	0.10	0.90 ～ 1.80	0.80	0.020	0.020	1.80 ～ 2.60	0.65	0.20 ～ 0.70	0.30	Ti+V+Zr: 0.03
TUN5M3ᵈ	0.10	1.30 ～ 2.25	0.80	0.020	0.020	2.00 ～ 2.80	0.80	0.30 ～ 0.80	0.30	Ti+V+Zr: 0.03
TUN4M21ᵈ	0.12	1.50 ～ 2.50	0.50	0.015	0.015	1.40 ～ 2.10	0.40	0.20 ～ 0.50	0.30	Ti: 0.03 V: 0.02 Zr: 0.02
TUN4M4ᵈ	0.12	1.60 ～ 2.50	0.50	0.015	0.015	1.40 ～ 2.10	0.40	0.70 ～ 1.00	0.30	Ti: 0.03 V: 0.02 Zr: 0.02
TUNCC	0.12	0.50 ～ 1.60	0.80	0.035	0.030	0.40 ～ 0.80	0.45 ～ 0.70	—	0.30 ～ 0.75	—
TUGᵉ	其他协定成分									

a 化学分析应按表中规定的元素进行分析。如果在分析过程中发现其他元素，这些元素的总量（除铁外）不应超过 0.50%。

b 该分类也列于 GB/T 12470 中，熔敷金属化学成分要求一致，但分类名称不同。

c 该分类当中当 C 最大含量限制在 0.10% 时，允许 Mn 含量不大于 1.80%。

d 该分类也列于 GB/T 36034 中。

e 表中未列出的分类可用相类似的分类表示，词头加字母"TUG"。化学成分范围不进行规定，两种分类之间不可替换。

注：表中单值均为最大值。

3.3
埋弧焊设备

3.3.1 埋弧焊设备的分类

（1）埋弧焊设备的组成

埋弧焊设备通常由电源、送丝机构、行走机构、机头调整机构、程序控制系统和辅助装置等组成。有些埋弧焊设备还装有焊剂回收装置。

（2）埋弧焊设备的分类

① 按照用途，埋弧焊机可分为通用埋弧焊机和专用埋弧焊机两类。通用埋弧焊机用于平板对接、角接等，一般配有焊接小车；而专用埋弧焊机用于特定焊接结构的焊接。

② 按照送丝方式，埋弧焊机可分为等速送丝式埋弧焊机和均匀送丝式埋弧焊机（弧压反馈送丝式埋弧焊机）两种，前者使用细丝（1.0 ~ 3.2mm）进行焊接，后者使用粗丝（4.0 ~ 6.0mm）进行焊接。

③ 按照使用的电极形状，埋弧焊机可分为丝极埋弧焊机、绞丝极埋弧焊机和带极埋弧焊机三类。丝极埋弧焊机和绞丝极埋弧焊机用于焊接，而带极埋弧焊机主要用于堆焊。

④ 按使用的焊丝数量，埋弧焊机可分为单丝埋弧焊机、双丝及多丝埋弧焊机等几类。单丝埋弧焊机操作方便，应用最多。双丝或多丝埋弧焊机用来进行高速大电流焊接，在提高生产率的同时，可保证焊接质量，防止咬边、驼峰、未熔合等缺陷的发生。

⑤ 按照行走机构，埋弧焊机可分为小车式埋弧焊机、悬臂梁式埋弧焊机、龙门架式埋弧焊机等几类，如图3-2所示。小车式埋弧焊机由弧焊电源和焊接小车构成。这种焊机实际上就是通用型埋弧焊机。送丝机构、行走机构、焊剂输送和程序控制系统等集成在一个焊接小车上，通过小车在轨道上行走进行焊接。这类焊机主要用于平板对接和角接。龙门架式埋弧焊机由一个龙门架和上面安装的多台电源和多个焊头构成，用于大型构件的焊接，通常采用多个焊头同时进行多条焊缝的焊接。悬臂梁式埋弧焊机主要由可升降的悬臂梁、立柱、滚轮架、电源和焊接机头等构成。焊接机头悬挂在悬臂梁上，悬臂梁可以升降，也可以沿着悬臂梁长度方向前后移动，有些悬臂梁还可以沿着立柱旋转。这种焊机通常用于筒体结构的环缝和纵缝焊接、螺旋管

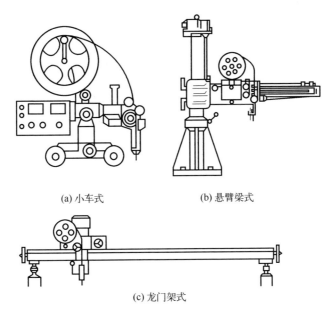

(a) 小车式　　　　　　　(b) 悬臂梁式

(c) 龙门架式

图 3-2　几种不同行走机构的埋弧焊机

螺旋焊缝的焊接以及封头与筒节间的环缝焊接。

3.3.2　埋弧焊电源

（1）埋弧焊设备对弧焊电源的基本要求

埋弧焊用弧焊电源需满足下列要求：

① 电源容量大。埋弧焊的焊接电流大，电源容量较焊条电弧焊电源大得多，额定电流一般为 600 ～ 1200A。

② 负载持续率高。埋弧焊尤其是埋弧自动焊，电源的负载持续率要达到100%，而焊条电弧焊电源的负载持续率一般不超过 60%。

③ 空载电压大。空载电压一般为 70 ～ 80V。

④ 电源外特性。细丝埋弧焊机使用等速送丝机构，要求匹配平特性或缓降特性的弧焊电源。粗丝埋弧焊机使用电弧电压反馈送丝机构，要求匹配陡降特性的弧焊电源。

（2）弧焊电源的选用

埋弧焊机可使用直流电源，也可使用交流电源。常用直流电源类型有晶闸管式弧焊整流器和 IGBT 弧焊逆变器两种。常用的交流电源有弧焊变压器、晶闸管电抗器式方波交流电源和 IGBT 逆变式方波交流电源三种。其中，IGBT 弧焊逆变器和 IGBT 逆变式方波交流电源是目前的主流电源。

利用弧焊变压器进行埋弧焊时，焊接电流及电弧电压波形如图3-3所示。电弧电流过零时，带电粒子大量复合，使电弧空间的电离度下降，易造成电弧不稳。焊剂中含有较高的CaF_2时，电弧稳定性更差，这是因为F会捕捉电子形成负粒子，显著减少电子数量，而形成的F^-的导电能力又显著低于电子，因此用弧焊变压器进行埋弧焊时，不能选用含CaF_2高的焊剂。

利用方波交流电源进行埋弧焊时，焊接电流及电弧电压波形如图3-4所示。每个半波的电流几乎不变，而两个半波之间的电流切换是在瞬间完成的，焊接电流接近零的时间几乎为零，因此每个半波不需要重新引燃，即使采用CaF_2含量较高的焊剂，也可保证良好的电弧稳定性。

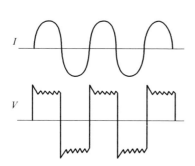 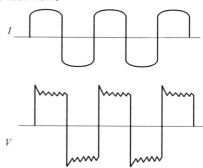

图3-3　利用弧焊变压器进行埋弧焊　　　图3-4　方波交流埋弧焊的焊接电流
　　　时的电弧电压及焊接电流波形　　　　　　　　及电弧电压波形

在容易出现磁偏吹且难以消除的场合下，例如窄间隙埋弧焊时，优先选用交流电源。如果焊剂中有较高的CaF_2，则只能选择方波交流电源，这种电源既可稳定电弧，又可防止磁偏吹。

3.3.3　送丝机构、行走机构和机头调整机构

通用埋弧焊机的送丝机构、行走机构、机头调整机构和控制系统通常安装在焊接小车上，如图3-5所示。

（1）送丝机构

送丝机构的主要作用是按照一定的方式将焊丝送进，维持弧长的稳定并向熔池中过渡填充金属。送丝机构由送丝电动机、传动机构、送丝滚轮、校直滚轮等组成，如图3-6所示。传动机构由一对圆柱齿轮和一对蜗轮蜗杆构成。送丝电动机通过传动机构减速并改变转动方向后，再通过一对圆柱齿轮驱动送丝滚轮，圆柱齿轮的作用是使送丝滚轮3和4均为主动轮，提高送丝稳定性。焊丝夹紧在送丝滚轮3和4之间，其夹紧力可通过旋转螺钉、弹簧和杠杆加以调节（见图3-5）。这对送丝滚轮驱动夹在其间的焊丝，使之送进，

通过校直滚轮校直后进入导电嘴，通过导电嘴后进入电弧中。

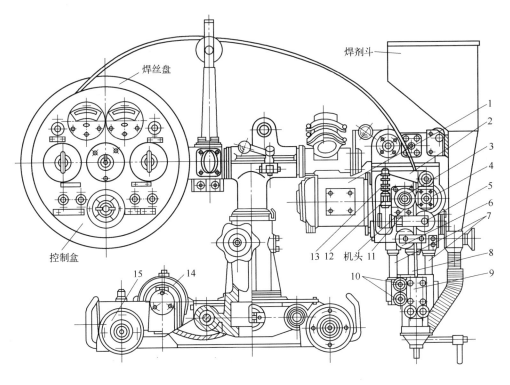

图 3-5　埋弧焊机的焊接小车

1—送丝电动机；2—杠杆；3，4—送丝滚轮；5，6—校直滚轮；7—圆柱导轨；8—螺杆；
9—导电嘴；10—螺钉（压紧导电块用）；11—螺钉（接电极用）；12—调节螺钉；
13—弹簧；14—小车电动机；15—小车车轮

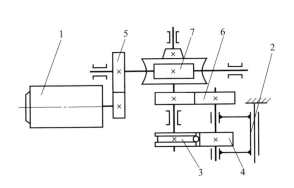

图 3-6　送丝机构的传动系统

1—送丝电动机；2—杠杆；3，4—送丝滚轮；
5，6—圆柱齿轮；7—蜗轮蜗杆

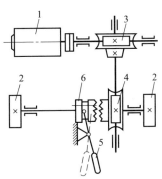

图 3-7　行走机构的传动系统

1—行走电动机；2—行走轮；3，4—蜗
轮蜗杆；5—手柄；6—离合器

送丝电动机一般为直流电动机，功率一般为 40 ～ 100W，额定转速为 2650r/min。通过直流调速电路调节送丝速度大小。传动机构的减速比一般为 100 ～ 160。

根据电动机的调速方式，送机构可分为等速送丝机构和均匀（电弧电压反馈）送丝机构两类。

（2）行走机构

行走机构的作用是驱动电弧或工件行走，其行走速度就是焊接速度。该机构由行走电动机、传动机构、行走轮和离合器等组成，如图 3-7 所示。行走电动机经蜗轮蜗杆 3 和 4 减速并改变运动方向，驱动行走轮行走，行走轮一般采用橡胶轮，以使小车与工件之间绝缘。可通过手柄操作离合器，当离合器合上时，小车电动机可驱动小车行走；当离合器打开时，可用手推动小车，调整始焊位置。

电动机功率取决于小车自重，一般为 40 ～ 200W。电动机调速通常采用电枢电压负反馈控制、电枢电流正反馈控制或电枢电动势负反馈控制，以稳定转速，保证小车行走速度恒定不变。小车行走速度通常可在较大的范围内调节，以适应不同的焊接速度要求。

（3）机头调整机构

机头调整机构的主要作用是使焊丝对准焊缝。图 3-8 给出了典型机头调整结构的调整自由度，共有五个：x 方向和 y 方向两个移动自由度，α、β、γ 三个转动自由度。x 方向的调整范围一般为 60mm，y 方向的调整范围一般为 80mm，一般采用丝杠 - 螺母及带锁紧的转轴手动调整。而调整范围较大的焊机通常采用电机拖动方式来调整。

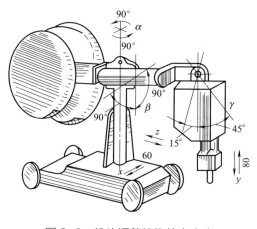

图 3-8　机头调整机构的自由度

3.3.4　其他附件

（1）导电嘴

导电嘴的作用是将焊接电流从电缆传导到焊丝上。导电嘴要求与焊丝接触良好、电导率高而且不易磨损，因此通常采用耐磨铝合金制造，有管式、滚轮式和瓦片式三种结构形式，如图 3-9 所示。

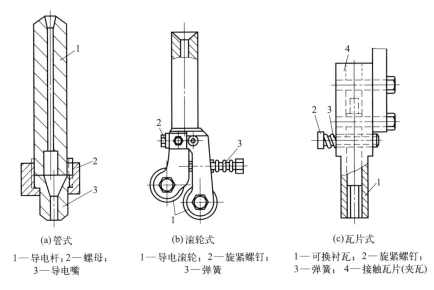

(a) 管式　　　　　　　(b) 滚轮式　　　　　　(c) 瓦片式
1—导电杆；2—螺母；　1—导电滚轮；2—旋紧螺钉；　1—可换衬瓦；2—旋紧螺钉；
3—导电嘴　　　　　　　　3—弹簧　　　　　3—弹簧；4—接触瓦片(夹瓦)

图 3-9　导电嘴结构示意图

　　管式导电嘴由导电杆、导电嘴和螺母等三部分构成，见图 3-9 (a)。导电杆和导电嘴的轴线不在一条线上，焊丝从导电杆进入导电嘴时发生弯曲变形，焊丝在弯曲产生的弹性力的作用下贴紧在导电杆的出口和导电嘴的入口处，保证良好的接触。其特点是导电性和对中性好，但需根据焊丝直径选择内孔和偏心量。这种导电嘴主要用于直径不大于 2.0mm 细焊丝。

　　滚轮式导电嘴由装在导电板上的两个耐磨铜滚轮组成，如图 3-9 (b) 所示。焊丝靠弹簧的推力夹紧在两滚轮之间。夹紧力来自弹簧，其大小可通过螺钉来调节。这种导电嘴通用性强，但对中性较差，焊丝干伸长度大，适用于直径大于 2.0mm 的焊丝。

　　瓦片式导电嘴由两个带槽的铜夹瓦、可更换的衬瓦、弹簧和螺钉等构成，见图 3-9 (c)。用两个带弹簧的螺钉使两个夹瓦相互压紧，以保证焊丝与夹瓦之间接触良好。焊接电缆用螺钉连接到夹瓦上。这种导电嘴对中性好，焊丝干伸长度可设定得很短，但需根据焊丝直径来更换内槽尺寸合适的衬瓦。

　　（2）送丝滚轮

　　它有单主动和双主动两种结构。单主动滚轮适用于直径在 2mm 以下的细焊丝，滚轮表面是平的，也可开 V 形槽，如图 3-10 所示；双主动滚轮，适用于直径在 3mm 以上焊丝的送丝机构，两个滚轮由同体齿轮彼此啮合，以增大送丝力。滚轮的表面常铣出高度为 0.8 ～ 1mm，顶角为 80° ～ 90° 的齿，表面硬度为 50 ～ 60HRC，如图 3-10 (a)、(b) 所示。

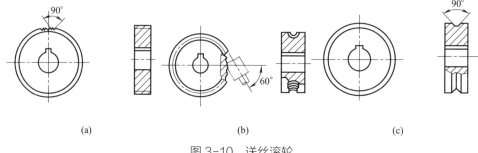

图 3-10　送丝滚轮

（3）焊丝盘

它有内盘式和外盘式两种结构，如图 3-11 所示。直径在 3 ～ 6mm 的焊丝一般都采用内盘式，这种焊丝盘在盘装焊丝时从外周向中心进行，使用时则从内周开始，既便于盘绕，又不会自松；直径大于 6mm 或小于 3mm 的焊丝都采用外盘式。

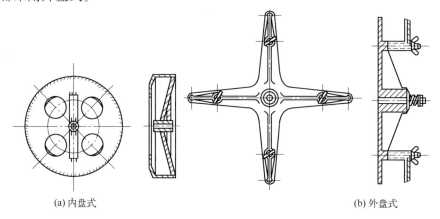

(a) 内盘式　　　　　　　　　　　　　　　　(b) 外盘式

图 3-11　焊丝盘

（4）焊剂斗与回收器

焊剂斗的作用是将焊剂稳定地送入焊接区。焊剂的加入可以用手工进行，也可采用气压输送装置。

焊剂回收器用于将未熔化的焊剂从焊接区回收起来，有吸压式和吸入式两种形式。吸入式回收器利用抽气机或振动泵提供动力，通过抽吸形成的真空来吸入焊剂，其优点是回收的焊剂不易受潮，但焊剂回收和撒布不能同时进行。而吸压式回收器需要利用 0.3 ～ 0.5MPa 的压缩空气，依靠射吸作用形成的真空来吸入焊剂，由于要与空气介质接触，回收的焊剂易受潮，但焊剂回收和撒布可以同时进行。

图 3-12 所示为吸入式焊剂回收器的典型结构。

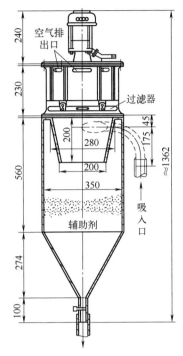

图 3-12　吸入式焊剂回收器的典型结构

3.4
埋弧焊工艺

　　埋弧焊工艺包括：接头设计及焊前准备、焊丝与焊剂的选择、焊接工艺参数及热处理工艺的确定等。

3.4.1　接头设计及焊前准备

3.4.1.1　接头及焊缝坡口设计

（1）坡口形式
　　埋弧焊最常用的接头形式是对接接头、T形接头、搭接接头和角接头。

采用的具体接头类型一般根据产品结构特点、工件厚度、母材类型，并结合埋弧焊工艺特点来确定。每一种接头的焊缝坡口形式和尺寸一般应根据国家标准来确定。碳钢和低合金钢埋弧焊焊接接头的坡口设计标准是GB/T 985.2—2008《埋弧焊的推荐坡口》。

① I形坡口。板厚不超过20mm时可不开坡口，或者说开I形坡口，见图3-13（a）。在不留间隙、不加衬垫的情况下，单面焊双面成型工艺可焊的最大厚度为8mm；双面单道焊工艺可焊的最大厚度为16mm。在留一定间隙且背面采用合适的衬垫的情况下，单面焊双面成型工艺可焊透12mm以上的工件，随间隙加大，一次可焊厚度也随之增加，最大厚度可达20mm。由于厚度越大，所采用的热输入越大，焊接热影响区及其晶粒尺寸越大，因此，12mm以上的工件较少采用单面焊双面成型工艺进行焊接。

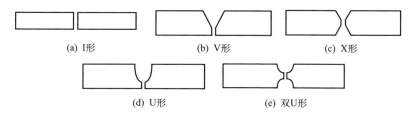

(a) I形　　　(b) V形　　　(c) X形

(d) U形　　　(e) 双U形

图3-13　埋弧焊对接接头常用坡口形式

② V形和U形坡口。板厚为10～35mm时，可开单V形坡口，见图3-13（b）；板厚为30～50mm时，开双面V形（即X形）坡口，见图3-13（c），也可开U形坡口，见图3-13（d）；50mm以上可开双面U形坡口，见图3-13（e）。开坡口的目的主要是使焊丝很好地接近接头根部，保证熔透，此外，还可改善焊缝成型，调整母材的熔合比和焊缝金属结晶形态等。相同条件下，U形坡口消耗的填充金属少于V形坡口，板越厚这种差距越大；但U形坡口加工费较高。

无论是开坡口的对接焊缝还是角焊缝的焊接，在装配时一般都留出一定的根部间隙，见图3-14，主要是为了保证根部熔透和改善焊缝外形。间隙大小一般根据坡口形状和尺寸以及背面有无衬垫等情况来确定。一般情况下，间隙不大于焊丝直径。过小的焊缝间隙会导致根部未焊透或夹渣缺陷，双面焊时就会增加背面清根的工作量。而过大的间隙会增加填充金属用量，这不仅增加焊接成本，还会增大焊件的变形，严重时还会导致烧穿缺陷。

坡口的角度较小时，应适当加大装配间隙。对于多道焊的第一道焊缝，如果背面使用衬垫，其间隙可以加大，坡口角度可相应减小。

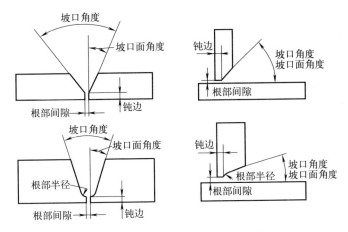

图 3-14 坡口的形状尺寸示意图

钝边主要是用来补充金属的厚度，可避免烧穿的倾向，如果采用永久性焊接衬垫单面焊，建议不用钝边。

③ 双面不对称坡口。双面单道开坡口对接接头焊接时，如果先焊面与后焊面采用同样的参数，则其坡口形状和尺寸要做适当调整，如图 3-15 所示的实例。

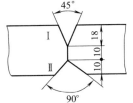

图 3-15 双面单道开坡口对接接头的设计

Ⅰ（先焊面）：I=1250A，U=38V，20cm/min；
Ⅱ（后焊面）：I=1250A，U=38V，20cm/min

（2）坡口加工方法

坡口可用刨边机、车床、切割机、等离子切割机、剪切机和专用坡口加工机等设备加工。加工后的坡口尺寸及表面粗糙度等必须符合设计图纸或工艺文件的规定。

① 剪切机剪切：适用于薄板的Ⅰ形坡口边缘加工。

② 刨边机刨削：可加工任何形状的坡口，加工的坡口面光滑、精度高。对于薄钢板的Ⅰ形坡口，可将多张钢板叠在一起，一次完成加工，提高工作效率。

③ 车床加工：具有圆形或圆环形截面的工件可在立式车床上加工各种形状的坡口。

④ 气割机切割：低碳钢和低合金钢可用气割机切割各种形状的坡口边缘，特别适用于厚板的坡口加工。

⑤ 等离子切割机：等离子切割机用于不锈钢、高合金钢等的坡口边缘加工。

⑥ 碳弧气刨：用碳弧气刨加工坡口时，坡口面容易渗碳，焊前必须用砂轮机将表面打磨一遍，去除渗碳层。

⑦ 专用坡口加工机：平板坡口加工机用于加工平板的坡口，管端加工机用于加工管子的坡口。

3.4.1.2 焊前准备

（1）待焊部位的清理

焊前应将坡口以及坡口两侧 20 ～ 50mm 区域内的铁锈、氧化皮、油污、水分等清理干净，以防止含氢物质进入焊接区，降低焊缝中的氢含量，避免出现氢气孔。

对于小型焊件，坡口及其附近的氧化皮及铁锈可用纱布、钢丝刷、角向磨光机打磨；对于大型焊件，通常采用喷砂、抛丸等方法处理。油污及水分一般用氧 - 乙炔火焰烘烤。

（2）焊接材料的清理

埋弧焊丝与焊剂参与焊接冶金反应，对焊缝的成分、组织和力学性能影响极大，因此，焊前应确保焊丝清洁，并烘干焊剂。

目前市售的焊丝一般有防锈铜镀层，使用前，应注意去除掉焊丝表面的油及其他污物。

焊剂使用前应严格按要求烘干。通常按照焊剂的技术说明进行烘干和保存。如无技术说明，则按照表 3-13 中的要求进行烘干。低碳钢埋弧焊熔炼焊剂在使用前放置时间不得超过 24 小时；低合金钢埋弧焊熔炼焊剂在使用前放置时间不得超过 8 小时；烧结焊剂经高温烘干后，应转入 100 ～ 150℃的低温保温箱中，随用随取。

表 3-13　埋弧焊用焊剂的烘干要求

焊剂类型	烘干温度 /℃	保温时间 /h
熔炼焊剂	150 ～ 350	1 ～ 2
烧结焊剂	200 ～ 400	2

（3）工件装配

工件装配质量直接影响接头质量、强度和变形。应严格按照图纸要求进行装配，严格控制根部间隙大小，保证整个焊缝长度上间隙均匀、高低平整无错边。一般情况下，错变量应符合表 3-14 中的要求。如果出现局部间隙过大现象，应利用焊条电弧焊或熔化极气体保护焊进行修补，焊条或焊丝的力学性能应与母材相等。

表3-14　埋弧焊错变量控制要求

序号	接头示意图	焊缝等级	错边允差
1		重要焊缝	$d < 0.1t$，且 $d < 2.0mm$
		普通焊缝	$d < 0.15t$，且 $d < 3.0mm$
2		重要焊缝	$d < 0.1t$，且 $d < 1.5mm$
		普通焊缝	$d < 0.15t$，且 $d < 2.0mm$

（4）定位焊

定位焊是为了固定已装配的工件，并增加焊件的刚度，防止因焊接变形而使坡口或间隙发生变化。定位焊缝通常采用熔化极气体保护焊进行焊接。定位焊缝原则上应与母材等强，且应表面平整，没有气孔、夹渣等缺陷。

定位焊缝的位置一般在第一道埋弧焊缝的背面。有焊缝交叉的部位不宜进行定位焊；对称焊缝的定位焊缝也要对称布置。

由于焊缝短，冷却速度快，定位焊缝的焊接电流应比正常焊接大一些，或焊接速度应小一些。对于淬硬倾向较大的材料，应进行预热，防止出现冷裂纹。收弧时注意填满弧坑，防止弧坑裂纹。

定位焊的焊缝尺寸通常根据板厚来选择，并考虑刚性要求，在满足强度和刚性要求的条件下，尺寸尽量小一些，尽量采用短焊缝、小间距。普通焊接结构的定位焊缝尺寸见表3-15。

表3-15　普通焊接结构的定位焊缝尺寸

板厚 /mm	焊缝高度 /mm	焊缝长度 /mm	焊缝间距 /mm
≤ 4	< 4	5 ～ 10	50 ～ 100
4 ～ 12	3 ～ 6	10 ～ 20	100 ～ 200
> 12	6	15 ～ 50	100 ～ 300
12 ～ 25	8	50 ～ 70	300 ～ 500
> 25	8	70 ～ 100	200 ～ 300

（5）引弧板与熄弧板

引弧点和熄弧点附近 10 ～ 30mm 的范围内，熔深较浅，容易出现未焊透、未熔合、气孔、夹渣、弧坑等缺陷，如图 3-16 所示。通过使用引弧板和熄弧板并在焊后予以切除，可方便地防止这些缺陷出现在产品的焊缝上，保证产品质量。因此，埋弧焊时，一般要求加引弧板与熄弧板。另外，引弧板与熄弧板还可增加焊件刚度。

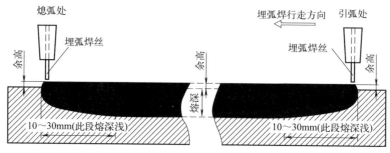

图 3-16　埋弧焊焊缝不同位置处的熔深示意图

引弧板和熄弧板宜用与母材相同的材料，以免影响焊缝化学成分，其坡口形状和尺寸也应与母材相同。引弧板和熄弧板的尺寸一般应取（120～150）mm×（120～150）mm，厚度与母材相同。如果两个工件的厚度不一致，则引弧板和熄弧板的厚度与较薄工件的厚度一致。引弧板上的引弧长度和熄弧板上的引出长度一般应为 50～60mm；如果开坡口则可减小到 30～50mm，其坡口尺寸形状也应与母材相同，如图 3-17 所示。由于有定位焊缝增大了工件拘束度，使得长对接焊缝的终端易产生中断裂纹，因此，对于板厚在 25mm 以下的焊件，推荐采用开槽的熄弧板，如图 3-18 所示。图 3-19 给出了 T 形接头引弧板及熄弧板的装配方法及要求。焊后，应利用气割割除引弧板与熄弧板，注意不要损伤母材。

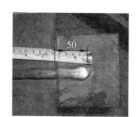

图 3-17　引弧板和熄弧板示意图

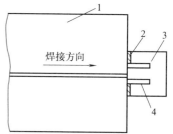

图 3-18　开槽熄弧板及其连接方式

1—焊件；2—连接焊缝；3—熄弧板；4—通槽

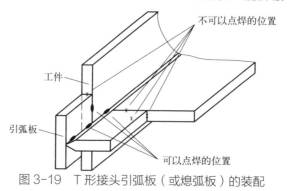

图 3-19　T 形接头引弧板（或熄弧板）的装配

3.4.2　焊接工艺参数对焊缝成型尺寸及质量的影响规律

影响焊缝形状尺寸和力学性能的埋弧焊工艺参数包括：焊接电流、电弧电压、焊接速度、电流的种类及极性、焊丝直径、焊丝干伸长度、焊剂颗粒度、焊剂堆积厚度等。其中，前三者为主要的参数，其他为次要参数。

（1）焊接电流

焊接电流是决定焊缝熔深的主要因素。其他条件不变时，焊接电流增大，焊缝的熔深 H 及余高 a 均增大，而焊缝的宽度 B 变化不大，熔合比 γ 稍有增大。熔深与电流成正比：

$$H=k_mI$$

式中，k_m 为电流系数，取决于电流种类、极性接法及焊丝直径等。表 3-16 给出了不同焊接条件下的 k_m 值。

表 3-16　不同焊接条件下的 k_m 值

焊丝直径 /mm	电流种类	焊剂牌号	k_m 值 /mm · (100A)$^{-1}$	
			T 形焊缝及开坡口的对接焊缝	堆焊及不开坡口的对接焊缝
5	交流	HJ431	1.5	1.1
2	交流	HJ431	2.0	1.0
5	直流正接	HJ431	1.75	1.1
5	直流正接	HJ431	1.25	1.0
5	交流	HJ430	1.55	1.15

通常情况下，根据熔深要求选择合适的焊接电流值。焊接电流过大时，焊接热影响区宽度增大，并易产生过热组织，使接头韧性降低；此外，电流过大还易导致咬边、焊瘤或烧穿等缺陷。焊接电流过小则易产生未熔合、未焊透、夹渣等缺陷。

选择焊接电流时还应适当考虑其对焊缝成分及力学性能的影响。焊接电流影响焊剂熔化比率（焊剂熔化量/焊丝熔化量）。焊剂熔化比率越大，焊接过程中冶金反应程度越大，向焊缝过渡的合金元素越多。图 3-20 给出了焊接电流对焊剂熔化比率的影响。可见，随着焊接电流的增大，焊剂熔化比例降低，向焊缝中过渡的合金元素含量降低，焊缝力学性能下降。

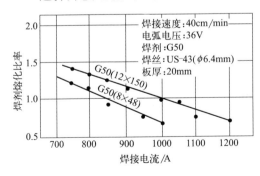

图 3-20　焊接电流对焊剂熔化比率的影响

（2）电弧电压

电弧电压对熔深的影响很小，主要影响熔宽。随着电弧电压的增大，熔宽 B 增大，而熔深 H 及余高 a 略有减小，熔合比 γ 稍有增加。为保证电弧的稳定燃烧及合适的焊缝成型系数，电弧电压与焊接电流应保持适当的关系，如图 3-21 所示。焊接电流增大时，应适当提高电弧电压，与每一焊接电流对应的电压的允许变化范围不超过 10V（图中阴影部分）。当电弧电压取下限时，焊道窄；取上限时，焊道宽。若电弧电压超出该合适范围，焊缝成型将变差。

电弧电压对焊剂熔化比率具有显著的影响，如图 3-22 所示。随着电弧电压的增大，焊剂的熔化比率增大，过渡到熔敷金属中的合金元素会有所增加，焊缝力学性能提高。

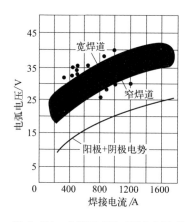

图 3-21　电弧电压与焊接电流的
合适匹配关系

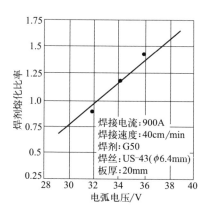

图 3-22　电弧电压对焊剂
熔化比率的影响

（3）焊接速度

焊接速度对熔深、熔宽及余高均有明显的影响。焊接速度增大时，熔深 H、熔宽 B 和余高 a 均减小，熔合比 γ 基本不变。因此，为了保证焊透，提高焊接速度时，应同时增大焊接电流及电弧电压。但电流过大、焊速过高时，普通埋弧焊易引起咬边等缺陷。因此焊接速度不能过高。

焊接电流与焊接速度的匹配关系见图 3-23。对于一定的焊接电流，有一合适焊接速度范围，在此范围内焊缝成型美观，当焊接速度大于该范围上限时，将出现咬边等缺陷。

焊接速度也会影响焊剂熔化比率，随着焊接速度的增大，焊剂熔化比率稍有降低，如图 3-24 所示。因此，焊接速度增大，焊缝中过渡的合金元素量稍有下降，焊缝力学性能有可能会下降。

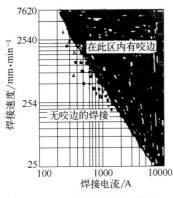

图 3-23 焊接速度与焊接
电流的匹配关系

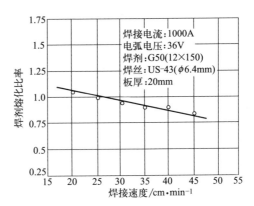

图 3-24 焊接速度对焊剂
熔化比率的影响

（4）电流种类与极性

采用直流反接（DCRP）时，熔敷速度稍低，但熔滴过渡稳定，熔深较大，焊缝成型好。因此，埋弧焊一般情况下都采用直流反接。

采用直流正接（DCSP）时，熔敷速度比反接高30%～50%，而熔深较浅，降低了母材对熔敷金属中的稀释率，因此特别适合堆焊。焊接热裂纹倾向较大的材料时，采用直流正接可降低母材在焊缝金属中的含量，防止热裂。

采用交流进行焊接时，熔深处于直流正接与直流反接之间。

（5）焊丝直径及干伸长度

一定焊接电流下，焊丝直径会引起电流密度及电弧集中程度的变化，进而引起焊缝形状尺寸的变化。表3-17给出了焊接电流、电弧电压和焊接速度一定时电流密度对焊缝形状尺寸的影响。可见，其他条件不变，焊丝直径越细，熔深越大，熔宽越小，焊缝成型系数减小。然而对于一定的焊丝直径，使用的电流范围不宜过大，否则将使焊丝因电阻热过大而发红，影响焊丝的性能及焊接过程的稳定性。不同直径焊丝的许用电流范围见表3-18。

表 3-17　焊丝直径对焊缝形状尺寸的影响（电弧电压为 30～32V，
焊接速度为 33cm/min）

参数	焊接电流 /A							
	700～750			1000～1100			1300～1400	
焊丝直径 /mm	6	5	4	6	5	4	6	5
平均电流密度 /A·mm^{-2}	26	36	58	38	52	84	48	68
熔深 H/mm	7.0	8.5	11.5	10.5	12.0	16.5	17.5	19.0
熔宽 B/mm	22	21	19	26	24	22	27	24
焊缝成型系数 B/H	3.1	2.5	1.7	2.5	2.0	1.3	1.5	1.3

表 3-18　不同直径焊丝的焊接电流允许范围

焊丝直径 /mm	2	3	4	5	6
电流密度 /A·mm^{-2}	63 ~ 125	50 ~ 85	40 ~ 63	35 ~ 50	28 ~ 42
焊接电流 /A	200 ~ 400	350 ~ 600	500 ~ 800	700 ~ 1000	800 ~ 1200

干伸长度增大，焊丝熔化量增大，余高增大，而熔深略有减小。焊丝的电阻率越大，这种影响越大。焊丝干伸长度通过导电嘴到工件的距离设定，而导电嘴到工件的距离一般为 30 ~ 45mm。

（6）焊剂颗粒度及堆积厚度

焊剂密度越大、颗粒尺寸越小，堆积厚度越大，电弧压力就越大。电弧压力增大使熔深增大，熔宽减小，余高增大。

大电流焊接时采用细颗粒焊剂能得到较大熔深、宽而平坦的焊缝表面；而小电流情况下，细颗粒焊剂的焊缝成型不好。因此，一般在大电流用细颗粒焊剂，小电流用大颗粒焊剂。

埋弧焊焊剂堆敷厚度一般在 25 ~ 40mm 范围内，应保证在焊丝或焊带附近有足够的焊剂，以完全埋住电弧和熔池。焊剂堆积层过高，焊缝表面波纹粗大，余高过大，且凹凸不平，甚至有"麻点"。焊剂堆积层高度太低，电弧外露，焊缝表面会变得粗糙。图 3-25 给出了焊剂层厚度对焊缝形状的影响。烧结焊剂的密度小，焊剂堆积层高可比熔炼焊剂高出 20% ~ 50%。

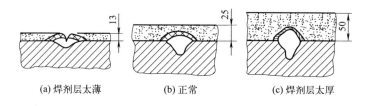

(a) 焊剂层太薄　　　　(b) 正常　　　　(c) 焊剂层太厚

图 3-25　焊剂层厚度对焊缝形状的影响

（7）焊丝和工件倾角

焊丝倾角对焊缝成型具有明显的影响，如图 3-26。焊丝后倾时，电弧力使熔池向后推移，电弧热量易于达到熔池底部未熔化的母材上，因而形成熔透深、余高大、熔宽窄的焊道。而焊丝前倾时，电弧热量集中于较厚的熔池金属上，从而形成熔深浅、余高小、熔宽大的焊道。

工件倾角对于焊缝成型也具有明显影响，如图 3-27 所示。下坡焊时，熔池重力使得电弧下面的液态金属层较厚，熔深减小，熔宽增大，焊道边缘可能出现未熔合。薄板高速埋弧焊时，可将工件倾斜一定角度，进行下坡焊，防止烧穿，并防止驼峰缺陷。上坡焊时，工件的倾斜度对焊道成型的影响与下坡焊相反。工件倾斜增大，熔深和余高随之增大，而熔宽则减小，倾斜角过大时易导致咬边、驼峰和未熔合缺陷。

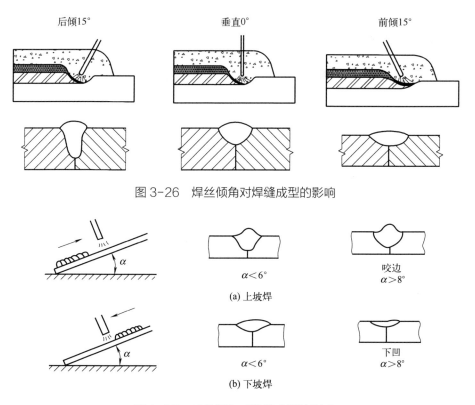

图 3-26　焊丝倾角对焊缝成型的影响

图 3-27　工件倾角对焊缝成型的影响

3.4.3　焊缝成型控制

3.4.3.1　平板对接

薄板的平板对接采用单面焊双面成型，厚板通常采用双面焊。

（1）单面焊双面成型

利用该方法可焊接厚度在 20mm 以下的工件，一般不开坡口，但需留有一定的间隙。通常采用较大的电流，因此需要采用承托熔池的衬垫。这种方法的优点是不用反转工件，一次将工件焊好，焊接生产率较高；缺点是焊接热输入大，焊缝及热影响区晶粒粗大，接头韧性较差。板厚越大，该问题越严重，因此这种方法一般不用于焊接 12mm 以上的钢板。通常采用焊剂垫、龙门压力架 - 焊剂铜衬垫、移动式水冷铜滑块和热固化焊剂垫等强制成型方法。

① 焊剂垫成型法。这种方法利用焊剂垫支撑熔池。焊剂垫有自重式及气压式两种，如图 3-28 所示。自重式焊剂垫利用工件的自重使焊剂与工件紧密贴合；而气压式通常借助于气囊，利用气压及施加在工件上的压力使焊剂与工件紧密贴合。

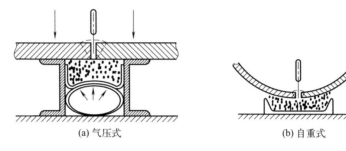

(a) 气压式　　　　　　　　　(b) 自重式

图 3-28　焊剂垫的典型结构

用这种衬垫焊接时，要求整个焊缝长度上间隙均匀，而且焊剂垫在整个

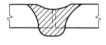

(a) 贴紧力过小　　　(b) 贴紧力过大

图 3-29　焊剂垫成型法

焊缝长度上均匀地贴紧工件底部，贴紧力要适当。贴紧力过小，熔池金属下陷；贴紧力过大，焊缝反面凹陷，如图 3-29 所示。表 3-19 给出了焊剂垫上单面焊双面成型的埋弧焊焊接参数。

表 3-19　焊剂垫上单面焊双面成型的埋弧焊焊接参数

钢板厚度 /mm	装配间隙 /mm	焊丝直径 /mm	焊接电流 /A	电弧电压 /V	焊接速度 /m·h⁻¹	焊剂垫压力 /MPa
2	0～1.0	$\phi 1.6$	120	24～28	43.5	0.08
3	0～1.5	$\phi 2$ $\phi 3$	275～300 400～425	28～30 25～28	44 70	0.08
4	0～1.5	$\phi 2$ $\phi 4$	275～400 525～550	28～30 28～30	40 50	0.10～0.15
5	0～2.5	$\phi 2$ $\phi 4$	425～450 575～625	32～24 28～30	35 46	0.10～0.15
6	0～3.0	$\phi 2$ $\phi 4$	475 600～650	32～34 28～32	30 40.5	0.10～0.15
7	0～3.0	$\phi 4$	650～700	30～34	37	0.10～0.15
8	0～3.5	$\phi 4$	725～775	30～36	34	0.10～0.15

② 龙门压力架 - 焊剂铜衬垫成型法。这种方法采用带沟槽的铜垫板支撑熔池，铜垫板的布置及尺寸见图 3-30。铜衬垫上开有一成型槽以保证背面成型。焊接时，焊件之间需留有一定的间隙，以使焊剂均匀填入成型槽中，保

护背面焊缝。间隙中心线应对准成型槽中心线。焊接时，利用气缸带动压紧装置将焊件均匀压紧在铜衬垫上。铜衬垫的两侧通常各配有一块同样长度的水冷铜块，用于冷却铜衬垫。铜衬垫的成型槽的尺寸需根据板厚来选择，如表 3-20 所示。

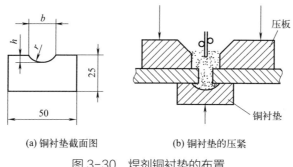

(a) 铜衬垫截面图　　　　　　　(b) 铜衬垫的压紧

图 3-30　焊剂铜衬垫的布置

表 3-20　铜衬垫的尺寸

焊件厚度 /mm	槽宽 b/mm	槽深 h/mm	槽的曲率半径 r/mm
4～6	10	2.5	7.0
6～8	12	3.0	7.5
8～10	14	3.5	9.5
12～14	18	4.0	12

这种工艺对工件装配质量、焊剂铜衬垫托力均匀与否较敏感。装配间隙过大、焊剂铜衬垫承托力不足、成型槽中未填满焊剂等会导致凹陷、背面凸起、背面焊瘤等缺陷。

③ 移动式水冷铜滑块成型法。该方法利用一个一定长度的水冷铜滑块贴紧在焊缝背面。水冷铜滑块装在焊接小车上跟随电弧一起移动，始终位于熔池下方承托住熔池，滑块的长度取决于焊接电流和焊接速度，以保证焊接熔池凝固不焊漏为宜。图 3-31 所示为典型移动式水冷铜滑块的结构及安装方式。

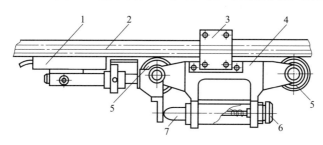

图 3-31　典型移动式水冷铜滑块的结构及安装方式

1—铜滑块；2—工件；3—拉片；4—拉紧滚轮架；5—滚轮；6—夹紧调节装置；7—顶杆

该方法适合焊接 6～20mm 厚的平板对接接头，装配间隙控制在 3～6mm 之间。该方法优点是生产效率高，缺点是铜滑块易磨损，而且不适合环焊缝的焊接。

④ 热固化焊剂垫成型法。该方法利用由焊剂和热固化物质制成的热固化焊剂衬垫承托熔池。焊剂中加入热固化物质（4.5% 的酚醛树脂或苯醛树脂 +35% 的铁粉 +17.5% 的硅铁粉），在 80～100℃下软化或液化，将焊剂黏结在一起，升高到 250℃，树脂固化，形成具有一定刚性的板条，利用这种板条承托熔池。

热固化焊剂垫需要用磁铁夹具固定到工件底部，其安装使用方法见图 3-32。热固化焊剂垫由热固化焊剂板条、双面粘贴带、玻璃纤维带、热收缩薄膜和石棉布等组成，典型构造如图 3-33 所示。双面粘贴带用来使衬垫紧贴焊件；热收缩薄膜使衬垫保持预定形状，防止内部组成物移动，并防止受潮；玻璃纤维带使表面柔软，便于与不平整的接缝背面贴合；热固化焊剂板条起承托作用；石棉布作为耐火材料保护焊剂衬垫；弹性垫用瓦楞纸或较硬的石棉板制成，用来使压力均匀化。

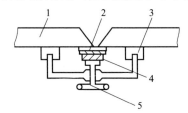

图 3-32　热固化焊剂垫的安装方法

1—焊件；2—热固化焊剂衬垫；3—磁铁；
4—托板；5—调节螺钉

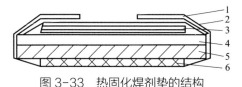

图 3-33　热固化焊剂垫的结构

1—双面粘贴带；2—热收缩薄膜；3—玻璃纤维带；4—热固化焊剂；5—石棉布；6—弹性垫

用热固化焊剂垫成型法进行单面焊双面成型焊接时，为了提高焊接效率，坡口中可堆敷一定厚度的金属粉末。

⑤ 其他成型方法。如果焊件结构允许焊后保留永久性垫板，则可采用永久性垫板进行单面焊。永久性钢垫板的尺寸如表 3-21 所示。垫板与工件背面间的间隙不得超过 0.5～1mm。

表 3-21　永久性钢垫板尺寸

板厚 δ	垫板厚度	垫板宽度
2～6mm	0.5δ	$4\delta+5mm$
6～10mm	$(0.3～0.4)\delta$	

对于厚度不等的工件，还可采用锁底接头法进行焊接，如图 3-34 所示。这种方法常用于小直径厚壁圆筒形工件的环缝焊接。

（2）双面焊

下面以双面单道焊为例介绍双面焊工艺。双面单道焊适用于厚度为 10 ～ 40mm 的工件的焊接，根据成型方式可分为悬空焊接法和衬垫成型法两种。

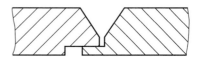

图 3-34　锁底接头

① 悬空焊接法。利用悬空法焊接时，工件背面不加衬垫，不需要任何辅助设备和装置。为防止液态金属从间隙中流失或烧穿，要求严格控制间隙，装配时一般不留间隙或间隙仅 1mm。正面的焊接电流应较小，使熔深小于焊件厚度的一半；翻转工件后再焊反面时，为保证焊透，应适当增大焊接电流，保证熔深达到焊件厚度的 60% ～ 70%。表 3-22 给出了不开坡口对接接头悬空双面焊的典型工艺参数。

表 3-22　不开坡口对接接头悬空双面埋弧焊工艺参数

工件厚度 /mm	焊丝直径 /mm	焊接顺序	焊接电流 /A	电弧电压 /V	焊接速度 /cm·min⁻¹
6	4	正	380 ～ 420	30	58
		反	430 ～ 470	30	55
8	4	正	440 ～ 480	30	50
		反	480 ～ 530	31	50
10	4	正	530 ～ 570	31	46
		反	590 ～ 640	33	46
12	4	正	620 ～ 660	35	42
		反	680 ～ 720	35	41
14	4	正	680 ～ 720	37	41
		反	730 ～ 770	40	38
15	5	正	800 ～ 850	34 ～ 36	63
		反	850 ～ 900	36 ～ 38	43
17	5	正	850 ～ 900	35 ～ 37	60
		反	900 ～ 950	37 ～ 39	43
18	5	正	850 ～ 900	36 ～ 38	60
		反	900 ～ 950	38 ～ 40	40
20	5	正	850 ～ 900	36 ～ 38	42
		反	900 ～ 1000	38 ～ 40	40
22	5	正	900 ～ 950	37 ～ 39	53
		反	1000 ～ 1050	38 ～ 40	40

② 衬垫成型法。焊前应根据工件厚度预留一定间隙或开 V 形、X 形坡口，以保证焊剂充分进入间隙中。

焊正面焊缝时，可采用焊剂垫或临时工艺垫板，以防止烧穿或焊漏。工艺参数必须保证使熔深大于工件厚度的60%～70%。焊反面前应首先挑焊根，采用与正面相同的焊接线能量或稍小的焊接线能量进行焊接。

采用焊剂垫法时，要求工件下面的焊剂在整个焊缝长度上与工件紧密贴合，并且压力均匀。若背面的焊剂过松，会引起漏渣或液态金属下淌。焊前最好将间隙或坡口均匀塞填焊剂，然后施焊，这样可减少产生夹渣的可能，并可改善焊缝成型。表3-23给出了不开坡口预留间隙对接双面埋弧焊的典型工艺参数。

表3-23　不开坡口预留间隙对接双面埋弧焊的工艺参数

工件厚度/mm	装配间隙/mm	焊丝直径/mm	焊接电流/A	电弧电压/V	焊接速度/cm·min⁻¹
14	3～4	5	700～750	34～36	50
16	3～4	5	700～750	34～36	45
18	4～5	5	750～800	36～40	45
20	4～5	5	850～900	36～40	45
24	4～5	5	900～950	38～42	42
28	5～6	5	900～950	38～42	33
30	6～7	5	950～1000	40～44	27
40	8～9	5	1100～1200	40～44	20
50	10～11	5	1200～1300	44～48	17

注：采用交流电，HJ431，第一面在焊剂垫上焊接。

采用临时工艺垫板法时，焊接反面前，需去除临时工艺垫板并挑焊根后再进行焊接。

3.4.3.2　平板角接

角接焊缝有两种焊接方法：平角焊及船形焊。平角焊时，两个工件中有一个位于水平位置，而熔池不在水平位置。船形焊时，熔池位于水平位置。船形焊具有较好的工艺性能，因此，应尽可能利用该方法焊接角焊缝。

（1）船形焊

船形焊时，焊丝处于竖直位置，熔池处于水平位置，如图3-35所示。这种焊接方法最有利于焊缝成型，不易产生咬边或满溢等缺陷，而且可通过调整工件的倾斜角度来控制腹板和翼板的焊脚尺寸。当要求焊脚相等时，应使两个工件与垂直位置均成45°。船形焊的工艺要求如下：

① 将间隙尺寸控制在1.5mm以下，否则易出现烧穿或焊漏现象。如果无法控制间隙，则应采用适当的防漏措施，如图3-36所示。

② 电弧电压不宜太高，以免产生咬边。

（2）斜角焊

当工件不能反转至船形位置时，必须采用斜角焊法，如图3-37所示。这种方法的优点是对间隙不敏感，缺点是对单道焊的焊脚及焊丝位置要求很严格。该方法的工艺要求如下：

① 单道焊的焊脚不得大于 8mm，以防止咬边。当要求焊脚大于 8mm 时，应根据焊脚尺寸采用多层焊或多层多道焊。

② 焊丝偏角（图 3-37）应适当，一般应在 30°～40°之间，否则易产生咬边及腹板未焊合缺陷。

③ 电弧电压不宜太高，以防熔渣流溢。

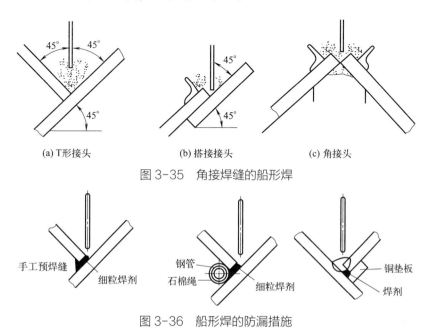

(a) T形接头　　　　　(b) 搭接接头　　　　　(c) 角接头

图 3-35　角接焊缝的船形焊

图 3-36　船形焊的防漏措施

焊脚尺寸大于 8mm 时，需采用多道焊。焊接顺序应从下向上进行，如图 3-38 所示。

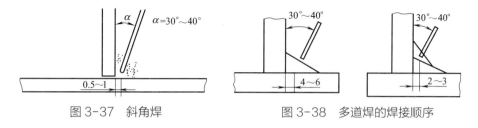

图 3-37　斜角焊　　　　　　　图 3-38　多道焊的焊接顺序

3.4.3.3　环缝焊接工艺及技术

锅炉及压力容器上的筒节与筒节以及筒节与封头间的对接环缝，通常采用悬臂式埋弧焊机进行焊接。焊接时焊头固定，通过筒体在滚轮架上转动来完成整条焊缝的焊接，一般采用双面焊。

环缝双面焊时通常先焊内环缝，采用如图 3-39（a）所示的焊剂垫。焊剂垫由焊剂、滚轮和撑托焊剂的皮带组成，利用圆筒形工件与焊剂间的摩擦力带动皮带，不断向焊缝背面添加新焊剂。焊好内环缝后，先刨焊根再焊外环缝。外环缝焊接时无需采用衬垫。

由于在焊接过程中熔池的位置不断发生变化，为了防止熔池金属流溢，保证焊缝成型，内环缝焊接时，焊丝应逆着转动方向偏离 6 点位置一段距离，见图 3-39（a）；外环缝焊接时，焊丝需要逆着工件转动方向偏离 12 点位置一定的距离，见图 3-39（b）。这个距离叫偏移量，一般用 e 表示。其大小应能保证使熔池在旋转到水平位置时凝固成焊缝，以防止熔池金属流溢。

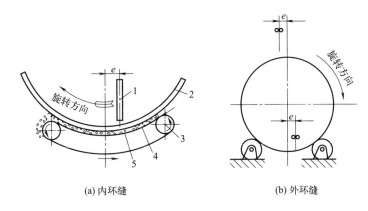

(a) 内环缝　　　　　　　　　　　(b) 外环缝

图 3-39　环缝埋弧焊示意图

1—焊丝；2—筒体；3—带轮；4—焊剂；5—传送带

偏移量的大小应根据工件的直径、焊接速度、工件转速及工件厚度来选择。工件的直径越大，焊接速度越大，偏移量也应越大。表 3-24 给出了焊丝偏移量的参考值。应注意的是，对厚壁圆筒形工件进行多层焊时，虽然滚轮架的速度不变，但随着焊缝厚度的增加，焊内环缝时焊速逐层减小，因此应逐层减小偏移量；焊外环缝时，焊速逐层递增，因此应逐层加大偏移量。

表 3-24　焊丝偏移量参考值

筒体直径 /mm	800～1000	1000～1500	1500～2000	2000～3000
偏移量 e/mm	20～50	30	35	40

3.5
埋弧焊新工艺

3.5.1 双丝及多丝埋弧焊

3.5.1.1 双丝及多丝埋弧焊的分类、特点及应用

（1）双丝埋弧焊的分类

利用两根或多根焊丝产生的两个或多个电弧同时焊接一条焊缝的埋弧焊方法称为双丝或多丝埋弧焊。根据使用的焊丝数量，多丝埋弧焊又可分为三丝埋弧焊、四丝埋弧焊等。目前工业上最常用的为双丝埋弧焊，三丝埋弧焊也有较多的应用。本节主要介绍双丝埋弧焊。

根据焊丝的排列方式，双丝埋弧焊分为横列双丝埋弧焊和纵列双丝埋弧焊，如图3-40所示。

两根焊丝沿着焊接方向并列前进的埋弧焊称为横列双丝埋弧焊或并列双丝埋弧焊，如图3-40（a）所示。这种方法的特点是熔宽较大，适合表面堆焊，用于焊接时，焊丝间距的可调范围很窄。如果两根焊丝之间的距离过小，两个电弧形成一个熔池，焊道表面不均匀，容易产生咬边；如果两根焊丝的间距过大，熔宽大、熔深浅，容易产生未焊透和咬边。因此，横列双丝埋弧焊很少用于焊接，一般用于表面耐磨或耐蚀堆焊。

两根焊丝沿着焊接方向一前一后排列的埋弧焊称为纵列双丝埋弧焊，如图3-40（b）所示。前面的焊丝称为前丝或前电极，后面的焊丝称为后丝或后电极。纵列双丝埋弧焊适合进行高速埋弧焊，是目前应用最广泛的双丝埋弧焊方法。除非特别说明，本节中提到双丝埋弧焊均指纵列双丝埋弧焊。

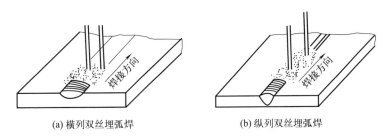

(a) 横列双丝埋弧焊　　　　　　　　　(b) 纵列双丝埋弧焊

图3-40 双丝埋弧焊焊丝排列方式

（2）双丝埋弧焊的优点

① 双丝埋弧焊适合大电流高速焊。单丝埋弧焊采用大电流高速焊时极易出现咬边、未熔合和驼峰等缺陷。而双丝埋弧焊可通过合理匹配两根焊丝的焊接电流、电弧电压及角度来控制熔池，有效避免上述缺陷，在很高的焊接速度下获得良好的焊缝，提高焊缝质量。

② 双丝埋弧焊的熔池体积大、熔池存在时间长，冶金反应更充分，既有利于气体逸出，又有利于焊缝的合金化和微量元素的扩散，因此焊缝的气孔敏感性低、力学性能好。

（3）双丝埋弧焊的应用

双丝埋弧焊具有良好的焊接质量和极高的焊接生产率，目前已广泛用于钢管、大型钢结构、容器及船舶制造等行业，可焊接单丝埋弧焊能焊接的所有材料。

3.5.1.2　双丝埋弧焊设备

双丝埋弧焊一般采用两台电源、两个导电嘴和两台送丝机，每根焊丝由各自独立的弧焊电源供电。两台电源可以是直流＋直流，也可以是直流＋交流。采用这种配置方式时，双丝埋弧焊的调节参数显著增多，例如，丝间距、前后丝倾斜角、前后丝的电流种类及极性、前后丝的电流和电弧电压等，这样焊接工艺参数调节方便，易于得到良好的焊缝。

双丝埋弧焊也可采用一台电源。这种情况下，电源的连接方式有两种，如图 3-41 所示。图 3-41（a）为并联连接，两根焊丝从各自的焊丝盘输送到同一个焊接机头中，两根焊丝靠得很近，形成一个熔池。这种方法的熔敷率比一般单丝焊提高 40%，焊接速度比单丝焊提高 25%，同样焊接速度下可降低热输入，减小焊接变形，适合焊接热敏感性高的材料。图 3-41（b）为串联接法，串联接法通常用两个焊接机头，分别接电源的正、负两个电极，电弧在两根焊丝之间产生，工件不接电源的任何一极，因此具有熔深浅、稀释率低、熔敷速度大的特点，特别适合堆焊。

3.5.1.3　双丝埋弧焊工艺

双丝埋弧焊工艺参数除了各个焊丝的焊接电流、电弧电压、焊接速度等外，还有焊丝间距、焊丝倾斜角等。

（1）焊丝间距及倾斜角

图 3-42 给出了双丝焊时焊丝布置情况。前丝一般采取后倾（焊丝端部指向已焊部分），后倾角度控制在 0°～5°之间；后丝一般采用前倾（焊丝端部

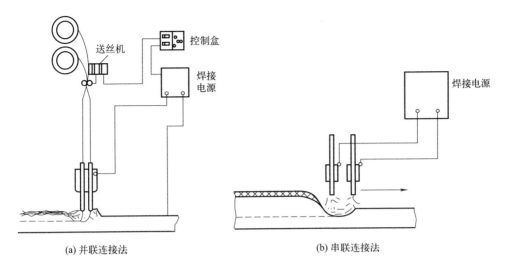

(a) 并联连接法   (b) 串联连接法

图 3-41　双丝埋弧焊的单电源接法

指向待焊部分），角度控制在 5°～20°。
无论是纵列双丝埋弧焊还是横列双丝埋
弧焊，两根焊丝之间的距离对焊接工艺
过程影响均较大。纵列双丝埋弧焊焊丝
间距对熔池形态的影响见图 3-43。两丝
间距小于 10mm 时，两个电弧形成一
个熔池和一个弧坑［如图 3-43（a）所
示］。由于距离较近，两个电弧的磁场

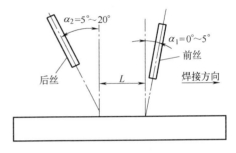

图 3-42　焊丝的布置

相互干扰严重，致使电弧不稳定，焊缝成型差。当两丝间距在 10～30mm 之
间时，两根焊丝产生的两个电弧仍形成一个熔池和一个弧坑［如图 3-43（b）
所示］，电弧之间的电磁相互作用较小，熔池波动较小，焊缝成型良好。这
是最佳焊丝间距。当两丝间距在 35～50mm 之间时，两个电弧形成一个熔
池两个弧坑，熔池中心液态金属凸起［如图 3-43（c）所示］，该凸起使电
弧稳定性变差，尤其是采用双直流电源时，因此焊缝成型不如焊丝间距为
10～30mm 时。焊丝间距大于 50～100mm 时，形成两个独立的熔池［如图
3-43（d）所示］，电弧之间的相互作用较小，焊缝成型良好。两丝间距大于
100mm 时，两个熔池间距过大，后丝熔池不能充分利用前丝焊缝的高温，两
个熔池之间几乎无相互作用。这样，后丝熔池就不能消除前丝焊缝产生的咬
边、未熔合、夹渣及驼峰等缺陷。工程上常用的焊丝间距为 10～30mm，或
者为 50～100mm。

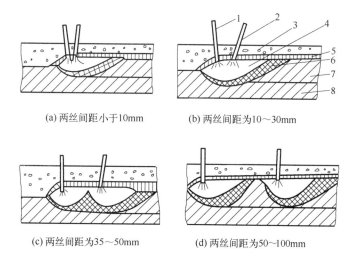

(a) 两丝间距小于10mm (b) 两丝间距为10～30mm

(c) 两丝间距为35～50mm (d) 两丝间距为50～100mm

图3-43 纵列双丝埋弧焊焊丝间距对熔池形态的影响

1，2—焊丝；3—焊剂；4—电弧空腔；5—渣壳；6—熔池；7—焊缝；8—母材

（2）电流的种类及极性

当焊丝间距为 10～30mm 之间时，一般采用 DCRP+AC 配置（即前丝电弧采用直流反接，后丝电弧采用交流），也可采用 AC+AC 配置（即两个电弧均采用交流）。这两种配置方法可防止两个电弧之间的电磁相互作用，改善焊缝成型。当焊丝间距为 50～100mm 之间时，可采用 DCRP+AC 配置和 AC+AC 配置，也可采用 DCRP+DCRP 配置（即两个电弧均采用直流反接）。

（3）焊接电流和电弧电压

每个电弧通常采用不同的焊接电流及电弧电压，前丝电弧采用较大的电流及较小的电压，目的在于保证足够的熔深；后丝电弧采用较小的电流及较大的电压，目的在于使焊缝具有适当的熔宽，并消除前电极大电流可能会导致的驼峰、咬边、未熔合和气孔等缺陷，获得最高的焊接速度和最理想的焊缝。

（4）焊丝直径和干伸长度

两根焊丝可采用不同的直径，通常前丝直径大于后丝直径。后丝干伸长度一般不小于前丝。坡口可采用小角度坡口，也可采用大角度坡口。

3.5.2 窄间隙埋弧焊

窄间隙焊是指利用间隙较窄的 I 形坡口代替 V 形、双 V 形、U 形或双 U 形等坡口焊接厚板的一种工艺方法。根据所采用的焊接方法的不同，有窄间隙埋弧焊（SAW-NG）、窄间隙熔化极气体保护焊（GMAW-NG）、窄间隙钨极氩弧焊（GTAW-NG）等多种形式。窄间隙埋弧焊（SAW-NG）坡口角度一般为 0°～5°，坡口宽度为 20～30mm，通常选用直径为 3mm 左右的焊丝。

3.5.2.1 窄间隙埋弧焊的特点及应用

（1）SAW-NG 的特点

窄间隙埋弧焊的优点是：

① 采用窄间隙 I 形坡口代替 V 形、双 V 形、U 形或双 U 形等坡口焊接厚板，显著节省了填充金属和电能的消耗量。

② 在窄而深的坡口中进行多层焊，热输入较低，因而减小了残余应力及工件变形，还可防止再热裂纹。

③ 由于采用了多层焊，后续焊道对前一焊道具有很好的回火作用，加之每层的厚度较薄，因此，焊缝金属及热影响区的晶粒细小，韧性好。

④ 板厚大于 50mm，窄间隙埋弧焊的生产率高于普通埋弧焊，生产成本低于普通埋弧焊。

⑤ 与窄间隙气体保护焊相比，窄间隙埋弧焊的焊丝较粗，电弧较大，对跟踪控制系统的精度要求较低，因此不易产生侧壁未焊透等缺陷。

与普通埋弧焊相比，窄间隙埋弧焊的缺点是：

① 对装配质量要求高，需要保证精确的焊丝位置。

② 要求焊剂具有很好的脱渣性。

③ 对于焊接缺陷，难以进行修补，因此每焊完一道就应进行无损检测。

（2）SAW-NG 的技术要点

① 每层焊道均要求良好的侧壁焊透，因此需要保证精确的焊丝位置，如图 3-44 所示。丝壁间距（焊丝与工件侧壁之间的距离）应保持适当的值，并且焊丝干伸长度也应适当。这就要求焊机应配有横向及高度方向的跟踪系统，以保证焊丝的精确定位。

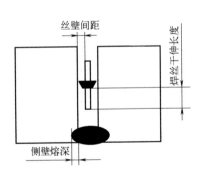

图 3-44　窄间隙埋弧焊焊丝位置示意图

钢板厚度方向（Z 轴）及间隙宽度方向（Y 轴）均应装有传感器，通常采用接触式机械 - 电气传感器。Z 方向传感器的作用是：控制并保持焊丝的伸出长度，稳定焊接参数；控制导电嘴从坡口一侧摆向另一侧所用的时间；通过速度反馈控制使焊接速度始终保持稳定。

Y 方向传感器的作用是控制导电嘴与侧壁的距离，并使之保持不变，以保证均一的侧壁焊透并避免咬边和夹渣。

② 由于 SAW-NG 是在很窄的间隙中进行多层焊，因此脱渣是一个重要问题，一般要求焊剂有良好的脱渣性。

③ 焊接过程中，如果发现缺陷，应及时利用合适的方法磨掉，并进行修补。

（3）窄间隙埋弧焊的应用

目前，窄间隙埋弧焊主要用于厚壁容器、厚壁管道、重型机械厚板构件等大型焊接结构和重要焊接结构的焊接，也用于背面不可达或反转困难的大厚度工件或厚壁工件的焊接。

3.5.2.2 窄间隙埋弧焊设备

窄间隙埋弧焊可使用普通埋弧焊的弧焊电源，焊接机头和导电嘴必须采用扁平结构，便于插入窄间隙中。焊枪喷嘴表面应涂以绝缘层，防止因偶然与焊件接触而烧坏。为连续完成整个接头的焊接，焊接机头应具有随焊层增加而自动提升的功能；焊枪导电嘴应随焊道的切换而自动偏转。

窄间隙埋弧焊机有单丝、双丝两种配置方式，一般采用微机控制，可实现焊接电流、电弧电压及焊接速度的闭环控制。焊机通常还配有横向自动跟踪、高度自动跟踪、焊接参数自动存储打印、焊接参数超差自动报警等功能。

3.5.2.3 窄间隙埋弧焊工艺

（1）坡口尺寸

一般开 0°~5° 的坡口。坡口的关键尺寸是坡口宽度（间隙宽度），通常根据焊件的厚度、焊丝直径、焊剂的脱渣难易程度以及焊件的结晶裂纹敏感性来确定。焊件厚度越大，焊丝直径越大，脱渣越难，结晶裂纹敏感性越大，则坡口宽度应适当增大，而且要求坡口宽度具有良好的精度。在焊缝全长范围内，坡口宽度的误差应不超过 3mm，否则将很难保证焊缝质量。

窄间隙埋弧焊常用的几种坡口形式见图 3-45。图 3-45（a）为带永久衬垫的坡口，图 3-45（b）为利用陶瓷衬垫的坡口，这两种坡口形式适用于平板对接。图 3-45（c）和图 3-45（d）所示的坡口形式适用于容器的窄间隙焊接。

（2）窄间隙埋弧焊工艺方案

窄间隙埋弧焊工艺方案有 3 种，如图 3-46 所示。图 3-46（a）为每层一道焊缝，适用于板厚为 70 ~ 150mm 的工件。该方案有省时省料的特点，但必须严格控制坡口精度和焊接工艺参数。由于单道焊根部容易产生热裂纹，因此当焊接碳含量较高的钢材时，应该采用较低的焊接电流和速度，从而获得较大的成型系数，减小裂纹倾向。

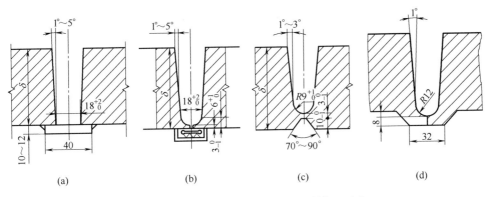

图 3-45　窄间隙埋弧焊常用的几种坡口形式

图 3-46（b）为每层两道焊缝，适用于板厚为 150～300mm 的工件。该方案的特点是，易焊透，焊渣易清除，工艺参数允许范围大。由于热输入小，这种方案焊接的焊缝具有良好的韧性。

图 3-46（c）为每层三道焊缝，适用于板厚大于 300mm 的工件。

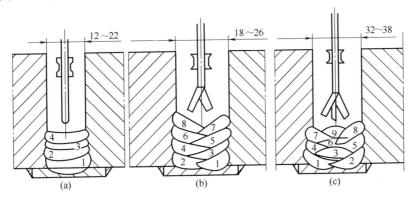

图 3-46　窄间隙埋弧焊工艺方案

（3）焊丝直径

焊丝直径通常根据板厚来选择，板厚小，选择的焊丝直径也应较小。

（4）电弧电压

电弧电压一般取 25～35V。若小于 25V，焊缝上凸严重，易引起焊道间未焊透缺陷；若大于 35V，易产生咬边及夹渣，且清渣困难。

（5）丝壁间距

丝壁间距（焊丝端部与侧壁之间的距离）是影响焊缝质量和性能的一项重要参数，它决定了侧壁熔深、焊接热影响区大小及晶粒尺寸。通常，最佳的丝壁间距等于所用焊丝的直径，允许偏差为 ±0.5mm。

（6）干伸长度

焊丝干伸长度常取为 50 ~ 75mm，以获得较高熔敷速率。

（7）焊剂

应采用颗粒度较细、脱渣性很好的专用焊剂。为满足高强韧性焊缝金属性能要求，通常采用高碱度烧结型焊剂。

（8）电流种类及极性

在窄坡口内焊接时极易产生磁偏吹，为避免磁偏吹，通常采用交流电弧而不采用直流电弧。对于双丝窄间隙埋弧焊，可采用 AC（交流）+AC（交流）匹配方式，也可采用 DCRP（直流反接）+AC（交流）匹配方式。

3.5.3 带极埋弧焊

3.5.3.1 带极埋弧焊的特点及应用

带极埋弧焊利用矩形截面钢带代替圆截面焊丝作为电极。焊接过程中，电弧的弧根沿带极的宽度方向做快速往返运动，均匀加热带极和带极下面的母材，带极熔化并过渡到熔池中，凝固后形成焊缝，如图 3-47 所示。带极较宽的带极埋弧焊用于埋弧堆焊，带极较窄的则用于埋弧焊接。

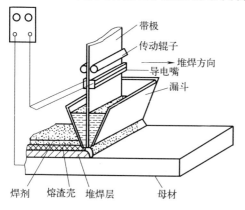

图 3-47　带极埋弧焊示意图

（1）带极埋弧焊的特点

① 带极埋弧焊可采用比圆截面焊丝更大的电流，因此熔敷速度大，效率高。采用圆截面焊丝时，如果采用很大的电流，则焊缝熔深增加、熔宽减小，焊缝的形状系数减小，易导致裂纹、咬边等缺陷。采用带极时，因电弧的加热宽度增大，即使采用更大的焊接电流，焊缝形状系数仍然较高，焊缝抗裂纹能力较强。

② 电弧的加热宽度增大，熔深浅、稀释率低，特别适合堆焊。

③ 带极埋弧焊对气孔和裂纹的敏感性显著低于丝极埋弧焊。

④ 易于控制焊缝成型。带极焊接时，由于熔化的钢带金属的流动方向与电极宽度方向成直角，如图 3-48 所示，将电极偏转一个较小的角度，就可使焊道产生较大的位移，因此可方便地控制焊道的形状和熔深。在坡口中进行多层焊时，交替地、对称地改变电极偏转角，就可获得均匀分布的焊道。

（2）带极埋弧焊的应用

带极埋弧焊主要用于低碳钢和低合金钢的耐磨层和耐蚀层的堆焊，也可用于低碳钢、低合金钢坡口焊缝和角焊缝的焊接。

3.5.3.2　带极埋弧焊设备

带极埋弧焊机和丝极埋弧焊机的主要区别是送丝机构变为送带机构，另外导电嘴也需要做适当的调整。带极埋弧焊机可使用交流电源，也可使用直流电源。采用交流电源的优点是磁偏吹小，但使用正弦波交流电源时，电弧不太稳定，因此最好使用方波交流电源。

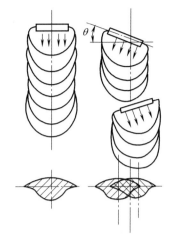

图 3-48　熔化带极金属的流动方向

3.5.3.3　带极埋弧焊工艺

（1）带极埋弧堆焊工艺

① 带极厚度：带极厚度一般控制在 0.4 ～ 1.0mm 的范围内，其他参数一定时，带极厚度增大，熔深增大，熔宽减小。

② 带极宽度：常用的带极宽度为 25 ～ 150mm。其他参数一定时，带极宽度越大，熔深越小，熔宽越大。

③ 焊接电流：电流大小要与带极宽度相匹配，带极宽度增大，焊接电流也应增大。带极宽度一定时，电流减小，熔深减小。堆焊时总是希望熔深小一些，因此尽量采用较小的焊接电流，但电流过小时，熔合线附近会出现未熔合和夹渣缺陷。

④ 电弧电压：带极埋弧堆焊时，电弧电压通常选择 25V 左右。电弧电压过高，边缘带会产生不规则的凸起，难以彻底脱渣；电弧电压较低时，易导致夹渣，且易产生中间低两侧高的弧形焊道。

⑤ 焊接速度：焊接速度通常根据所需的堆焊层厚度来选择。随着焊接速度的增大，堆焊层厚度减小。每层堆焊层厚度应控制在 3 ～ 5.5mm，以 3.5 ～ 4.5mm 为最佳。

⑥ 焊接位置：最好采用轻微上坡焊，角度控制在 15° 左右。如果倾斜角过大，则焊道容易凸起，而且容易产生咬边。下坡焊则易产生熔合不良缺陷。

⑦ 堆焊材料的选择：带极堆焊通常采用烧结焊剂，因为这类焊剂可大量添加所需的合金元素；带极材料要根据堆焊层成分要求来选择。堆焊时，可通过焊接线能量来调节熔深，但由于线能量太小时，电弧不稳定，因此仅靠

降低线能量来减小熔深并不是很有效。焊剂的成分对带极的熔化速度、焊缝的几何形状及成分具有重要的影响。实验证明，当焊剂中的氧化铁含量降低时，带极的熔化速度增大，熔深减小。

⑧ 焊剂堆高：焊剂堆高决定了对熔池的保护效果，通常为 15 ～ 25mm，需根据焊接电流大小和带极伸出长度来调整。堆高过大，焊道凸起严重，易产生咬边和夹渣，堆高过小则保护效果不好。

⑨ 焊道搭接量：一般控制在 5 ～ 15mm 范围内。搭接量过小，易在搭接处产生夹渣或凹槽，而且还会使母材熔化量增多，稀释率提高。搭接量过大，易产生咬边。

带极埋弧堆焊过程中，由于焊道宽度大，如果出现磁偏吹，则会导致较大的焊道偏移量和严重的堆焊层厚度不均匀现象，因此防止磁偏吹尤其重要。因此，应尽量采用交流电源；采用直流电源时，工件应在多个部位接地，同时还要防止周围有不对称的铁磁性物质。

(2) 带极埋弧焊焊接工艺

除了用于堆焊外，带极埋弧焊还可用于碳钢和低合金钢的坡口焊缝和角焊缝的焊接。

① 带极厚度：为了得到较大的熔深，焊接用带极厚度比堆焊用带极厚度要大，一般控制在 1.0 ～ 2.0mm。其他参数一定时，带极厚度增大，熔深增大，熔宽减小。

② 带极宽度：为了得到较大的熔深，焊接用带极宽度比堆焊用带极宽度小得多，常用的带极宽度为 8 ～ 25mm。其他参数一定，带极宽度越大，熔深越小，熔宽越大。

③ 焊接电流：电流大小要根据带极尺寸来选择，表 3-25 给出了不同尺寸带极的电流适用范围。

表 3-25　不同尺寸带极的电流适用范围

带极尺寸 /mm	1.2×8	1.2×11	1.2×15	1.2×20	1.2×25
焊接电流 /A	500~800	700~1200	800~1700	1100~2000	1200~2200

④电弧电压：带极埋弧焊焊接时，电弧电压通常控制在 30 ～ 35V。

思　考　题

1. 埋弧焊有何特点？适用于哪些材料、厚度范围和焊接位置？

2. 为什么同样电极直径下，埋弧焊可用的电流比焊条电弧焊大得多？

3. 为什么埋弧焊焊缝的氮含量通常比电弧焊低得多？

4. 埋弧焊为什么不能焊接活泼金属?

5. 埋弧焊为什么不能焊接薄板?

6. 埋弧焊焊接在焊接过程中起着哪些作用?

7. 按照制造方法，埋弧焊焊接有哪几种? 各有何特点?

8. 碱性焊剂和酸性焊剂有何区别? 各自适用于哪些情况下?

9. 中国焊剂型号是由哪个标准规定的? 焊剂型号是如何规定的?

10. 熔炼焊剂和烧结焊剂的牌号是如何命名的?

11. 埋弧焊焊丝 - 焊剂组合分类标准有哪些? 实心焊丝型号按照什么原则命名?

12. 埋弧焊设备必要组成部分有哪些?

13. 埋弧焊电源和送丝机如何匹配?

14. 埋弧焊时什么情况下用交流电源，什么情况下不能用交流电源?

15. 埋弧焊常用的焊丝直径有哪些? 在常用焊丝直径下，常用的焊接电流、电弧电压和焊接速度有多大?

16. 为什么埋弧焊焊直缝时通常需要加引弧板和熄弧板?

17. 埋弧焊常用的坡口形式有哪些? 坡口选择依据是什么?

18. 焊接电流、电弧电压和焊接速度对埋弧焊焊缝的形状尺寸和成分有何影响?

19. 埋弧焊单面焊双面成型适用的厚度范围多大? 焊缝成型方式有哪些?

20. 双面单道埋弧焊焊缝成型方式有哪些? 各有什么特殊要求和特点?

21. 埋弧焊焊接角焊缝时一般选择哪些焊接位置? 为什么? 焊接过程中需要注意哪些问题?

22. 埋弧焊焊接环焊缝时应采用哪些焊接位置? 如何保证焊缝成型?

23. 根据焊丝排列方式，双丝埋弧焊有哪几种? 各有何特点?

24. 纵列双丝埋弧焊时，两根焊丝的焊接工艺参数如何匹配?

25. 纵列双丝埋弧焊时，两根焊丝应如何相对布置?

26. 什么是带极埋弧焊? 有何工艺特点? 主要有哪些应用场合?

27. 什么是窄间隙埋弧埋? 有何工艺特点?

扫码获取数字资源，使你的学习事半功倍

配套习题与答案	自主监测学习效果
配套课件	难点重点反复阅读
在线视频	直观了解相关知识

第**4**章

钨极氩弧焊

钨极氩弧焊（GTAW）是利用燃烧于钨极与工件之间的电弧进行焊接的一种电弧焊方法，简称氩弧焊、TIG焊或GTAW。通常利用氩气、氦气或氩＋氦等惰性气体进行保护，因此又称钨极惰性气体保护焊。由于在焊接过程中钨极不熔化，因此又称非熔化极惰性气体保护焊。

4.1
钨极氩弧焊原理、分类、特点及应用

4.1.1　钨极氩弧焊基本原理及分类

（1）钨极氩弧焊基本原理

钨极氩弧焊利用在钨极与工件之间燃烧的电弧熔化母材和填充焊丝；从喷嘴喷出的氩气在电弧及熔池周围形成连续封闭的气流隔离层，保护钨极及熔池不被氧化；焊枪前行时，熔池凝固形成焊缝，如图4-1所示。

（2）钨极氩弧焊的分类

钨极氩弧焊的分类方法有多种，按操作方式分类，可分为手工钨极氩弧焊、半自动钨极氩弧焊和自动钨极氩弧焊等三种。手工钨极氩弧焊时，焊工一手持焊丝，一手持焊枪，边送丝边移动焊枪进行焊接。半自动焊时焊工手持装有送丝导嘴的焊枪进行焊接，焊丝由送丝机送入送丝导嘴，然后送入熔池前部边缘。而自动焊时，焊枪行走也是由机械装置拖动的。

按照所用电源类型分类，钨极氩弧焊可分为直流钨极氩弧焊、交流钨极氩弧焊及脉冲钨极氩弧焊三种。

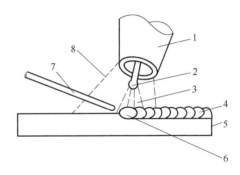

图4-1 钨极氩弧焊的基本原理图

1—喷嘴；2—钨极；3—电弧；4—焊缝；5—工件；
6—熔池；7—焊丝；8—保护气流

4.1.2 钨极氩弧焊的特点及应用

4.1.2.1 特点

（1）优点

与其他焊接方法相比，钨极氩弧焊具有如下优点：

① 适用面广。它几乎可焊接所有金属及合金，适合各种位置的焊接。

② 焊接过程稳定。氩气电离电压较低、热导率小，氩弧电场强度低，而且钨棒在焊接过程中不熔化，弧长变化干扰因素相对较少，因此钨极氩弧焊焊接过程非常稳定。

③ 焊接质量好。氩气是一种惰性气体，它既不溶于液态金属，又不与金属起任何化学反应；而且氩气容易形成良好的气流隔离层，有效地阻止氧、氮等侵入焊缝金属。

④ 适用于薄板焊接、全位置焊接。即使使用几安培的小电流，钨极氩弧仍能稳定燃烧，而且热量相对较集中，因此可焊接0.3mm的薄板，可进行全位置焊接及不加衬垫的单面焊双面成型焊接。采用高频脉冲钨极氩弧焊可焊接厚度更小的工件。

⑤ 焊接过程易于实现自动化。钨极氩弧焊的电弧是明弧，焊接过程参数稳定，易于检测及控制，是理想的自动化乃至机器人化的焊接方法。

⑥ 焊缝区无熔渣，焊工可清楚地看到熔池和焊缝成型过程。

（2）缺点

钨极氩弧焊的缺点如下：

① 抗风能力差。钨极氩弧焊利用气体进行保护，抗侧向风的能力较差。侧向风较小时，可降低喷嘴至工件的距离，同时增大保护气体的流量；侧向

风较大时，必须采取防风措施。

② 对工件清理要求较高。由于采用惰性气体进行保护，无冶金脱氧或去氧作用，为了避免气孔、裂纹等缺陷，焊前必须严格去除工件上的油污、铁锈等。

③ 生产率低。由于钨极的载流能力有限，尤其是交流焊时钨极的许用电流更低，致使钨极氩弧焊的熔透能力较低，焊接速度小，焊接生产率低。

4.1.2.2　钨极氩弧焊的应用

（1）材料范围

钨极氩弧焊几乎可焊接所有的金属和合金，但因其成本较高，生产中主要用于焊接不锈钢、耐热钢、有色金属（铝、镁、钛、铜等）及其合金，以及重要结构钢的打底焊道。

（2）焊接接头和位置范围

TIG 焊主要用于对接、搭接、T 形接、角接等接头的焊接，薄板对接时（厚度 ≤ 2mm）可采用卷边对接接头，适用于所有焊接位置。

（3）板厚范围

可焊的厚度范围见表 4-1，从生产率考虑及成本方面考虑，钨极氩弧焊一般用于 3mm 以下的薄板的焊接及重要结构的打底焊。

表 4-1　钨极氩弧焊适用的板厚范围

厚度 /mm	0.13	0.4	1.6	3.2	4.8	6.4	10	12.7	19	25	51	102
不开坡口单道焊		⟵⟶										
开坡口单道焊				⟵⟶								
开坡口多层焊					⟵ - - - - - - - - - - - - ⟶							

钨极氩弧焊特别适用于对焊接质量要求较高的场合，目前已广泛用于航空、航天、核能、石油、化工、机械制造、仪表、电子等工业部门中。

4.2
钨极氩弧焊的焊接材料

钨极氩弧焊的焊接材料主要有：保护气体、填充金属和电极材料等。

4.2.1 保护气体

钨极氩弧焊一般采用氩气、氦气、氩氦混合气体或氩氢混合气体作为保护气体。

（1）氩气

氩气是一种无色无味的单原子惰性气体。作为保护气体，它具有如下特点：

① 其密度为空气的 1.4 倍，是氦气的 4 倍，能够很好地覆盖在熔池及电弧的上方，且流动速度较低，因此保护效果比氦气好。

② 由于电离后产生的正离子质量大，动能也大，对阴极斑点的冲击力大，能够很好地去除工件上的氧化膜（这就是所谓的阴极雾化作用），因此，特别适合焊接铝、镁等活泼金属。

③ 氩气是单原子分子，且具有较低的热导率，对电弧的冷却作用较小，因此电弧稳定性好，电弧电压较低。

④ 成本低，实用性强。

⑤ 与采用氦气时相比，引弧较容易。

焊接生产中通常使用瓶装氩气。氩气瓶的容积为 40L，外面涂成灰色，用绿色漆标以"氩气"二字，满瓶时的压力为 15MPa。我国生产的焊接用氩气有 99.99% 及 99.999% 两种纯度，均能满足各种材料的焊接要求。

（2）氦气

氦气也是一种无色无味的单原子惰性气体，其密度比氩气低得多，大约只有空气的 1/7，因此焊接时所用的流量通常比氩气高 1~2 倍。

采用氦气保护时，相同电流下，电弧电压较大，如图 4-2 所示，因此，电弧的产热功率大且集中，适合焊接厚板、高热导率或高熔点金属、热敏感材料，以及适合高速焊。其他条件相同时，钨极氦弧焊的焊接速度比钨极氩弧焊的焊接速度高 30% ～ 40%。

氦气的缺点是阴极雾化作用小，价格比氩气高得多。

焊接过程中通常使用瓶装氦气。氦气瓶的容积为 40L，外面涂成灰色，并用绿色漆标以"氦气"二字，满瓶时压力为 14.7MPa。焊接用氦气的纯度一般要求在 99.8% 以上。我国生产的焊接用氦气的纯度可达 99.999%，能满足各种材料的焊接要求。

（3）氩氦混合气体

氩弧具有电弧稳定、柔和、阴极雾化作用强、价格低廉等优点，而氦弧具有电弧温度高、熔透能力强等优点。采用氩氦混合气体时，电弧兼具氩弧

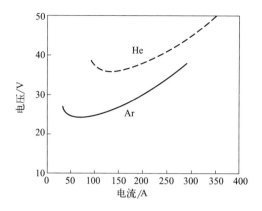

图4-2 相同电流下钨极氦弧和钨极氩弧的静
特性

及氦弧的优点，特别适用于焊缝质量要求很高的场合。采用的混合比一般为：（75%～80%）He+（20%～25%）Ar。

（4）氩氢混合气体

氢气是双原子分子，且具有较高的热导率，因此，采用氩氢混合气体时，可提高电弧的温度，增大熔透能力，提高焊接速度，防止咬边。此外，氢气具有还原作用，可防止 CO 气孔的形成。氩氢混合气体主要用于镍基合金、镍铜合金、不锈钢等的焊接。但氢的含量应控制在 6% 以下，否则易产生氢气孔。

4.2.2 电极材料

电极的作用是导通电流、引燃电弧并维持电弧稳定燃烧。由于焊接过程中要求电极不熔化，因此电极必须具有高的熔点，此外为了保证引弧性能好、焊接过程稳定，还要求电极的逸出功低、许用电流大、引燃电压小。

钨极氩弧焊使用的电极有：纯钨极、铈钨极、钍钨极等。表4-2 给出了国产钨极的种类及成分。表4-3 给出了这些常用钨极材料的电子发射性能。表4-4 给出了利用不同电极焊接不同材料时所需要的空载电压。

（1）纯钨极

纯钨极熔点为 3387℃，沸点为 5900℃，是最早使用的一种电极材料。但纯钨极溢出电压较高，必须使用空载电压很高的电源才能可靠引弧。另外，纯钨电流容量小、易烧损，因此目前基本不用。

（2）钍钨极

钍钨极含不超过 3% 的氧化钍，其逸出功比纯钨极显著降低，因此，引弧更容易。其阴极压降小、载流能力大、使用寿命长。用于交流电时，其许用电流值比同直径的纯钨极提高 1/3，引弧所需的电源空载电压显著降低。但钍钨极的粉尘具有微量的放射性，在磨削电极时，需注意防护。

（3）铈钨极

铈钨极中含 2% 以下的氧化铈，其逸出功比钍钨极更小，引弧更容易。其阴极压降小、载流能力大、使用寿命长，而且几乎没有放射性。在焊接电流相同的条件下，铈钨极直径可进一步减小，使电弧直径减小、热量集中、能量密度和稳定性提高，电极烧损率低，寿命长，因此，目前应用最广泛。

钨极的规格有 0.25mm、0.5mm、1.0mm、1.6mm、2.0mm、2.5mm、3.2mm、4.0mm、5.0mm、6.3mm、8.0mm、10.0mm 等几种，供货长度通常为 76～610mm。

钨极的表面不允许有裂纹、疤痕、毛刺、缩孔、夹杂等。

表 4-2　国产钨极的种类及成分

种类和牌号		化学成分 /%						
		ThO_2	CeO	SiO_2	$Fe_2O_3+Al_2O_3$	CaO	Mo	W
钨	W	—	—					
钍钨	W_{Th}-7	0.7~0.99	—	0.06	0.02	0.01	0.01	余量
	W_{Th}-10	1.0~1.49						
	W_{Th}-15	1.5~2.0						
	W_{Th}-30	3.0~3.5						
铈钨	W_{Ce}-5	—	0.5	< 0.1				余量
	W_{Ce}-13	—	1.3					
	W_{Ce}-20	—	2.0					

表 4-3　常用钨极材料的电子发射性能

电极材料		W	Th-W	Zr-W	Ce（La、Y）-W
逸出功 /eV		4.5	2.7	3.1	2.7
饱和热发射电流密度 /A·cm^{-2}	电极温度 /K				
	1500	$2.3×10^{-7}$	$3×10^{-3}$	$0.4×10^{-3}$	$6×10^{-3}$
	2000	$1.2×10^{-3}$	1.2	0.3	2.4
	2500	0.38	51	16.5	102
	3000	16.3	670	280	1340
	3500	274	4450	1970	8900
	3600	453	5740	2900	11480

表 4-4　常用电极材料所需的空载电压

电极种类	电极牌号	所需的空载电压 /V		
		铜	不锈钢	硅钢
纯钨极	W	95	95	95
钍钨极	W_{Th}-10 W_{Th}-15	40～65 35	50～70 40	70～75 40
铈钨极	W_{Ce}-20	—	30～35	—

4.2.3　填充金属

采用钨极氩弧焊焊接厚板时，需要开 V 形坡口，并添加必要的填充金

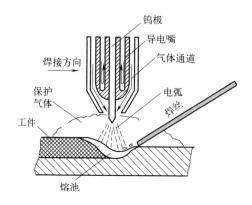

图 4-3　钨极氩弧焊的填丝方式

属。填充金属的主要作用是填满坡口，并调整焊缝成分，改善焊缝性能。图 4-3 展示了常用的填丝方式。焊丝端部应搭在熔池前部边缘或尾部边缘，使得熔化的焊丝金属从熔池前壁直接流入熔池，避免干扰电弧和污染钨极。

目前我国尚无专用钨极氩弧焊用焊丝标准，一般选用熔化极气体保护焊用焊丝或焊接用钢丝。

（1）钢焊丝

低碳钢及低合金高强度钢焊接时一般按照等强度原则选择焊接用钢丝。焊接不锈钢时一般按照等成分原则选择焊丝。焊接异种钢时，如果两种钢的组织不同，则选用焊丝时应考虑抗裂性及碳的扩散问题；如果两种钢的微观组织相同，而力学性能不同，则最好选用成分介于两者之间的焊丝。焊丝的选用可参照 GB/T 8110—2020《熔化极气体保护电弧焊用非合金钢及细晶粒钢实心焊丝》。

（2）铝焊丝

铝及铝合金焊接时一般按照等成分原则选择熔化极气体保护焊丝。可按照 GB/T 10858—2008《铝及铝合金焊丝》选择合适的焊丝。

（3）铜焊丝

焊接铜及铜合金时一般按照等成分原则选择熔化极气体保护焊丝。可按照 GB/T 9460—2008《铜及铜合金焊丝》选择合适的焊丝。

4.3
不同电流及极性的 TIG 焊的工艺特点

4.3.1　直流钨极氩弧焊

直流钨极氩弧焊采用直流电源。焊接时有两种接法：直流反接及直流正接。

（1）直流正接（DCSP）

直流正接时，工件接电源的正极，钨棒接电源的负极，又称直流正极性接法。其具有如下工艺特点。

① 钨极氩弧焊时阴极区产热量较小，因此钨棒作为阴极时，一定直径的钨棒可允许通过较大的电流，也就是钨极的电流容量大，而且钨极不易过热，使用寿命长。

② 在同样的焊接电流下，直流正接可采用较小直径的钨棒，电流密度大、电弧稳定性高，可在工件上形成窄而深的熔池，焊接变形小、热影响区小。

③ 钨极氩弧焊时，阴极区的产热仅占30%，而阳极区的产热占70%，因此熔深大。

④ 工件作为阳极，电弧无法通过阴极雾化作用去除工件上的氧化膜。

实际生产中这种接法广泛用于除铝、镁及其合金以外的其他金属的焊接。

（2）直流反接（DCRP）

直流反极接时，工件接电源的负极，钨棒接电源的正极，又称直流反极性接法。其具有如下工艺特点。

① 电弧引燃后，电子从工件的熔池表面发射，经过电弧加速撞向电极，易使钨极过热，钨极寿命低。

② 与直流正接相比，同样直径的钨极，允许使用的电流显著减小（降低大约90%）。

③ 在电流一定时，必须选用直径较粗的钨极，避免电弧不稳定、熔深浅、热影响区大。

④ 直流反接时，工件接焊接电源的阴极，阴极斑点在工件表面自动寻找氧化膜，氧化膜因大量发射电子并受到质量较大的正离子的冲击而被破碎清除，如图4-4所示，这种作用称为"阴极清理作用"。这对于铝、镁及其合金的焊接来说是十分重要的。

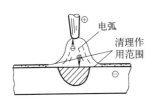
(a) 原理示意图

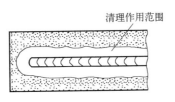
(b) 实际焊接过程中的清理

图4-4　焊接过程中的阴极清理作用

直流反接钨极氩弧焊在实际生产中基本上不用。

4.3.2 交流钨极氩弧焊

4.3.2.1 工艺特点

交流钨极氩弧焊焊接时，焊接电弧的极性发生周期性变化，因此，工艺上兼有直流正接及直流反接的特点。在负半波（工件为负极）时，氩弧对工件产生阴极雾化作用；在正半波时，电弧的热量主要集中于工件上，既增大熔深，又使钨极得以冷却。

图 4-5 比较了不同电流种类及极性时钨极氩弧焊的工艺特点。交流钨极氩弧焊广泛用于铝、镁及其合金的焊接。

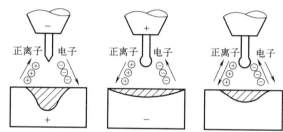

项目	直流正接	直流反接	交流
两极热量的近似比例	焊件70%，钨极30%	焊件30%，钨极70%	焊件50%，钨极50%
焊缝形状特征	深、窄	浅、宽	中等
钨极许用电流	最大(ϕ3.2mm，400A)	较小(如ϕ6.4mm，120A)	较大(如ϕ3.2mm，225A)
稳弧措施	不需要	不需要	需要
阴极清理(破碎)作用	无	有	有(当焊件为负半周时)
消除直流分量装置	不需要	不需要	需要

图 4-5　不同电流种类及极性时钨极氩弧焊的工艺特点

4.3.2.2 直流分量及稳弧

交流钨极氩弧焊分为正弦波交流及方波交流两种。正弦波交流钨极氩弧焊存在电弧不稳及直流分量等问题，因此在焊接设备上应采取专门的措施予以解决。

（1）直流分量的消除

由于钨极与工件的电、热物理性能以及几何尺寸相差很大，交流钨极氩弧焊正负半波的电导率、电弧电压、再引燃电压存在很大的差别。正极性半波时钨极发射的电子数量多，电弧的电导率大；反极性半波时工件发射的电子数量少，电弧电导率低。因此，正负半波电流、电弧电压及再引燃电压都不对称，从而导致直流分量，如图 4-6 所示。这种现象称为交流钨极氩弧焊的整流作用。直流分量既降低了阴极雾化作用，又恶化设备的工作条件，使变压器铁芯在直流分量方向上易达到磁饱和，增大了变压器铁损和铜损，并使焊接电流波形严重畸变。因此设备中通常配置消除直流分量的装置。

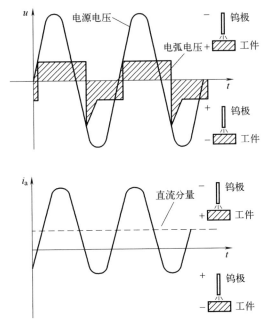

图 4-6　正弦波交流钨极氩弧焊直流分量的产生

正弦波交流钨极氩弧焊机通常通过在焊接主回路串联大容量无极性电容器的方法来消除直流分量，如图 4-7 所示。该方法既可完全消除直流分量，又不额外损耗能量。

方波交流钨极氩弧焊在正负半波通电量不对称时也会产生直流分量，可通过调节正负半波的极性比 [$t_{SP}/(t_{SP}+t_{RP})$] 来消除，如图 4-8 所示，当 $i_{SP}t_{SP}=i_{RP}t_{RP}$ 时，直流分量为零。

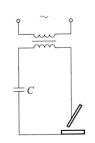

图 4-7　正弦波交流钨极氩弧焊直流分量的消除

（2）稳弧

利用交流钨极氩弧焊焊接时，极性的交替变化使电弧周期性地熄灭和引燃。而电弧的重新引燃要求外加电压大于再引燃电压。正弦波交流电弧的电流过零时速度较慢，下个半波再引燃时较困难，特别是从正半波向负半波转变时，由于母材发射电子的能力很弱，电弧的重新引燃特别困难。所以正弦波交流钨极氩弧焊设备必须采取稳弧措施，通常通过在焊接回路中串联一高压脉冲发生器来实现稳弧。稳弧脉冲一般施加在电流极性发生变化的瞬间，如图 4-9 所示。

方波交流电弧的电压及电流过零时，电流及电压的变化在瞬间完成（见图 4-8），因此在较低的电压下（20 ～ 40V）就可使电弧再引燃，电弧稳定性很好。所以，方波交流钨极氩弧焊设备一般无需任何稳弧措施。方波交流钨极氩弧焊机特别适用于铝合金、镁合金、铝基复合材料以及热敏感性强的材料的焊接。

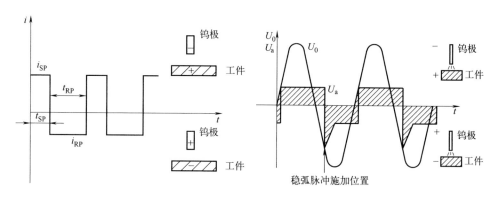

图 4-8　通过调节极性比来消除方波交流钨　　图 4-9　正弦波交流电弧的稳弧措施
　　　　极氩弧焊的直流分量

4.3.3　脉冲钨极氩弧焊

脉冲钨极氩弧焊的焊接电流是脉冲直流或脉冲交流，其波形图见图 4-10。焊接电流参数衍变为如下几个参数：基值电流 I_b、脉冲电流 I_p、脉冲持续时间 t_p、脉冲间歇时间 t_b、脉冲频率 f、脉冲幅比 F（$=I_p/I_b$）和脉冲宽比 K（$=t_p/t_b$）。

根据电流的种类，脉冲钨极氩弧焊可分为直流脉冲钨极氩弧焊及交流脉冲钨极氩弧焊两种，前者用于焊接不锈钢，后者主要用于焊接铝、镁及其合金。根据脉冲频率范围，脉冲钨极氩弧焊分为高频脉冲钨极氩弧焊、中频脉冲钨极氩弧焊及低频脉冲钨极氩弧焊三种。脉冲频率对脉冲钨极氩弧焊工艺特点具有重大影响。

（1）低频脉冲钨极氩弧焊

电流的频率范围为 0.1 ～ 15Hz。这是目前应用最广泛的一种脉冲钨极氩弧焊。在脉冲电流持续期间，焊件上形成点状熔池；脉冲电流停歇期间，利用基准值电流维持电弧的稳定燃烧，降低加热焊件的热输入，并使熔池金属凝固，因此焊缝事实上是由一系列焊点组成的。

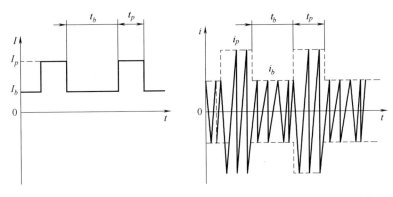

(a) 直流脉冲钨极氩弧焊电流波形　　(b) 正弦波交流脉冲钨极氩弧焊电流波形

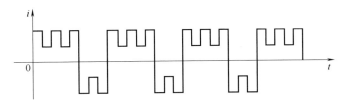

(c) 方波交流脉冲钨极氩弧焊电流波形

图 4-10　脉冲钨极氩弧焊电流波形示意图

I_b—直流钨极氩弧焊基值电流；I_p—直流钨极氩弧焊脉冲电流；t_p—脉冲持续时间；t_b—脉冲间歇时间；i_b—交流钨极氩弧焊基值电流；i_p—交流钨极氩弧焊脉冲电流

为了获得连续、气密的焊缝，两个脉冲焊点之间必须有一定的相互重叠量，这要求脉冲频率 f 与焊接速度 v_w 之间必须满足下式：

$$f = \frac{v_w}{60L_d} \tag{4-1}$$

式中　L_d——相邻两焊点的最大允许间距，mm；

　　　f——脉冲频率，Hz；

　　　v_w——焊接速度，mm·min^{-1}。

低频脉冲钨极氩弧焊具有如下特点。

① 电弧稳定、挺度好。当电流较小时，一般钨极氩弧焊易飘弧，而脉冲钨极氩弧焊的电弧挺度好、稳定性好，因此这种焊接方法特别适于薄板焊接。

② 热输入低。脉冲电弧对工件的加热集中，热效率高。因此焊透同样厚度的工件所需的平均电流比一般钨极氩弧焊的低 20% 左右，从而减小了热输入，这有利于缩小热影响区和减小焊接变形。

③ 易于控制焊缝成型。焊接熔池凝固速度快，高温停留时间短，所以既

能保证一定熔深，又不易产生过热、流淌或烧穿现象，有利于实现不加衬垫的单面焊双面成型及全位置焊接。

④ 焊缝质量好。脉冲钨极氩弧焊的焊缝由焊点相互重叠而成，后续焊点的热循环对前一焊点具有热处理作用；同时，由于脉冲电流对点状熔池具有强烈的搅拌作用，且熔池的冷却速度快，高温停留时间短，因此焊缝金属组织细密，树枝状晶不明显。这些都使得焊缝性能得以改善。

（2）中频脉冲钨极氩弧焊

焊接电流的频率范围为 10 ～ 500Hz，其特点是小电流下电弧非常稳定，且电弧力不像高频钨极氩弧焊那样高，因此是手工焊接 0.5mm 以下薄板的理想方法。

（3）高频脉冲钨极氩弧焊

焊接电流的频率范围为 10 ～ 20kHz。这种方法的工艺特点是：

① 适用于高速焊：电磁收缩效应增加，电弧刚性增大，高速焊时可避免因阳极斑点的黏着作用而造成焊道弯曲或不连续现象，有效防止咬边和背面成型不良等缺陷。因此，该方法特别适用于薄板的高速自动焊。

② 熔深大：电弧功率密度和压力大，因此电弧熔透能力增大。

③ 焊缝质量好：熔池受到超声波振动，其流动性增加，焊缝的物理冶金性能得以改善，有利于焊缝质量的提高。

④ 适用于大坡口焊缝：直流钨极氩弧焊时，如果填充焊丝较多，熔池金属对坡口侧面的润湿性差，焊道凸起，并偏向一侧，在焊接下一个焊道时，焊道两侧的母材难以熔化，易导致未熔合，而高频脉冲钨极氩弧焊可很好地克服这种缺陷。

高频钨极氩弧焊的许多特性介于一般钨极氩弧焊及等离子弧焊之间。

4.4
钨极氩弧焊设备

4.4.1　设备组成

钨极氩弧焊设备通常称为钨极氩弧焊机，一般由弧焊电源和控制系统、焊炬、水冷系统及供气系统组成。自动钨极氩弧焊机还配有行走小车、焊丝送进机构等。图 4-11 为手工钨极氩弧焊机的结构图。图 4-12 为自动钨极氩弧焊焊枪与导丝嘴的调节。

交流钨极氩弧焊机所需的引弧和稳弧装置、隔直装置以及控制系统通常安装在电源中。

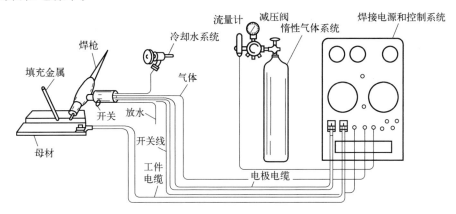

图 4-11　手工钨极氩弧焊机的配置

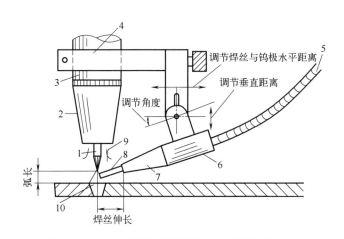

图 4-12　自动钨极氩弧焊焊枪与导丝嘴的调节

1—钨极；2—喷嘴；3—焊枪体；4—焊枪夹；5—焊丝导管；6—导丝装置；7—导丝嘴；8—焊丝；
9—保护气流；10—熔池

4.4.2　钨极氩弧焊设备的主要组成部分

（1）焊接电源

为了稳定焊接电流，获得均匀的焊缝，钨极氩弧焊一般使用具有陡降（恒流）外特性的电源。钨极氩弧焊可采用的电源有直流、交流和脉冲电源三种。目前常用的直流电源有晶闸管式弧焊整流器和弧焊逆变器等两种，通常都带有低频脉冲功能。

交流电源有正弦波交流电源及方波交流电源两种。正弦波交流电源有弧焊变压器和弧焊逆变器两种，而方波交流电源有晶闸管式方波电源和弧焊逆变器式方波电源两种。近年迅速发展的数字化弧焊逆变器（WSME系列）不仅具有交/直流钨极氩弧焊和交/直流脉冲钨极氩弧焊功能，而且能提供三角波、正弦波和方波等多种交流波形。

钨极氩弧焊电源一般具有电流衰减功能，通过在熄弧时进行电流衰减控制，防止焊缝收尾处产生弧坑。如果不进行这种控制，收弧处易因熔池得不到足够的填充金属而形成弧坑，并可能会伴随弧坑裂缝（又称火口裂纹）、气孔等缺陷。如果使用没有电流衰减功能的电源进行焊接，则应在操作上进行适当的控制，比如，逐渐拉长电弧并多填充一些焊丝。

（2）控制箱

控制箱中主要安装焊接时序控制电路。其主要任务是控制提前送气、滞后停气、引弧、电流通断、电流递增及衰减、冷却水流通断等；对于自动焊机，还要控制小车行走机构行走及送丝机构送丝。在交流焊机的控制箱中一般还装有稳弧装置。

图4-13给出了手工和自动TIG焊接的一般控制程序。

焊接前，首先应提前送保护气（即提前送气），保证将输气管中及焊接区的空气排出；其次接通引弧装置进行引弧，并在引燃后切断引弧装置；然后以设定的焊接电流（根据需要可设置电流递增）及焊接速度进行焊接。收弧时，处于高温下的钨极和工件需要保护，要求在电弧熄灭后还要继续输送一段时间的保护气（即滞后断气）；另外，为了填满弧坑防止火口裂纹，还要对焊接电流进行衰减控制。这些动作的实现均由顺序控制系统来实现。

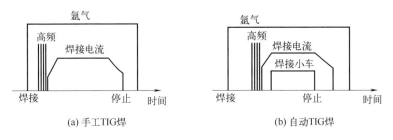

图4-13　钨极氩弧焊的一般控制程序

（3）引弧装置

钨极氩弧焊一般不采用接触引弧，这是因为钨极与工件接触短路时，强大的短路电流不但会使钨极熔化，造成钨极烧损，而且还易使液态钨进入熔池中，造成焊缝夹钨，影响焊缝力学性能。因此，钨极氩弧焊一般采用非接触引弧方式，常用的非接触引弧方式有两种：高频振荡器引弧和高压脉冲引弧。

① 高频振荡器引弧。图 4-14 中虚线框框出的部分为高频振荡器的电路。高频振荡器通常串联在焊接回路中（通常安装在焊接电源内部）。当高频振荡器的输入端开关 Q 接通后，高压变压器 T_1 升压并对电容器 C_k 充电，当 C_k 充电到一定电压时火花放电器 P 因放电击穿而使 T_1 的次级回路短路，中止对 C_k 充电，同时电容 C_k 与电感 L_k 组成振荡回路。其振荡频率 $f = 1/2\pi\sqrt{L_1C}$。所产生的高频高压信号经升压变压器 T_2 升压后，通过旁路电容 C_f 施加在钨极与工件之间，旁路电容 C_f 同时起着保护焊接电源的作用。高频振荡器输入电压为正弦波时，每半周振荡一次，每次能维持 2 ～ 6ms 的时间。高频振荡器输出的电压一般为 2500 ～ 3000V，频率为 150 ～ 260Hz，功率为 100 ～ 200W。该电压一般能可靠击穿两极间的气隙，引燃电弧。电弧引燃后，高频振荡器自动关闭。由于相位难以准确控制，高频振荡器一般不用于稳弧。

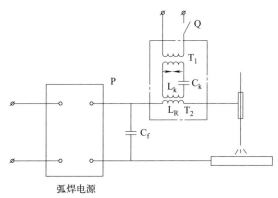

图 4-14　高频振荡器与焊接回路的串联

高频振荡引弧器的高频信号对于控制装置中的电子器件及无线电通信具有强烈的干扰作用。

② 高压脉冲引弧。图 4-15 中虚线框框出的部分为典型的高压脉冲发生器的电路。高压脉冲发生器一般串联在焊接回路中。T_1 是与焊接变压器同步的升压变压器，其次级输出 800V 的交流电压，经整流桥 VC_1 整流后，通过 R_1 对 C_1 充电。当需要高压脉冲时，晶闸管 V_1 和 V_2 被触发导通；C_1 上的高压电向升压脉冲变压器 T_2 放电，T_2 的二次线圈产生 2 ～ 3kV 的高压脉冲；该高压脉冲通过由 V_9、R_5、C_{10} 和 R_7 构成的高压脉冲旁路施加在工件和钨极之间，击穿它们之间的气隙，引燃或重新引燃电弧。C_{10} 用来导通高压脉冲并防

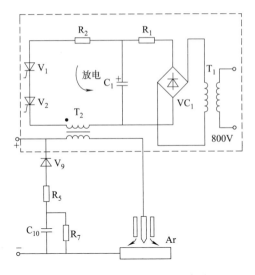

图4-15　高压脉冲发生器电路

止高压脉冲施加到焊接电源上；R_7是C_{10}的放电电阻；高压二极管V_9用来保证放电的单向性，以保证引弧效果；R_5是为保护高压二极管V_9而设置的限流电阻。

对于直流钨极氩弧焊，高压脉冲发生器与焊接回路的连接比较简单，只需通过一隔离变压器串联至焊接回路即可。对于交流钨极氩弧焊，应对该高压脉冲进行相位控制，引弧时在负半周的π/2时刻通过引弧信号电路触发晶闸管V_1及V_2导通，使高压脉冲叠加在反极性半波中空载电压最大的相位处，以有利于电弧的引燃。电弧引燃后，高压脉冲引弧装置用作交流钨极氩弧焊的稳弧装置。在焊接电流从正半波向负半波过渡的瞬间，焊接电流产生的触发信号触发V_1及V_2导通，高压脉冲发生器又发出高压脉冲，使电弧重新引燃而起到稳弧作用。

（4）焊枪

① 焊枪的作用。钨极氩弧焊焊枪又称钨极氩弧焊焊炬，其主要作用是：夹持钨极；传导焊接电流；向焊接区输出保护气体。

② 焊枪的类型。依据冷却方式，焊枪可分为水冷和空冷两种。水冷焊枪用水对焊接电缆及喷嘴进行冷却，因此能够承受较大的电流。空冷焊枪结构简单、重量轻、便于操作，但允许通过的电流较小。一般来说，电流在160A以上时必须采用水冷焊枪。

另外，按照焊枪的外部形状及特征，钨极氩弧焊枪又可分为笔式及手把式两种。

③ 焊枪的结构。图4-16给出了典型手把式钨极氩弧焊焊枪的简图。焊枪主要由钨极、喷嘴、焊枪体、短帽、把手、电缆、气路开关、气路接头和电缆接头等部分组成。

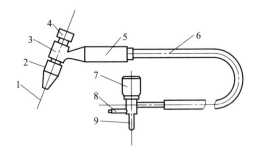

图4-16　焊枪的典型结构

1—钍钨极；2—陶瓷喷嘴；3—焊枪体；4—短帽；
5—把手；6—电缆；7—气路开关；8—气路接头；
9—电缆接头

喷嘴的形状和尺寸对气体保护效果的影响很大。为了取得良好的保护效果，通常使出口处获得较厚的层流层，在喷嘴下部为圆柱形通道，通道越长保护效果越好，通道直径越大，保护范围越宽。但喷嘴不能过长，否则会影响操作灵活性 206 和操作人员的视线。通常圆柱通道内径 D_n（mm）、长度 l_0（mm）和钨极直径 d_w（mm）之间的关系约为

$$D_n = (2.5 \sim 3.5) d_w$$

$$l_0 = (1.4 \sim 1.6) D_n + (7 \sim 9) \text{ mm}$$

气流通道中通常加设多层铜丝网或多孔隔板（称气筛）以限制气体横向运动，有利于形成层流。喷嘴内表面应保持清洁，若喷孔沾有其他物质，将会干扰保护气柱或在气柱中产生紊流，影响保护效果。

实用的喷嘴材料有陶瓷、纯铜和石英等三种。高温陶瓷喷嘴既绝缘又耐热，应用最广泛，但焊接电流一般不超过 300A；纯铜喷嘴使用电流可达 500A，需用绝缘套与导电部分隔离；石英喷嘴透明，焊接可见度好，但较贵。

有些金属如钛等在高温下对空气污染很敏感，焊接时应使用带拖罩的喷嘴。

（5）气路系统

钨极氩弧焊的气路系统由气瓶、减压阀、流量计、软管及气阀等组成，如图 4-17 所示。气瓶用于盛放氩气或氦气。减压阀用于将瓶中的高压气体压力降低至焊接所需要的压力，并在工作过程中保持气体压力计流量的稳定。流量计用于控制气体的流量。流量计有玻璃转子式、浮子式及同体型浮标式等三种。电磁气阀用于控制气流关断，由延时继电器进行控制提前送气时间及延迟停气时间，其电源电压通常为 24V 或 36V。

（6）冷却水系统

冷却水系统用于冷却焊枪及电缆。通常水路中设有水压开关，当水压太低或断水时，水压开关将断开控制系统电源，使焊机停止工作，以保护焊机不被损坏。

（7）行走小车及送丝机

自动钨极氩弧焊机还配有行走小车及送丝机，以实现电弧的自动移动及焊丝的自动送进。

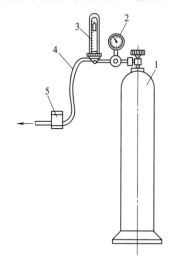

图 4-17　供气系统

1—高压气瓶；2—减压阀；
3—浮子流量计；4—软气管；
5—电磁气阀

4.5
钨极氩弧焊工艺

4.5.1 焊前准备及接头设计

（1）焊前清理

氩气、氦气均是惰性气体，焊接过程中不与液态金属发生任何化学反应，因此钨极氩弧焊没有去氢、脱氧作用。为了保证焊接质量，必须去除焊接接头附近的氧化膜、油脂及水分。焊接铝、镁、钛等活泼金属时，这种处理尤其重要。清理方法主要有：机械清理、化学清理及化学机械清理三种。

① 机械清理：采用钢丝刷、刮刀、砂纸、喷砂或喷丸等机械方法去除工件表面的氧化膜、油污等。对于铝及铝合金，通常采用刮刀或钢丝刷进行清理。对于大型钢质工件，可采用喷砂或喷丸法进行清理。而较小的不锈钢工件通常采用砂纸打磨。

② 化学清理：利用化学反应去除工件及焊丝表面的氧化膜及油污。其特别适用于铝合金、钛合金、镁合金母材及焊丝的焊前处理。表 4-5 给出了铝及铝合金除油配方及工艺条件。表 4-6 给出了铝及铝合金氧化膜的化学清理配方及工艺条件。

表 4-5　铝及铝合金除油配方及工艺条件

除油			冲洗时间 /min		干燥
除油液配方 /g·L^{-1}	除油液温度 /℃	除油时间 /min	30℃	室温	
Na_3PO_4 40～50 Na_2CO_3 40～50 Na_2CO_3 20～30 水　余量	60	5～8	2	2	干布擦干

表 4-6　铝及铝合金氧化膜的化学清理配方及工艺条件

材料	碱液			冲洗	中和光化			冲洗	干燥
	溶液	温度 /℃	时间 /min		溶液	温度 /℃	时间 /min		
纯铝	NaOH 6%～10%	40～50	≤20	清水	HNO_3	室温	1～3	清水	100～110℃烘干，再置于低温干燥箱中
铝合金	NaOH 6%～10%	40～50	≤7	清水	HNO_3	室温	1～3	清水	

（2）常用接头及坡口类型

钨极氩弧焊常用的接头形式有对接、搭接、角接、T 形接头、卷边对接、端接及夹条对接等七种，后面三种适用于薄板焊接。

坡口类型及尺寸根据材料类型、板厚等来选择。图 4-18 给出了 TIG 焊常用坡口形式。一般情况下，厚度小于 1mm 时可采用卷边坡口，如图 4-18（a）所示；板厚小于 6mm 时，可采用 I 形坡口，如图 4-18（b）所示；板厚为 6～12mm 时采用 Y 形坡口，如图 4-18（c）所示；板厚大于 12mm 时采用 X 形坡口，如图 4-18（d）所示。

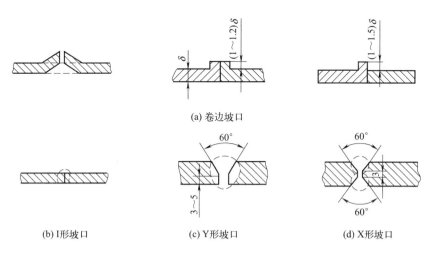

(a) 卷边坡口

(b) I形坡口   (c) Y形坡口   (d) X形坡口

图 4-18　TIG 焊常用坡口形式

4.5.2　工艺参数的选择原则

钨极氩弧焊的工艺参数主要有：电流的种类及极性、焊接电流的大小、弧长、焊接速度、钨极直径及形状、保护气体流量等。

（1）电流的种类及极性

不同的电流种类及极性具有不同的工艺特点，适用于不同材料的焊接。因此应首先根据工件的材料选择电流的种类及极性。铝及其合金、镁及其合金一般选用交流，而其他金属及其合金均选用直流正接。如果氦气作保护气体，在严格去除氧化膜的情况下，也可以采用直流正接焊接铝及其合金。

（2）电流大小

焊接电流的大小决定熔深，因此，在选定了电流的种类及极性后，要根据板厚来选择电流的大小，此外还要适当考虑接头的形式、焊接位置等的影响。

对于脉冲钨极氩弧焊，焊接电流衍变为基值电流 I_b、脉冲电流 I_p、脉冲持续时间 t_p、脉冲间歇时间 t_b、脉冲周期 T（$=t_p+t_b$）、脉冲频率 f（$=1/T$）、脉

冲幅比 F $(=I_p/I_b)$、脉冲宽比 K $(=t_p/t_b+t_p)$ 等参数。这些参数的选择原则如下：

① 脉冲电流 I_p 及脉冲持续时间 t_p。脉冲电流与脉冲持续时间之积 I_pt_p 被称为通电量，通电量决定了焊缝的形状尺寸，特别是熔深，因此，应首先根据被焊材料及板厚选择合适的脉冲电流及脉冲电流持续时间。图 4-19 给出了不同板厚的不锈钢可选的脉冲电流及脉冲电流持续时间组合。

焊接厚度低于 0.25mm 的板时，应适当降低脉冲电流值并相应地延长脉冲持续时间。焊接厚度大于 4mm 的板时，应适当增大脉冲电流值并相应地缩短脉冲持续时间。

② 基值电流 I_b。基值电流的主要作用是维持电弧的稳定燃烧，因此在保证电弧稳定的条件下，尽量选择较低的基值电流，以突出脉冲钨极氩弧焊的特点。但在焊接冷裂倾向较大的材料时，应将基值电流选得稍高一些，以防止火口裂纹。

基值电流一般为脉冲电流的 10% ～ 20%。

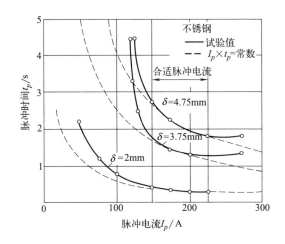

图 4-19　不同板厚的不锈钢可选脉冲电流与脉冲电流持续时间组合

③ 脉冲间歇时间 t_b。脉冲间歇时间对焊缝的形状尺寸影响较小，但过长时会显著降低热输入，形成不连续焊道。

④ 脉冲幅比 F 及脉冲宽比 K。脉冲宽比越小，脉冲焊特征越明显，但太小时熔透能力降低，电弧稳定性差，且易产生咬边。因此，脉冲宽比一般取 20% ～ 80%，空间位置焊接时或焊接热裂倾向较大的材料时应选得小一些，平焊时应选得大一些。

脉冲幅比越大，脉冲焊特征越明显，但过大时，焊缝两侧易出现咬边。因此脉冲幅比一般取 5 ～ 10，空间位置焊接时或焊接热裂倾向较大的材料时，脉冲幅比选得大一些，平焊时选得小一些。

（3）弧长

钨极氩弧焊时通常选择陡降外特性电源，电弧电压不能在焊接设备上直接设定。电弧电压主要取决于弧长、焊接电流和保护气体类型。保护气体和焊接电流一定时，弧长越大，电弧电压越大，因此弧长是一个非常重要的参数。常用的弧长范围是 1～5mm，具体数值应根据焊接电流大小和操作方式来选择，焊接电流越大，弧长应选择得越长。手工操作时弧长应选择得大一点，以利于焊工观察熔池。

（4）焊接速度

焊接速度影响焊接热输入，因此影响熔深及熔宽。通常根据板厚来选择焊接速度，而且为了保证获得良好的焊缝，焊接速度应与焊接电流、预热温度及保护气流量适当匹配。焊接速度太快时，易出现未焊透、咬边等缺陷；而焊接速度太慢时会出现焊缝太宽、烧穿等缺陷。常用的焊接速度为 10～50cm/min。

低频脉冲钨极氩弧焊时，焊接速度与脉冲频率间要满足式（4-1），以保证形成连续致密的焊缝。表 4-7 给出了直流低频脉冲钨极氩弧焊的常用脉冲频率及焊接速度范围。

表 4-7　直流低频脉冲钨极氩弧焊的常用脉冲频率及焊接速度范围

焊接方法	手工焊	自动焊接速度 /cm·min^{-1}			
		20	28	36	50
频率 /Hz	1～2	≥3	≥4	≥5	≥6

（5）钨极的直径及端部形状

钨极的直径及形状是重要的钨极氩弧焊参数之一，通常根据电流的种类、极性及大小来选择。钨极直径的选择原则是，在保证钨极许用电流大于所用焊接电流的前提下，尽量选用直径较小的钨极。钨极的许用电流取决于钨极直径、电流的种类及极性。钨极直径越大，其许用电流越大。直流正接时，钨极载流能力最大，直流反接时载流能力最小，交流时载流能力居于直流正接与反接之间。交流焊时，电流的波形对载流能力也具有重要的影响。表 4-8 给出了不同条件下各种钨极的许用电流。

电极的端部形状对焊接过程稳定性及焊缝成型具有重要影响，通常应根据电流的种类、极性及大小来选择。直流正接时，若焊接电流较小则采用尖锥形，而电流较大则采用锥台形，如图 4-20（a）所示；交流时采用球面形，如图 4-20（b）所示。

表 4-8　常用电极的许用电流

电极直径 /mm	直流 /A		交流 /A			
	正极性	反极性	非对称波形		对称波形	
	纯钨及钍钨	纯钨及钍钨	纯钨	钍钨及锆钨	纯钨	钍钨及锆钨
0.26	≥ 15	一般不采用	≥ 15	≥ 15	≥ 15	≥ 15
0.51	5 ～ 20	一般不采用	5 ～ 15	5 ～ 20	10 ～ 20	5 ～ 20
1.02	15 ～ 80	一般不采用	10 ～ 60	15 ～ 80	20 ～ 30	20 ～ 60
1.59	70 ～ 150	10 ～ 20	50 ～ 100	70 ～ 150	30 ～ 80	60 ～ 120
2.38	150 ～ 250	15 ～ 30	100 ～ 160	140 ～ 235	60 ～ 130	100 ～ 180
3.18	250 ～ 400	25 ～ 40	150 ～ 210	225 ～ 325	100 ～ 180	160 ～ 250
3.97	400 ～ 500	40 ～ 55	200 ～ 275	300 ～ 400	160 ～ 240	200 ～ 320
4.76	500 ～ 750	55 ～ 80	250 ～ 350	400 ～ 500	190 ～ 300	290 ～ 390
6.35	750 ～ 1000	80 ～ 125	325 ～ 450	500 ～ 630	250 ～ 400	340 ～ 525

注：所有数据均为纯氩气作保护气体时的数据。

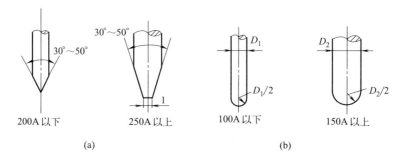

图 4-20　钨极端部形状及其应用范围

脉冲钨极氩弧焊时，由于在基值电流期间钨极受到冷却，所以直径相同时，钨极的许用脉冲电流值明显提高，见表 4-9。

表 4-9　脉冲钨极氩弧焊推荐用的钨极端部形状尺寸及许用电流

钨极直径 /mm	锥角 / (°)	平顶直径 /mm	恒定电流许用范围 /A	脉冲电流许用范围 /A
1.0	12	0.12	2 ～ 15	2 ～ 25
	20	0.25	5 ～ 30	5 ～ 60
1.6	25	0.50	8 ～ 50	8 ～ 100
	30	0.75	10 ～ 70	10 ～ 140
2.4	35	0.75	12 ～ 90	12 ～ 180
	45	1.10	15 ～ 150	15 ～ 250
3.6	60	1.10	20 ～ 200	20 ～ 300
	90	1.50	25 ～ 250	25 ～ 350

（6）喷嘴孔径及氩气流量

喷嘴孔径越大，保护区越大，但孔径太大时，熔池及电弧的可观察性变差。对于一定的喷嘴孔径，保护气流量有一个合适的范围，流量太小时，气体挺度差，保护效果不好；流量太大时，气流层中出现紊流，易卷入空气，保护效果也不好。喷嘴孔径及氩气流量通常根据电流的种类、极性及大小来选择，见表4-10。

表4-10　喷嘴孔径及氩气流量的选择

焊接电流 /A	直流正接		直流反接	
	喷嘴孔径 /mm	氩气流量 /L·min^{-1}	喷嘴孔径 /mm	氩气流量 /L·min^{-1}
10 ～ 100	4 ～ 9.5	4 ～ 5	8 ～ 9.5	6 ～ 8
101 ～ 150	4 ～ 9.5	4 ～ 7	9.5 ～ 11	7 ～ 10
152 ～ 200	6 ～ 13	6 ～ 8	11 ～ 13	7 ～ 10
201 ～ 300	8 ～ 13	8 ～ 9	13 ～ 16	8 ～ 15
301 ～ 500	13 ～ 16	9 ～ 12	16 ～ 19	8 ～ 15

工件外观质量要求较高时，对于活泼金属（如铝及其合金、钛及其合金等）或散热慢、高温停留时间长的金属（如不锈钢等），一般都要求加强保护。

焊缝正面加强保护通常通过在焊枪后面附加通有保护气体的尾罩来实现，如图4-21所示。尾罩的长度和宽度应保证400℃以上的焊缝和热影响区均处于有效保护之下。

背面的保护是在焊缝背面通上惰性气体，其方式有气体保护垫板［图4-22（a）中5］、气体保护罩［图4-22（b）中2］和焊件内部密闭气腔［图4-22（c）］充气。图4-22中的压板6、垫板5和挡板4通常用阴极铜制成，有时在垫板内通冷却水，它们之间除起夹紧焊件以防止变形的作用外，还起到加速焊缝和热影响区冷却，以缩短其高温停留时间的作用。在垫板上开槽既起背面成型的承托焊缝作用，也是为了能从背面充进保护气体。

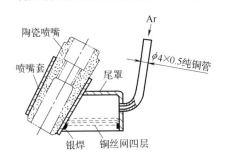
(a) 手工钨极氩弧焊的焊炬尾罩

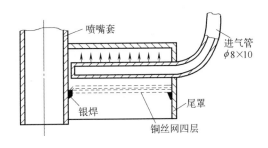
(b) 自动钨极氩弧焊的焊炬尾罩

图4-21　钨极氩弧焊的焊炬尾罩

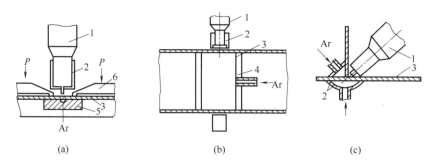

图 4-22　钨极氩弧焊时焊缝的背面保护

1—焊枪；2—气体保护罩；3—焊件；4—挡板；5—气体保护垫板；6—压板

（7）钨极伸出长度

钨极伸出长度通常是指露在喷嘴外面的钨极长度，如图 4-23 所示。伸出长度过大时，钨极易过热，且保护效果差；而伸出长度太小时，喷嘴易过热。因此钨极伸出长度必须保持一适当的值。对接焊时，钨极的伸出长度一般保持在 5 ～ 6mm；焊接 T 形焊缝时，钨极地伸出长度最好为 7 ～ 8mm。

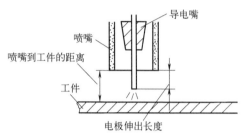

图 4-23　钨极伸出长度

（8）喷嘴离工件的距离

喷嘴离工件的距离要与钨极伸出长度相匹配，一般应控制在 6 ～ 12mm。距离过小时，影响工人的视线，且易导致钨极与熔池的接触，使焊缝夹钨并降低钨极寿命；距离过大时，保护效果差，电弧不稳定。

表 4-11 给出了不锈钢和碳钢对接手工 TIG 平焊的典型焊接工艺参数（DCSP）。表 4-12 给出了纯铝手工 TIG 焊的典型焊接工艺参数（AC）。表 4-13 给出了不锈钢脉冲 TIG 焊典型焊接工艺参数（DCSP）。表 4-14 给出了几种铝合金脉冲 TIG 焊的典型焊接工艺参数（AC）。

表 4-11　不锈钢和碳钢对接手工 TIG 平焊的典型焊接工艺参数（DCSP）

接头形状与尺寸			焊接参数						消耗	
示意图	厚度/mm	层数	喷嘴直径/mm	焊丝直径/mm	钨极直径/mm	氩气流量/L·min⁻¹	焊接电流/A	焊接速度/m·h⁻¹	焊丝/kg·h⁻¹	氩气/L·m⁻¹
	0.25	1	6.4 或 9.5	—	0.8	2	8	23	—	5.2
	0.35	1		—	0.8	2	10 ～ 12	23	—	5.2
	0.56	1		1.2	1.2	3	15 ～ 20	23 ～ 18	0.013	7.8 或 9.9

接头形状与尺寸			焊接参数						消耗	
示意图	厚度/mm	层数	喷嘴直径/mm	焊丝直径/mm	钨极直径/mm	氩气流量/L·min⁻¹	焊接电流/A	焊接速度/m·h⁻¹	焊丝/kg·h⁻¹	氩气/L·m⁻¹
	0.9	1	6.4 或 9.5	1.2 或 1.6	1.2 或 8.6	3	25	15	0.015	12
	1.2	1	9.5	1.6	1.6	3	35	15	0.018	12
	1.6	1	9.5	1.6	1.6	4	50～60	12	0.022	20
	2.0	1	9.5	1.6 或 2.4	1.6	4	25	12	0.037	20
	2.6	1	9.5 或 12.7	2.4	1.6	4	85～90	9	0.045	27
	3.3	1	9.5 或 12.7	2.4 或 3.2	1.6 或 2.4	5	125	9	0.074	67
	3.3	2	9.5 或 12.7	2.4 或 3.2	1.6 或 2.4	5	一层 125 二层 90	9	0.074	6.7
	4.8	2	12.7	3.2	2.4	5	一层 100 二层 125	9	0.30	6.7
	6.4	3	12.7	3.2	2.4	5	一层 100 二层 150	9	0.45	100
	6.4	3	12.7	3.2	2.4	5	一层 125 二层 150	9	0.30	100

表 4-12　纯铝手工 TIG 焊的典型焊接工艺参数（AC）

接头形状与尺寸			焊接参数						消耗		
示意图	厚度/mm	层数	喷嘴直径/mm	焊丝直径/mm	钨极直径/mm	氩气流量/L·min⁻¹	焊接电流/A	焊接速度/m·h⁻¹	焊丝/kg·m⁻¹	氩气/L·m⁻¹	燃弧时间/min·m⁻¹
	0.9	1	9.5	1.6	1.6	5	45～60	21	0.007	14	2.8
	1.2	1	9.5	2.4	2.4	5	60～70	18	0.018	17	3.3
	1.6	1	9.5	2.4	3.2	5	75～90	18	0.024	17	3.3
	2.0	1	12.7	2.4	3.2	5	90～110	18	0.028	17	3.3
	2.6	1	12.7	3.2	3.2	6	110～120	18	0.034	20	3.3
	3.3	1	12.7	3.2	3.2	6	135～150	17	0.047	21	3.5

接头形状与尺寸			焊接参数						消耗		
示意图	厚度/mm	层数	喷嘴直径/mm	焊丝直径/mm	钨极直径/mm	氩气流量/L·min⁻¹	焊接电流/A	焊接速度/m·h⁻¹	焊丝/kg·m⁻¹	氩气/L·m⁻¹	燃弧时间/min·m⁻¹
	4.8	1	12.7	3.2	4.8	7	150～200	15	0.09	28	4.0
	6.4	1	16	4.8	4.8	7	200～250	15	0.13	28	4.0
	9.5	2	16	4.8	6.4	8	270～320	10～12	0.22	87	10.9
	12.7	2	16	6.4	8.0	9	320～380	9～10	0.28	108	12.0

注：平焊位置。

表 4-13　不锈钢脉冲 TIG 焊典型焊接工艺参数（DCSP）

板厚/mm	电流/A		持续时间/s		脉冲频率/Hz	弧长/mm	焊接速度/cm·min⁻¹
	脉冲	基值	脉冲	基值			
0.8	20～22	5～8	0.06～0.08	0.06	8	0.6～0.8	50～60
0.5	55～60	10	0.08	0.06	7	0.8～1.0	55～60
0.8	85	10	0.12	0.08	5	0.8～1.0	80～100

表 4-14　几种铝合金脉冲 TIG 焊的典型焊接工艺参数（AC）

材料	板厚/mm	焊丝直径/mm	电流/A		脉宽比/%	频率/Hz	电弧电压/V	气体流量/L·min⁻¹
			脉冲	基值				
5A03	2.5	2.5	95	50	33	2	15	5
5A03	1.5	2.5	80	45	33	1.7	14	5
5A06	2.0	2	83	44	33	2.5	10	5

4.6

高效熔化极氩弧焊

由于钨极载流能力小且电弧热效率系数低，钨极氩弧焊（TIG 焊）具有熔透能力低、焊接速度慢等固有缺点。针对这一问题，焊接研究人员提出多种解决措施，发明了多种 TIG 焊新工艺，如活性 TIG 焊、TOP-TIG 焊和热丝 TIG 焊等。

4.6.1 热丝 TIG 焊

（1）热丝 TIG 焊工艺原理

热丝 TIG 焊利用一专用电源对填充焊丝进行加热，该电源称为热丝电源，如图 4-24 所示。送入到熔池中的焊丝载有低压电流，该电流对焊丝进行有效预热，因此，进入熔池的焊丝具有很高的温度，接触熔池后迅速熔化，熔敷速度显著提高。另外，高温焊丝降低了对电弧热的消耗，有利于提高熔深或焊接速度。

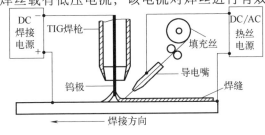

图 4-24　热丝 TIG 焊的原理

由于热丝必须始终与熔池接触并保持一定的角度，以导通热丝电流，因此这种焊接方法只能采用自动操作方式。

焊丝的加热效果取决于热丝电流、焊丝干伸长度和送丝速度。干伸长度一般控制在 15 ～ 50mm。在焊丝干伸长度一定时，送丝速度必须与热丝电流适当匹配。热丝电流过高，焊丝大块熔断，焊丝与熔池脱离接触；热丝电流中断，形成不连续焊缝；热丝电流过低，会使焊丝插入熔池，发生固态短路。

焊丝中的热丝电流会产生磁场，该磁场容易导致电弧发生偏吹，为了避免这种磁偏吹，应采用如下几个措施：

① 减小焊丝与钨极之间的夹角。送丝 TIG 焊时冷丝与钨极之间的夹角接近 90°，热丝 TIG 焊要控制在 40°～ 60°，如图 4-25 所示。

(a) 热丝TIG焊　　　　　　(b) 冷丝TIG焊

图 4-25　热丝和冷丝 TIG 焊填丝角度

② 热丝电流和焊接电流都采用脉冲电流，并将两者的相位差控制在 180°，如图 4-26 所示。焊接电流为峰值电流时，热丝电流为零，不产生磁偏吹，电弧热量用来加热工件，形成熔池。焊接电流为基值电流时，热丝

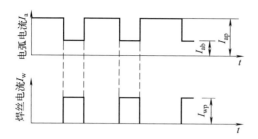

图 4-26　热丝电流和焊接电流相位匹配

电流为峰值电流，电弧在焊丝磁场的吸引下偏向焊丝。尽管此时产生一定的磁偏吹，但基值电弧主要起维弧作用，对熔深和熔池行为影响很小。

（2）热丝 TIG 焊的特点

与传统 TIG 焊相比，热丝 TIG 焊具有如下优点：

① 熔敷速度大：在相同电流条件下，熔敷速度最多可提高 60%，如图 4-27 所示。

② 焊接速度大：在相同电流条件下，焊接速度最多可提高 100% 以上。

③ 熔敷金属的稀释率低：最多可降低 60%。

④ 焊接变形小：由于用热丝电流预热焊丝，在同样熔深下所需的焊接电流小，有利于降低热输入，减小焊接变形。

⑤ 气孔敏感性小：热丝电流的加热使得焊丝在填入熔池之前就达到很高的温度，有机物等污染物提前挥发，使焊接区域中氢气含量降低。

⑥ 合金元素烧损少：在同样熔深下所需热输入小，降低了熔池温度，减少了合金元素烧损。

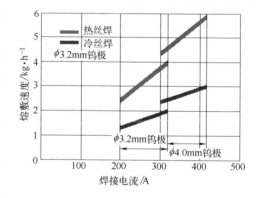

图 4-27　热丝 TIG 焊和冷丝 TIG 焊的熔敷速度比较

（3）热丝 TIG 焊的应用

热丝 TIG 焊适用于碳钢、合金钢、不锈钢、镍基合金、双相或多相钢、铝合金和钛合金等的薄板及中厚板焊接，特别适用于窄间隙 TIG 焊及钨铬钴合金系表面堆焊。

4.6.2　TOP-TIG 焊

（1）TOP-TIG 焊工艺原理

TOP-TIG 焊是通过集成在喷嘴侧壁上的送丝嘴进行送丝的一种 TIG 焊方法，如图 4-28 所示。焊丝从喷嘴的侧壁送入电弧，穿过电弧后进入熔池。焊丝与钨极轴线之间的夹角保持在 20° 左右，控制钨极端部锥角角度，使焊丝平行于相邻的钨极锥面。焊丝通过送丝嘴时被高温喷嘴预热，进入电弧中温度最高的区域（钨极端部附近）后进一步被加热，因此其可用的送丝速度显著提高，由于利用了喷嘴预热和用弧柱的热量加热焊丝，电弧能量利用率也有较大提高，如图4-29和图4-30所示。

TOP-TIG焊熔滴过渡方式主要有滴状过渡、接触滴状过渡和连续接触过渡等三种，如图4-31所示。其主要影响因素是送丝速度，焊接电流和送丝方向对熔滴过渡方式也有一定影响。送丝速度较低时，熔滴过渡为滴状过渡；随着送丝速度的提高，滴状过渡频率增大；当送丝速度提高到一定程度时，自由滴状过渡转变为接触滴状过渡；继续增大送丝速度到一定程度，接触滴状过渡转变为连续接触过渡。图4-32给出了一定电流下送丝速度对熔滴过渡方式的影响。

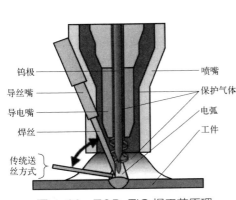

图4-28 TOP-TIG焊工艺原理

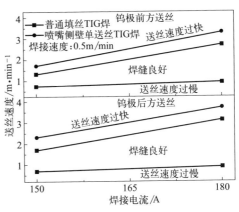

图4-29 TOP-TIG焊与普通填丝TIG焊的送丝速度适用范围

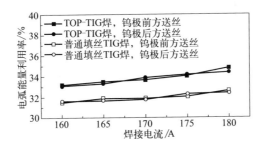

图4-30 不同电流下TOP-TIG焊与普通填丝TIG焊的电弧能量利用率

（2）TOP-TIG焊的特点及应用

① TOP-TIG焊的优点：

a. 与普通填丝TIG焊相比，操作方便灵活，焊缝方向变化时无需改变焊丝的送进方向。

(a) 滴状过渡(焊接电流180A、送丝速度0.3m/min、焊接速度0.5m/min)

(b) 接触滴状过渡(焊接电流180A、送丝速度1.3m/min、焊接速度0.5m/min)

(c) 连续接触过渡(焊接电流150A、送丝速度1.7m/min、焊接速度0.5m/min)

图 4-31　钨极前方送丝时 TOP-TIG 焊的熔滴过渡

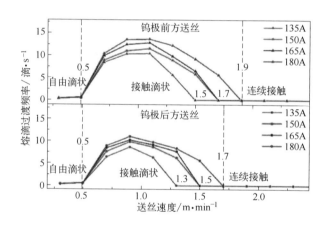

图 4-32　送丝速度对 TOP-TIG 焊的熔滴过渡方式的影响

　　b. 焊接速度快，能量利用率高。高温喷嘴和钨极附近高温弧柱区对焊丝进行了强烈的预热，这显著提高了电弧热量利用率，提高了熔敷速度和焊接速度。

　　c. 与 MIG/MAG 焊相比，焊缝质量好、无飞溅、噪声小。

　　d. 钨极到工件的距离对焊接质量影响不像传统 TIG 焊那样大，拓宽了工艺窗口。

　　② TOP-TIG 焊缺点：TOP-TIG 焊对钨极端部形状要求极其严格，因此只能采用直流正接法进行焊接，不能采用交流电弧。

③ 应用：TOP-TIG 焊可用来焊接镀锌钢、不锈钢、钛合金和镍金属合金等，焊接薄板时效率高于 MIG /MAG 焊。由于不能采用交流电流，因此这种方法一般不用于铝、镁等活泼金属及其合金的焊接。

（3）TOP-TIG 焊工艺

TOP-TIG 焊的主要工艺参数有丝极间距（钨极到焊丝端部的距离）、钨极直径、焊丝直径、焊接电流、送丝速度和焊接速度等。丝极间距一般取焊丝直径的 1 ~ 1.5 倍。常用的钨极直径为 2.4mm 和 3.2mm，电流上限分别为 230A 和 300A。常用的焊丝直径为 0.8mm、1.0mm 和 1.2mm 三种。TOP-TIG 焊主要焊接参数对焊缝成型的影响规律见表 4-15。

表 4-15　主要焊接参数对焊缝成型的影响规律

参数	参数变化趋势	焊缝成型变化趋势		
		熔深	熔宽	余高
焊接电流	增大	增大	增大	减小
	减小	减小	减小	增大
电弧电压	增大	减小	增大	减小
	减小	增大	减小	增大
送丝速度	增大	减小	减小	增大
	减小	增大	增大	减小
焊接速度	增大	减小	减小	减小
	减小	增大	增大	增大

4.6.3　匙孔 TIG 焊

（1）匙孔 TIG 焊工艺原理

匙孔 TIG 焊（K-TIG 焊）是一种采用 6mm 以上粗钨极、300A 以上大电流的钨极氩弧焊。焊接过程中，强大的焊接电流使电磁收缩力和等离子流力显著增大，电弧挺度提高，电弧穿透力也大大加强，工件熔透后在电弧正下方的熔池部位产生一个贯穿工件厚度的小孔，如图 4-33 所示。匙孔稳定存在的条件为金属蒸气的蒸发反力、电弧压力、熔池金属表面张力等力平衡。匙孔的形状主要受焊接电流、焊接材料的密度、表面张力、热导率等参数的影响，理想的匙孔形状如图 4-34 所示。

（2）匙孔 TIG 焊设备

因为焊接电流大，匙孔 TIG 焊的电源不能用传统的 TIG 焊电源，需要采用额定电流更大的特制电源或采用埋弧焊电源，采用埋弧焊电源时需要增加高频或高压发生器，以保证电弧引燃及稳定燃烧。

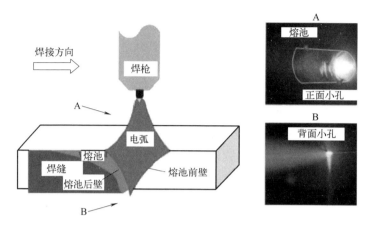

图 4-33　K-TIG 焊原理

　　与普通焊枪相比，匙孔 TIG 焊枪体积和重量要大得多。图 4-35 给出了匙孔 TIG 焊枪结构示意图。喷嘴一般采用铜质喷嘴，喷嘴孔径较大，为了保证良好的气体保护效果，保护气流量一般大于 20L/min。钨极直径在 6mm 以上，而且需要强力水冷。冷却水尽量包围大部分钨极，保证钨极最大程度地冷却，使得钨极发射电子点集中在一个 1mm 的区域内，实现"电弧冷压缩"以有效增加电流密度，进而增大电弧穿透力，保证焊接过程匙孔的稳定形成。

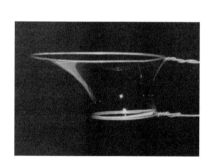

图 4-34　理想的匙孔形状

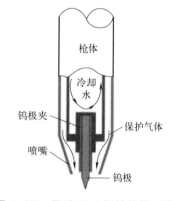

图 4-35　匙孔 TIG 焊枪结构示意图

（3）匙孔 TIG 焊的工艺特点

匙孔 TIG 焊具有如下优点：

① 熔深能力大，常规速度（0.2 ～ 0.3m/min）下，不开坡口、不填焊丝时一次可焊透 12mm 厚不锈钢或钛合金。

② 焊接速度快，焊接 3mm 厚不锈钢时，焊接速度可达 1m/min。

③ 焊缝成型好、焊接变形小。

④ 电弧热效率系数高，能量利用率高。由于电流大，钨极的热发射能力强，其导电机理接近于理想的热发射型阴极，阴极压降极低，钨极上消耗的电弧热量很小，因此电弧热效率系数提高。

匙孔 TIG 焊的缺点是只能焊接不锈钢、钛合金、锆合金等热导率较低的金属，对于铝合金、铜合金等热导率较高的金属，匙孔根部宽度较大，熔池稳定性很低，难以获得良好的焊缝。

（4）焊接工艺

匙孔 TIG 焊常用电流范围为 300 ～ 1000A、电弧电压为 16 ～ 20V、钨极直径为 6.0 ～ 8.0mm、钨极的锥角为 60°。

4.6.4 A-TIG 焊

（1）A-TIG 焊工艺原理

A-TIG 焊（activating flux TIG welding）即指"活性化 TIG 焊"，是一种通过焊前在焊道上涂敷活性剂层来增大焊接熔深或提高焊接速度的 TIG 焊方法。图 4-36 给出了活性剂对焊缝熔深及熔宽的影响。

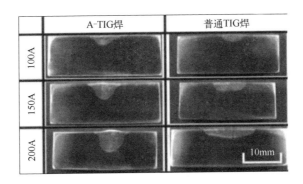

图 4-36　活性剂对焊缝熔深及熔宽的影响

活性剂的成分主要为氧化物、卤化物等。不同成分的活性剂适用于不同的母材，具有不同的熔深增大机理。

不锈钢的活性剂主要是金属和非金属氧化物，如 SiO_2、TiO_2、Fe_2O_3 和 Cr_2O_3；钛合金的活性剂主要是卤化物，如 CaF_2、NaF、$CaCl_2$ 和 AlF_3；碳锰钢的活性剂主要为氧化物和氟化物的混合物，其活性剂的配方（质量分数）大致为 SiO_2（57.3%）+NaF（6.4%）+TiO_2（13.6%）+Ti 粉（13.6%）+Cr_2O_3（9.1%）。

① 电弧收缩机理（负离子形成理论）。电弧收缩机理适用于卤化物活性剂。在电弧高温下，卤化物活性剂分解出 F 或 Cl 原子。在温度较低的电弧周边区域，活性剂分解出来的这些卤族原子捕捉该区域中的电子形成负离子并消耗电子。虽然负离子所带的电量与电子相同，但因为它的质量比电子大得多，不能有效担负导电任务，这使得电弧有效断面面积减小，如图4-37所示。电弧受到压缩后，电流密度增大，热量更加集中，从而使焊接熔深增大、熔宽减小。

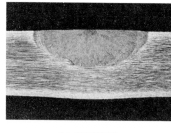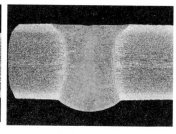

(a) 电弧收缩　　　　　　　(b) 普通TIG焊　　　　　(c) 使用了卤化物的A-TIG焊

图4-37　电弧收缩机理

② 阳极斑点收缩机理。该理论适用于非金属硫化物和氧化物活性剂。活性剂的添加使得熔池表面不易产生金属蒸气。阳极斑点总是产生在有金属蒸气的部位，金属蒸气产生区域减小时，阳极斑点的面积减小，电弧受到压缩的同时（如图4-38所示），熔池中电流线发散程度增大，熔池内部电磁收缩力导致的汇聚流加强，而熔池表面的等离子弧导致的发散流受到抑制，从而形成较大的熔深。

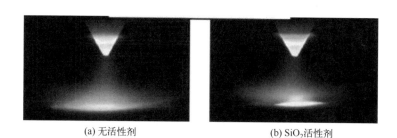

(a) 无活性剂　　　　　　　　　(b) SiO$_2$活性剂

图4-38　阳极斑点收缩（母材为304不锈钢、焊接电流200A、氩气保护）

通过测试电弧电压可验证阳极斑点收缩。采用图4-39 (a) 所示的不锈钢试件，在试件右半区域涂敷活性剂 SiO_2，在相同的焊接电流和电弧长度下从左向右焊接，测得的电弧电压的变化如图4-39 (b) 所示，可以看出电弧从无活性剂区进入有活性剂区后电弧电压明显增加，这说明电弧受到了压缩。

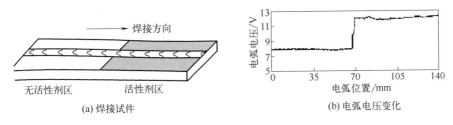

图4-39　SiO_2 活性剂对电弧电压的影响

③ 表面张力梯度变化机理。该理论主要适用于金属氧化物活性剂。熔池中没有表面活性元素时，表面张力主要取决于温度，表面张力温度系数是负的，熔池中心部位液态金属温度高、表面张力小，周边处液态金属温度低、表面张力大。在这种表面张力梯度作用下，熔池金属沿着表面从中心向四周流动，中心处的高温液态金属把热量带到熔池边缘，使得熔宽增大；熔池金属在沿着熔池侧壁流到熔池底部时已经没有多余的热量，不能使得熔深增大，因此熔宽大、熔深小，如图4-40 (a) 所示。如果活性剂能分解出氧等表面活性物质，表面活性元素将使得熔池金属的表面张力从负的温度系数转变为正的温度系数。这是因为温度高的熔池表面中心处，氧元素因蒸发出熔池表面而含量较低；而周边温度低的部位氧含量较高，表面张力显著降低。在这种

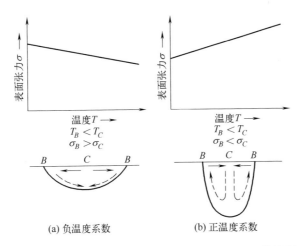

图4-40　表面张力梯度对熔池金属对流及熔池形状的影响

温度梯度作用下，熔池金属沿着表面从四周向中心流动，流动到中心后被电弧中心的高温加热，然后沿着熔池中心线向下流动，把热量带到熔池底部，使焊接熔深增大，如图4-40（b）所示。

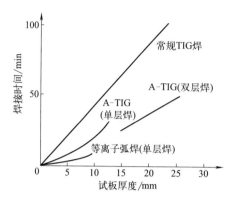

图4-41　不同焊接方法焊接1m长度焊
缝所需的时间比较

（2）A-TIG焊的特点及应用

A-TIG焊具有如下优点：

① 熔透能力显著提高，传统TIG焊单道焊只能焊透3mm厚的不锈钢，而A-TIG焊可焊透12mm厚的不锈钢，这显著提高了焊接效率，如图4-41所示。

② A-TIG焊的焊缝形状更加合理，其正反面熔化宽度变化小，厚度方向熔宽均匀，如图4-36所示。

③ 焊接变形小，这是因为A-TIG焊熔深能力大，同样板厚所需的焊道数和热输入均降低，而厚度方向熔宽变化小又进一步降低了角变形。

④ 活性剂可提高溶质中活性元素的含量，可消除微量元素差异造成的焊缝熔深不均匀现象。

⑤ 可避免焊件散热条件变化或者夹具压紧程度不一致所导致的背面蛇形焊道、熔透不均匀、非对称焊缝，提高焊缝成型质量。

⑥ 通过调整活性剂的成分，可以改善焊缝的组织和性能。例如，对于表面清理不当、保护不当或者潮湿气候下的钛合金焊接，常规TIG焊缝中容易出现气孔，而采取活性化焊接后，气孔不会出现。

A-TIG焊的缺点是活性剂的使用增加了焊接成本，而且焊缝表面质量比普通TIG焊明显变差。

适用A-TIG焊的材料有不锈钢、碳素钢、钛合金、镍基合金、铜镍合金等，目前主要用于核电管道、压力容器等的焊接。

4.6.5　双钨极氩弧焊

（1）双钨极氩弧焊的工艺原理

双钨极氩弧焊（TETW焊）是利用安装在同一把焊枪中的两根相互绝缘的钨极与工件之间产生的电弧进行焊接的一种钨极氩弧焊，如图4-42所示。两根钨极各自连接独立的电源，电流可以单独控制，钨极可沿着焊接方向并列布置，也可前后纵列布置。钨极的间距和电流大小对电弧形态、电弧静特性和电弧压力分布具有显著影响。

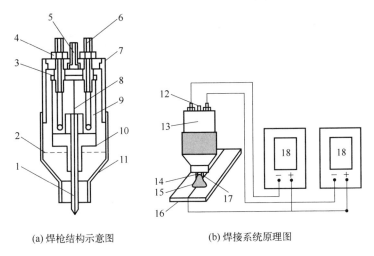

(a) 焊枪结构示意图　　　　(b) 焊接系统原理图

图 4-42　双钨极氩弧焊

1, 14, 17—钨极；2—铜丝网；3—散气片；4—锁紧螺母；5, 12—进气口；6—导电极；7, 13—焊枪本体；
8—绝缘层；9—导电体；10—钨极夹；11—喷嘴；15—耦合电弧；16—焊件；18—电源

图 4-43 所示为钨极间距对双钨极氩弧形态的影响，焊接电流为100A+100A、弧长为3mm、钨极间距分别为2mm、3mm、4mm、5mm。可看出，两根钨极与工件之间仅产生一个电弧，而不是两个电弧。随着钨极间距的增大，电弧断面直径增大，钨极尖端之间的电弧有上升趋势。

2mm　　　　3mm　　　　4mm　　　　5mm

图 4-43　不同钨极间距下双钨极氩弧形态

图 4-44 所示为不同焊接电流下双钨极氩弧形态。焊接时钨极间距为 5mm、弧长为 3mm、焊接电流分别为 100A+100A、120A+120A、150A+150A。随着焊接电流的增大，钨极间电弧向上"爬升"，电弧体积增大，同时，电弧下端向外部扩展，电弧形态由小电流的"钟罩形"逐渐转变为大电流的"锥形"，电弧挺度增大。

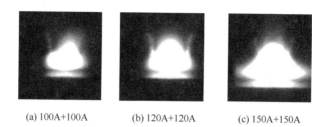

(a) 100A+100A   (b) 120A+120A   (c) 150A+150A

图4-44   不同焊接电流下双钨极氩弧形态

图 4-45 比较了不同电流下 TIG 电弧与双钨极氩弧的电弧压力分布。相同焊接电流下，双钨极电弧的最大压力比 TIG 电弧最大压力小得多，而且压力分布较平缓。

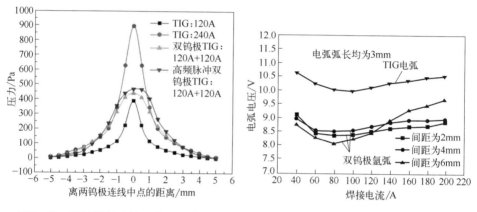

图4-45   不同焊接电流下电弧压力分布

图4-46   双钨极氩弧与普通TIG电弧的静特性比较

双钨极氩弧的静特性曲线显著低于普通 TIG 电弧，也就是说，在相同电流下的双钨极氩弧电压均低于普通 TIG 电弧电压，如图 4-46 所示。这是因为电弧中存在两个钨极，钨极的热发生能力增大、阴极压降减小。钨极间距对静特性形状具有明显的影响，间距为 2mm 和 4mm 时，静特性曲线的变化趋势与 TIG 基本相同；间距为 6mm 时，双钨极 TIG 电弧静特性曲线在大电流范围内呈现出明显的上升特性。

（2）双钨极氩弧焊的特点及应用

双钨极氩弧焊具有如下优点：

① 熔敷速度高。双钨极氩弧焊既可填充一根焊丝，也可同时填充两根焊丝。填充一根焊丝时，熔敷速度可比普通冷丝 TIG 焊提高 20%。填充两根热丝时，双钨极氩弧焊的熔敷速度可达到普通冷丝 TIG 焊的 3 ～ 5 倍。

② 适用于坡口焊缝焊接。由于采用了两根钨极，焊接电流可显著提高，在某些场合下可替代埋弧焊进行厚板焊接，而且所需的坡口尺寸小，比如 X 形坡口仅需 40°左右，比埋弧焊坡口横截面积减小了 15%，从而减少了所需的熔敷金属量。

③ 通过控制电流波形和摆动可适用于厚板的平焊、立焊和横焊等焊接位置。

④ 焊接过程稳定、焊缝表面成型好。双钨极氩弧焊钨极不熔化，电弧中没有熔滴的影响，因此电弧和焊接过程稳定性好，焊缝表面成型良好，不用背面清根及焊后打磨等工序。

⑤ 由于电弧压力低，两根钨极纵列布置的双钨极氩弧焊适用于薄板的高速焊接。

双钨极氩弧焊主要用来在某些不能使用埋弧焊的场合下对不锈钢、耐热钢、含镍钢厚板的坡口焊缝进行焊接。例如大型的 9%Ni 钢液化天然气储罐的焊接需要进行非平焊位置的焊接，无法使用埋弧焊，利用热丝双钨极氩弧焊具有很大的优势。

思 考 题

1. TIG 焊有何工艺特点？主要用来焊接哪些材料？

2. 为什么 TIG 焊通常情况下只能焊薄板？

3. 利用 TIG 焊接铝和镁合金时，通常采用什么类型的电源？为什么？

4. 焊接不锈钢、钛合金、低合金钢等材料时，TIG 焊采用哪种极性接法？为什么？

5. TIG 焊所用的钨极一般为铈钨极或钍钨极，而不用纯钨极，为什么？

6. 氦气作为保护气体的 TIG 焊电弧电压比氩气作为保护气体的 TIG 焊显著提高，为什么？

7. 脉冲频率对脉冲 TIG 焊的工艺特点有何影响？

8. 与普通 TIG 焊相比，脉冲 TIG 焊有何工艺优点？

9. TIG 焊通常采用什么外特性的电源？为什么？

10. TIG 焊一般不能采用接触引弧，为什么？其常用的引弧方式是什么？

11. 为什么交流 TIG 焊时易产生直流分量？直流分量有何危害？如何有效消除直流分量？

12. 如何保证正弦波交流 TIG 焊电弧的稳定燃烧？

13. TIG 焊常用的接头和坡口形式有哪些？选择坡口形式的原则是什么？

14. 为什么低频脉冲 TIG 焊的通电量对焊缝的熔深具有决定性的影响？

15. TIG 焊常用的钨极端部形状有哪些？其对焊缝形状和电弧稳定性有何影响？各自用于什么条件下？

16. 为什么 TIG 焊的电弧电压不能直接设定？电弧电压的大小取决于哪些因素？

17. 什么是钨极伸出长度？焊接生产中一般采用多大的钨极伸出长度？

18. 普通 TIG 焊有哪些局限性？

19. 与普通 TIG 焊相比，热丝 TIG 焊有何工艺优点？

20. 热丝 TIG 焊的焊丝是如何预热的？其填丝方式与冷丝 TIG 焊有何区别？

21. 如何避免热丝电流与电弧电流间的电磁交互作用？

22. 为什么说 TOP-TIG 焊电弧的热效率系数明显高于普通 TIG 焊？

23. 与普通 TIG 焊相比，TOP-TIG 焊有何工艺优点？

24. TOP-TIG 焊的熔滴过渡方式有哪些？熔滴过渡受哪些因素的影响？

25. 为什么说 K-TIG 焊电弧的热效率系数显著高于普通 TIG 焊？

26. 什么是 A-TIG 焊？有何工艺特点？

27. A-TIG 焊的活性剂有哪些？各自适用于什么材料的焊接？

28. 活性剂是如何增大 A-TIG 焊熔深的？

29. 双钨极氩弧焊有何工艺特点？钨极间距对电弧形态有何影响？

扫码获取数字资源，使你的学习事半功倍

配套习题与答案　　　　自主监测学习效果

配套课件　　　　　　　难点重点反复阅读

在线视频　　　　　　　直观了解相关知识

第**5**章

熔化极气体保护焊

5.1
基本原理、特点及应用

5.1.1 基本原理及分类

（1）基本原理

熔化极气体保护焊（GMAW）是一种利用燃烧在焊丝与工件之间的电弧作热源熔化焊丝和工件，利用从焊枪喷嘴中喷出的气体对电弧、熔滴和熔池进行保护的电弧焊方法。熔化的焊丝金属从焊丝端部过渡到熔池，与熔化的母材金属共同构成熔池，电弧前移，熔池尾部结晶成焊缝，如图 5-1 所示。

（2）分类

按所用保护气体性质的不同，熔化极气体保护焊可分为熔化极惰性气体保护焊（MIG 焊）、熔化极活性气体保护焊（MAG 焊）和 CO_2 气体保护焊（简称 CO_2 焊）。各种方法所用的保护气体

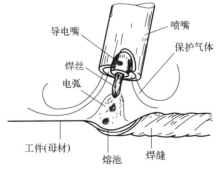

图 5-1 熔化极气体保护电弧焊原理示意图

如图 5-2 所示。

根据操作方式，熔化极气体保护焊可分为自动焊和半自动焊两种。焊枪移动通过手工实现的称为半自动焊；焊枪的移动通过机械装置拖动实现的则称为自动焊。

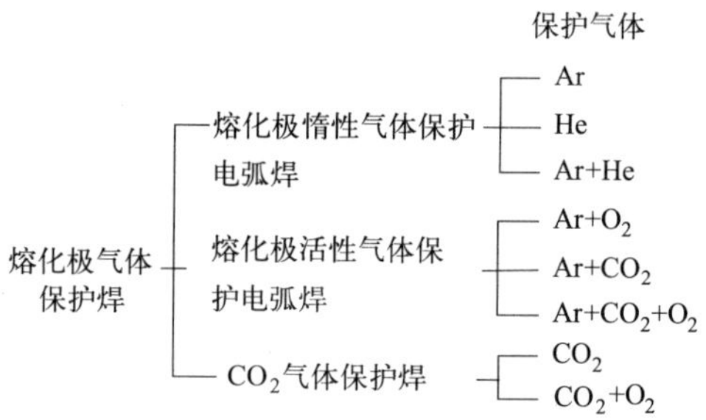

图 5-2　根据保护气体性质不同进行的熔化极气体保护焊分类

5.1.2　特点及应用

（1）优点

① 适用范围广。熔化极气体保护焊几乎可焊接所有的金属。MIG 焊适用于铝及铝合金、钛及钛合金、铜及铜合金以及不锈钢的焊接；CO_2 气体保护焊适用于低碳钢和低合金钢的焊接；而 MAG 焊适用于各种钢的焊接。熔化极气体保护焊既可焊接薄板又可焊接中等厚度和大厚度的板材，而且可适用于所有焊接位置的焊接。

② 生产率较高、焊接变形小。由于使用焊丝作为电极，允许使用的电流密度较高，因此 GMAW 具有熔深大、熔敷速度快的特点。用于焊接厚度较大的铝、铜等金属及其合金时，GMAW 比 TIG 焊所用的层道数少，焊件变形小。

③ 焊接过程易于实现自动化和质量控制。熔化极氩弧焊的电弧是明弧，焊接过程参数稳定，易于检测及控制，因此容易实现自动化和焊接质量自动控制。

④ 对氧化膜不敏感。熔化极气体保护焊一般采用直流反接，焊接铝及铝合金时具有很强的阴极雾化作用，因此焊前对氧化膜清理要求很低。

（2）缺点

① 受环境制约，气体保护对风速很敏感，室外焊接时为了确保焊接区获得良好的气体保护效果，需采用防风装置。

② 半自动焊枪比焊条电弧焊钳重，操作灵活性较差，焊枪可达性差。

（3）应用

① 适用的材料。MIG 焊适用于铝、铜、钛及其合金耐热钢的焊接；MAG 焊适用于各种钢的焊接；而 CO_2 气体保护焊主要用于焊接碳钢、低合金高强度钢。对于碳钢、低合金高强度钢，MAG 焊常焊接较为重要的金属结构，CO_2 气体保护焊则广泛用于普通的金属结构。

② 适用的焊接位置。熔化极气体保护焊适应性较好，适用于各种焊接位

置，其中以平焊位置和横焊位置焊接效率最高，其他焊接位置的效率也比焊条电弧焊高。

③ 可焊厚度。表 5-1 给出了熔化极气体保护焊适用的厚度范围。原则上开坡口多层焊的厚度是无限的，它仅受经济因素限制。

表 5-1　熔化极气体保护焊适用的厚度范围

焊件厚度 /mm	0.13	0.4	1.6	3.2	4.8	6.4	10	12.7	19	25	51	102	203
单层无坡口细焊丝		⟵		⟶									
单层带坡口			⟵			⟶							
多层带坡口 CO_2 焊				⟵				⟶	- - -				

5.2
熔化极气体保护焊的熔滴过渡

熔化极气体保护焊的熔滴过渡形式取决于保护气体的种类、焊丝的类型及焊接工艺参数，常见形式有短路过渡、滴状过渡、细颗粒过渡、喷射过渡和脉冲喷射过渡等几种。对于钢的 MAG 焊，喷射过渡表现为射流；对于铝的 MIG 焊，喷射过渡表现为射滴。图 5-3 给出了钢的 MAG 焊、铝的 MIG 焊及 CO_2 气体保护焊工艺参数对熔滴过渡的影响。

大滴过渡产生在电弧电压较高、焊接电流较小的情况下。由于这种过渡工艺很不稳定，而且焊缝易出现熔合不良、未焊透、余高过大等缺陷，因此在实际焊接中一般不用。CO_2 气体保护焊的混合过渡飞溅大、电弧稳定性差，实际焊接过程一般也不用。熔化极气体保护焊可用的过渡形式有短路过渡、喷射过渡、亚射流过渡和脉冲喷射过渡。

5.2.1　短路过渡

采用细丝（焊丝直径一般不大于 1.6mm），并配以小电流、低电压进行焊接时，熔滴过渡为短路过渡。其工艺特点是熔池体积小、凝固速度快，熔池易于保持、不易流失，因此适用于薄板焊接及全位置焊接。短路过渡是 CO_2 气体保护焊最常用的过渡方法。MAG 焊和 MIG 焊较少使用短路过渡，薄板和空间位置焊接时一般使用脉冲喷射过渡。

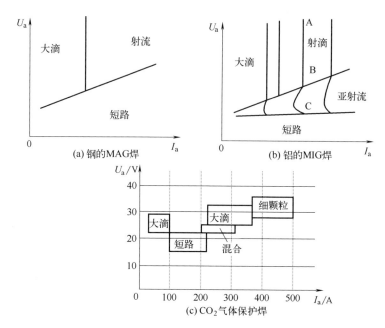

图 5-3 钢的 MAG 焊、铝的 MIG 焊及 CO_2 气体保护焊工艺参数对熔滴过渡的影响

由于电弧电压小、弧长短，熔滴在长大过程中就与熔池发生短路。短路后，熔滴金属在表面张力及电磁收缩力的作用下流散到熔池中，形成短路液态金属小桥；同时短路电流以一定的速度 di/dt 上升。短路小桥在不断增大的短路电流作用下快速缩颈，缩颈处的局部电阻迅速增大，致使电阻热急速增大。当短路小桥达到临界缩颈状态时，急速增大的电阻热使缩颈部位气化爆断，将熔滴推向熔池，完成一次过渡。图 5-4 给出了短路过渡过程图像及电弧电流和电压的变化规律。

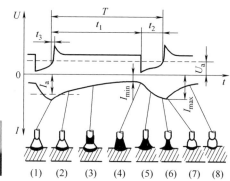

(a) 短路过渡过程图像   (b) 电弧电流及电压的变化规律

图 5-4 短路过渡过程图像及电弧电流和电压的变化规律

T—短路过渡周期；t_2—短路时间；t_1—燃弧时间；t_3—空载电压恢复时间；U_a—电弧电压；
I_{min}—最小电流；I_{max}—最大电流

短路过渡是一个电弧周期性"燃烧 - 熄灭"的动态过程，其稳定性取决于短路周期和熔滴的尺寸。短路周期越短（短路频率越大），熔滴尺寸越小，短路过渡过程越稳定。为了保证该动态过程的稳定性并减少飞溅，CO_2气体保护焊所用的电源应满足如下运动特性要求：(a) 电源的空载电压上升速度要快，以保证过渡完成后，电弧能够顺利引燃；(b) 短路电流上升速度 di/dt 要适当。短路小桥的位置及爆破能量直接决定了飞溅的大小。当 di/dt 过小时，在很长的时间内短路小桥达不到临界缩颈状态，继续送进的焊丝与熔池底部的固态金属短路，导致焊丝弯曲；弯曲部位爆断后电弧重燃，重燃的电弧对熔滴和熔池形成很大的冲击作用，导致大颗粒飞溅，甚至是固体焊丝飞溅。当 di/dt 过大时，熔滴与熔池一断路，短路电流就增长到一个很大的数值，使缩颈产生在熔滴与熔池的接触部位，该部位的爆破力使大部分熔滴金属飞溅出来。di/dt 可通过在焊接回路中加一适当的电感来调节。

$$di/dt= (U_0 - iR)/L$$

式中　U_0 ——电源空载电压；

　　　i ——瞬时电流；

　　　R ——焊接回路中的电阻；

　　　L ——焊接回路中的电感。

5.2.2　细颗粒过渡

采用粗丝（焊丝直径一般不小于1.6mm）、大电流、高电压进行 CO_2 气体保护焊焊接时，熔滴过渡为细颗粒过渡，如图 5-5 所示。这种过渡方式的特点是：

① 电弧大半潜入或全部潜入工件表面之下（取决于焊接电流大小），熔池较深；

② 熔滴以细小的尺寸、较大的速度沿焊丝轴向过渡到熔池中；

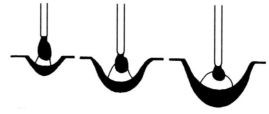

(a) 半潜弧状态　(b) 临界潜弧状态　(c) 深潜弧状态

图 5-5　细颗粒过渡

③ 正常情况下，过渡过程中不发生短路，对电源的动特性没有特殊要求，但是由于 CO_2 气体保护焊电弧对称性差，偶尔会发生意外短路，这种意外短路会导致很大的飞溅，因此焊接时最好也要接入一个适当的电感。

这种过渡主要用于中等厚度及大厚度板材的 CO_2 气体保护焊。

5.2.3 喷射过渡

MIG/MAG 焊的喷射过渡产生在电弧电压较高、焊接电流大于临界电流的条件下。临界电流取决于电弧气氛、焊丝种类、焊丝直径等。

（1）气体成分的影响

利用纯氩气进行保护时，喷射过渡临界电流最小，熔滴细小、过渡速度快，高速的熔滴对熔池形成较大的冲击力，易导致指状熔深，因此熔化极气体保护焊一般不用纯氩气作保护气体。而在 CO_2 气体保护下焊接时，要获得细颗粒过渡，就必须使用较大的焊接电流。图 5-6 比较了两种气体下焊接电流对熔滴过渡频率的影响。在氩气中加入适量活泼性气体会影响喷射过渡临界电流值。当 Ar 中加入少量 O_2 时，由于 O_2 解离为 O，溶解到熔滴中 O 会降低熔滴的表面张力，因此，射流过渡的临界电流增大；但加入 O_2 量增大到一定程度时，由于 O_2 的解离吸热作用大，弧柱电场强度提高，电弧收缩，临界电流反而提高，如图 5-7 所示。当 Ar 中加入 CO_2 时，因 CO_2 能提高弧柱电场强度，临界电流会显著增大，熔滴过渡的加速度降低，有利于防止指状熔深。

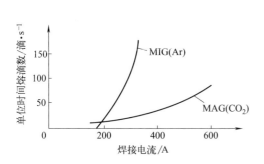

图5-6　不同保护气体对熔滴过渡的影响

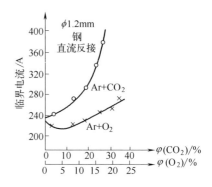

图5-7　气体成分对射流过渡临界电流的影响

短路过渡 CO_2 气体保护焊接时，若在保护气体中加入 20% ~ 25% 的 Ar，焊接过程会更为稳定，飞溅会显著降低。

（2）焊丝类型和直径的影响

相同焊丝直径下，铝焊丝的喷射过渡临界电流显著小于钢焊丝。这是由于铝的表面张力较小，焊丝端部的球状熔滴容易从焊丝端部脱落。

临界电流随焊丝直径减小而增大，两者几乎呈直线关系。表 5-2 给出了常用焊丝的喷射过渡临界电流。

表 5-2　常用焊丝的喷射过渡临界电流

焊丝类型		保护气体	临界电流 /A	脉冲喷射过渡临界平均电流 /A
类型	直径 /mm			
低碳钢	0.8	Ar+2%O$_2$	150	—
	0.9	Ar+2%O$_2$	165	48
	1.1	Ar+2%O$_2$	220	68
	1.6	Ar+2%O$_2$	275	—
不锈钢	0.9	Ar+2%O$_2$	170	57
	1.1	Ar+2%O$_2$	225	104
	1.6	Ar+2%O$_2$	285	—
铝	0.8	Ar	95	—
	1.1	Ar	135	44
	1.6	Ar	180	84
脱氧铜	0.9	Ar	180	—
	1.1	Ar	210	—
	1.6	Ar	310	—
硅青铜	0.9	Ar	165	107
	1.1	Ar	205	133
	1.6	Ar	270	—

（3）焊丝干伸长度的影响

焊丝干伸长度增大，焊丝的电阻热预热作用加强，因此，临界电流降低。过大的干伸长度会导致旋转射流过渡，而且还会引起伸长部分软化，致使电弧稳定性降低、飞溅增大。所以一般情况下，干伸长度的适用范围为 12 ～ 25mm。

5.2.4　亚射流过渡

亚射流过渡是介于短路过渡与射流过渡之间的一种过渡形式，是铝及铝合金焊接中特有的一种熔滴过渡方式。它产生于弧长较短、电弧电压较小的情况下。由于弧长较短，尺寸较小的熔滴在即将以射滴形式过渡时便与熔池接触短路，如图 5-8 所示。尽管有短路现象发生，但这种过渡短路时间极短，短路期间不发生爆破，通过电磁收缩力使熔滴脱离。亚射流过渡工艺具有如下特点。

① 电弧具有很强的固有自调节作用，采用等速送丝机配恒流特性的电源即可保持弧长稳定，焊缝外形及熔深非常均匀。

② 熔池呈碗形，可避免指状熔深。

③ 电弧呈蝴蝶形状，阴极雾化作用强。

④ 在电磁收缩力的拉断作用下过渡，无飞溅。

这种过渡形式的工艺窗口很窄，而且需要焊接电流和送丝速度严格匹配，因此实际生产中应用很少。

(a) 亚射流过渡过程图像

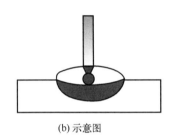

(b) 示意图

图 5-8　亚射流过渡过程图像及示意图

5.2.5　脉冲喷射过渡

脉冲喷射过渡仅产生在脉冲熔化极氩弧焊中。只要脉冲电流大于临界电流，就可产生喷射过渡。根据脉冲电流及其维持时间的不同，脉冲喷射过渡有三种过渡形式：一个脉冲过渡一滴（简称一脉一滴）、一个脉冲过渡多滴（简称一脉多滴）及多个脉冲过渡一滴（简称多脉一滴）。熔滴喷射过渡方式主要取决于脉冲电流及脉冲持续时间，如图5-9所示。三种过渡方式中，一脉一滴的工艺性能最好，多脉一滴工艺性能最差。目前数字化脉冲 MIG/MAG 电源一般都能实现一脉一滴过渡，这种电源通常是一体化调节电源，焊接时只需选择平均焊接电流或送丝速度，电源自动匹配脉冲参数。一脉一滴是通过固定脉冲电流大小和持续时间来实现的，平均电流大小通过调节脉冲频率来调节，大电流时采用高脉冲频率，小电流时采用低脉冲频率，脉冲频率的范围一般在几十赫兹到几百赫兹之间。

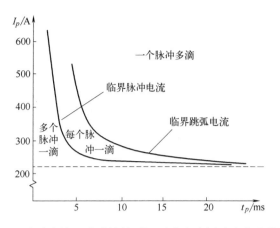

图 5-9　脉冲电流及脉冲持续时间对脉冲喷射过渡方式的影响

脉冲喷射过渡工艺具有如下优点。

① 焊接参数的调节范围增大，能在高至几百安培，低至几十安培的范围内获得稳定的喷射过渡。表 5-3 给出了不同焊丝脉冲喷射过渡的最小电流值。这一范围覆盖了一般熔化极氩弧焊的短路过渡及喷射过渡的电流范围，因此，熔化极脉冲氩弧焊利用喷射过渡工艺既可焊厚板，又可焊薄板。

表 5-3　脉冲喷射过渡的最小电流值（平均电流值）

单位：A

焊丝材料	焊丝直径 /mm			
	$\phi1.2$	$\phi1.6$	$\phi2.0$	$\phi2.5$
钢	20 ～ 25	25 ～ 30	40 ～ 45	60 ～ 70
LF6 铝镁合金	25 ～ 30	30 ～ 40	50 ～ 55	75 ～ 80
铜	40 ～ 50	50 ～ 70	75 ～ 85	90 ～ 100
1G18Ni9Ti 不锈钢	60 ～ 70	80 ～ 90	100 ～ 110	120 ～ 130
钛	80 ～ 90	100 ～ 110	115 ～ 125	130 ～ 145
08Mn2Si 低合金钢	90 ～ 110	110 ～ 120	120 ～ 135	145 ～ 160

② 可有效地控制热输入。熔化极脉冲氩弧焊的可控参数较多，焊接电流 I 这一个参数变为四个：基值电流 I_b、脉冲电流 I_p、脉冲维持时间 t_p、脉冲间歇时间 t_b。通过调节这四个参数，可在保证焊透的条件下，将热输入控制在较低的水平，从而减小了焊接热影响区及工件的变形。这对于热敏感材料的焊接是十分有利的。

③ 有利于实现全位置焊接。该工艺由于可在较小的热输入下实现喷射过渡，熔池的体积小，冷却速度快，因此，熔池易于保持，不易流淌。而且焊接过程稳定、飞溅小、焊缝成型好。

④ 焊缝质量好。脉冲电弧对熔池具有强烈的搅拌作用，可改善熔池的结晶条件及冶金性能，有助于消除焊接缺陷，提高焊缝质量。

不同的熔滴过渡方式适用于不同的实际生产条件，表 5-4 给出了不同熔滴过渡工艺的应用情况。

表 5-4　不同熔滴过渡工艺的应用情况

过渡工艺	Ar 或 Ar+He	Ar+O_2、Ar+CO_2 或 Ar+CO_2+O_2	CO_2
短路过渡	一般不使用	宜用	最宜使用
射流 / 射滴过渡、细颗粒过渡	最宜使用	最宜使用	宜用
脉冲喷射过渡	最宜使用	最宜使用	不使用
大滴过渡	不使用	不使用	不使用
亚射流过渡	Al 焊丝时最宜使用	不使用	不使用

5.3
熔化极气体保护电弧焊设备

5.3.1　熔化极气体保护焊设备的组成

图 5-10 所示为半自动熔化极气体保护焊设备示意图，其主要组成部分有焊接电源、焊枪、送丝机、供气系统、冷却系统和控制系统等。自动熔化极气体保护焊设备还包括行走机构，行走机构可以是拖动焊枪及送丝机的焊接小车（机头），也可以是拖动工件行走的专用焊机。

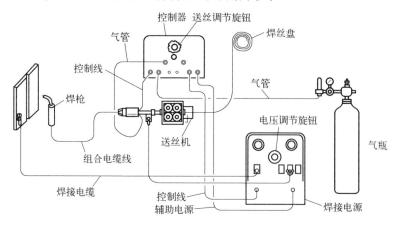

图 5-10　半自动熔化极气体保护电弧焊设备示意图

5.3.2 熔化极气体保护焊设备对各个组成部分的要求

5.3.2.1 焊接电源

（1）电流类型

熔化极气体保护焊一般采用直流电源。其负载持续率在 60% ～ 100% 之间，额定焊接电流一般为 400 ～ 600A，空载电压一般为 60 ～ 80V。

（2）电源外特性

熔化极气体保护焊电源外特性需根据焊丝直径大小选择。焊丝直径小于 $\phi 3.2mm$ 时，采用等速送丝系统匹配平外特性电源。这时，可通过改变电源外特性来调节电弧电压，通过改变送丝速度来调节焊接电流。焊丝直径不小于 $\phi 3.2mm$ 时，采用弧压反馈送丝系统匹配陡降外特性电源。采用这样的配合时，通过改变电源外特性来调节焊接电流，通过改变送丝系统的给定信号来调节电弧电压。

（3）电源运动特性

短路过渡 CO_2 气体保护焊的电弧是一个动态变化的负载，对焊接电源运动特性具有如下要求。

① 电源的空载电压上升速度要快。熔滴与熔池短路时，电弧熄灭，过渡完成后，电弧又重新引燃。为了保证电弧能够顺利引燃，要求电源空载电压上升速度要快，一般情况下，要求电源上升到 25V 所需的时间不得超过 0.05s。目前采用的 CO_2 气体保护焊电源都能满足要求。

② 合适的短路电流上升速度 di/dt 。di/dt 影响短路小桥的位置和爆破能量，直接决定了飞溅的大小。di/dt 合适时，短路小桥产生在焊丝与熔滴之间，爆破能量较小且能够及时爆断，飞溅较小。di/dt 可通过在焊接回路中加一适当的电感来调节。di/dt 过大或过小，均产生较大飞溅。根据焊丝成分和直径的不同，对短路电流增长速度 di/dt 大小的要求不同，因此还必须根据焊丝直径对电感进行调节。随着焊丝直径的减小，熔滴过渡频率增大，要求较大的 di/dt，因此附加的电感量应小一点。

5.3.2.2 焊枪

（1）焊枪分类

按照操作方式，熔化极气体保护焊的焊枪分为自动焊枪和半自动焊枪两类。半自动焊枪又分为鹅颈式及手枪式两类，图 5-11 给出了这两种焊枪的典型结构。按照冷却方式，熔化极气体保护焊焊枪可分为气冷式和水冷式两种，额定电流在 400A 以下的焊枪通常为气冷式，适用于细丝熔化极气体保护焊，400A 以上的通常为水冷式，适用于粗丝熔化极气体保护焊。对于大电流 MIG 焊或 MAG 焊，为了节省保护气体并提高保护效果，有时会采用有双层保护气流的焊枪。

（2）焊枪结构

熔化极气体保护焊的焊枪由焊枪本体和软管组件（包括送丝软管、送气管、焊接电缆、控制线等）组成。其作用是送丝、导通电流并向焊接区输送保护气体等。

焊枪本体主要组成部件是导电嘴、喷嘴、焊枪体、帽罩及冷却水套等，其中最重要的部件为喷嘴和导电嘴，如图 5-11 所示。

① 喷嘴：保护气体通过喷嘴流出，覆盖在电弧和熔池上方形成保护气罩。喷嘴通过绝缘套装在枪体上，所以即使它碰到工件也不会造成打弧。喷嘴上易黏附飞溅颗粒，使用前应检查并清理。

② 导电嘴：主要作用是将电流导入焊丝，采用紫铜或耐磨铝合金制成。导电嘴的孔径应比对应的焊丝直径稍大（大 0.1 ～ 0.2mm）。喷嘴在焊接过程中不断与焊丝摩擦，因此容易受到磨损，磨损过大时会导致电弧不稳，应及时调换。导电嘴安装后，其前端一般缩至喷嘴内 2 ～ 3mm。

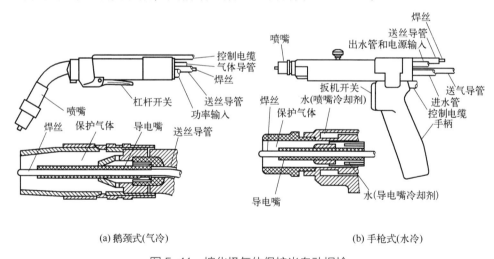

(a) 鹅颈式(气冷)　　　　　　　　　　(b) 手枪式(水冷)

图 5-11　熔化极气体保护半自动焊枪

5.3.2.3　送丝系统

（1）组成

送丝系统的组成与送丝方式有关，应用最广的推丝式送丝系统是由焊丝盘、送丝机构（包括电动机、减速器、校直轮、送丝轮等）和送丝软管组成。工作时，盘绕在焊丝盘上的焊丝先经校直轮校直后，再经过安装在减速器输出轴上的送丝轮，最后经过送丝软管送向焊枪。

（2）送丝方式

熔化极气体保护电弧焊设备所用的送丝方式有三种，如图 5-12 所示。

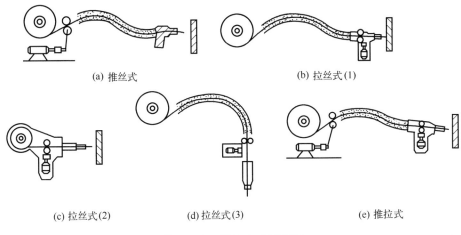

图 5-12　送丝方式示意图

① 推丝式。图 5-12（a）所示为推丝式送丝机的原理。这种送丝方式的焊枪结构简单、轻便，操作维修都比较容易，但焊丝进入焊枪前要经过一段较长的软管，阻力较大。随着软管加长，送丝的稳定性变差，故送丝软管不能太长，一般为 3～5m。

② 拉丝式。图 5-12（b）所示的送丝机中，送丝电动机安装在焊枪上，焊丝盘与焊枪通过送丝软管连接；图 5-12（c）所示的送丝机中，焊丝盘直接安装在焊枪上。这两种送丝方式主要用于细丝（≤0.8mm）半自动熔化极气体保护焊。前者操作较轻便；后者去掉了送丝软管，增加了送丝的可靠性和稳定性，适用于铝或较软的细丝的输送，但其质量较大（其中焊丝盘约0.5～1kg），操作灵活性较差。送丝电动机一般为微型直流电动机，功率在10W 左右。图 5-12（d）所示送丝机中，焊丝盘和送丝电动机均安装在焊枪上。这种送丝方式通常用于自动熔化极气体保护焊。

③ 推拉式。如图 5-12（e）所示，推拉式是采取后推前拉的方式进行送丝，在两个力共同作用下可以克服软管的阻力，从而可以扩大半自动熔化极气体保护焊的操作距离，其送丝软管最大距离可达 15m 左右。推和拉两个动力在调试过程中要有一定配合，拉丝速度稍快，主要起到拉直的作用；推丝

电动机提供主要动力，这样既保证了送丝稳定性，又降低了焊枪的体积和重量，保证了焊枪的操作灵活性。

（3）送丝机构

送丝机构是送丝系统中核心部分，通常由送丝电动机、传动机构和送丝轮等组成。目前常用的送丝机构是平面式送丝机构，基本特点是送丝轮旋转面与焊丝输送方向在同一平面上，如图 5-13 所示。

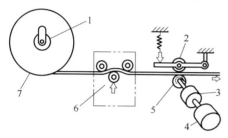

图 5-13　平面式送丝机构示意图

1—焊丝盘转轴；2—送丝滚轮（压紧轮）；3—传动机构；4—电动机；5—送丝滚轮（主动轮）；6—焊丝校直机构；7—焊丝盘

从焊丝盘出来的焊丝，经校直轮校直后进入两只送丝滚轮之间，送丝滚轮由电动机通过传动机构驱动。利用送丝滚轮与焊丝间的摩擦力驱动焊丝沿切线方向移动。硬质焊丝可采用一对送丝滚轮，而软质焊丝则需采用 2～3 对送丝滚轮。每对送丝滚轮又有单主动或双主动之分，如图 5-14 所示。前者结构简单，缺点是从动轮易打滑，送丝不够稳定。后者靠齿轮啮合而转动，增大了送进力，减小了焊丝偏摆，使焊丝指向性强，因而送丝稳定性好。两主动轮尺寸须相等，否则焊丝会打滑。送丝滚轮的表面形状有多种，如图 5-15 所示。其中轮缘压花且带 V 形槽的送丝滚轮能有效地防止焊丝打滑和增加送进力，但易压伤焊丝表面，增加送丝阻力和导电嘴的磨损。滚轮材料常用 45 钢，制成后淬火达 45～50HRC，以增强耐磨性。

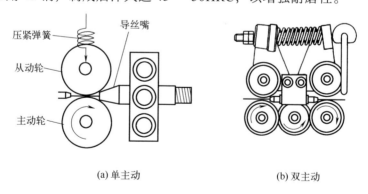

（a）单主动　　　　　　　　　　（b）双主动

图 5-14　送丝滚轮

（4）送丝软管

送丝软管有两种，一种是用弹簧钢丝绕制，另一种是用聚四氟乙烯或尼龙等制成。前者适用于不锈钢、碳钢、合金钢焊丝，后者适用于铝及铝合金焊丝。

　推丝式送丝机构的送丝软管长度一般在 3 ~ 4m，个别可达到 6m。弹簧管在使用过程中易被焊丝磨损，并易受铜屑等杂质污染，使送丝不稳定，应定期清理，必要时应更换。

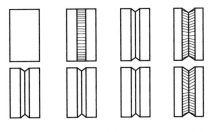

图 5-15　V 形槽送丝滚轮的不同组合

5.3.2.4　供气与水冷系统

（1）供气系统

　MIG 焊的供气系统与钨极氩弧焊基本相同，不过，采用混合气体时需要采用配比器。而 CO_2 气体保护焊一般还需在 CO_2 气瓶出口处安装预热器和高压干燥器，前者用来防止因 CO_2 从高压降至低压时吸热作用而引起的气路结冰堵塞现象，后者用来去除保护气体中的水分，有时在减压之后再安装一个低压干燥器，再次吸收气体中的水分，以防止焊缝中产生气孔，如图5-16 所示。通常将预热器和干燥器整合成一体构成预热干燥器，如图 5-17 所示。预热是由电阻丝加热，一般用 36V 交流电，功率约 75 ~ 100W。干燥剂常用硅胶或脱水硫酸铜。吸水后其颜色会发生变化，经加热烘干后可重复使用。

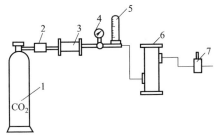

图 5-16　CO_2 供气系统示意图

1—气瓶；2—预热器；3—高压干燥器；4—气体减压阀；5—气体流量计；6—低压干燥器；7—气阀

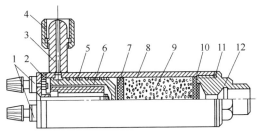

图 5-17　一体式预热干燥器的结构

1—电源接线柱；2—绝缘垫；3—进气接头；4—接头螺母；5—电热器；6—导气管；7—气筛垫；8—壳体；9—硅胶；10—毡垫；11—铅垫圈；12—出气接头

（2）水冷系统

　水冷系统用于冷却焊枪，一般由水箱、水泵、冷却水管及水压开关组成。其水路与 TIG 焊水冷系统相同。冷却水可循环使用。水压开关的作用是保证当冷却水没流经焊枪时，焊接系统不能启动，以达到保护焊枪的目的。

5.3.2.5　控制系统

　　熔化极气体保护电弧焊的控制系统由基本控制系统和程序控制系统两部分组成。前者的作用主要是在焊前或焊接过程中调节焊接参数，如焊接电源输出调节系统、送丝速度调节系统、小车（或工作台）行走速度调节系统和气体流量调节系统等；后者的主要作用是控制设备的各组成部分按照预定顺序进入并退出工作状态，以便协调而又有序地完成焊接。

　　图 5-18 分别展示出了半自动和自动 CO_2 气体保护焊的焊接程序。目前焊接设备上的程序控制通常采用单片机或微机来实现。

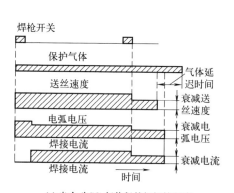

(a) 半自动CO_2气体保护焊焊接程序

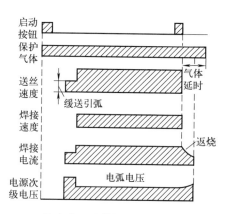

(b) 自动CO_2气体保护焊焊接程序

图 5-18　CO_2 气体保护焊的焊接程序

5.4
熔化极气体保护焊接材料

5.4.1　保护气体

　　熔化极气体保护电弧焊常用富氩混合气体或单一的 CO_2 气体。MIG/MAG 焊通常不采用纯氩进行焊接，因为纯氩气会导致以下几个问题：

　　① 易导致指状熔深，因为纯氩气保护下的电弧会导致强烈的喷射过渡；

② 焊接低碳钢及低合金钢时，液态金属的黏度高、表面张力大，易导致气孔、咬边等缺陷；

③ 焊接低碳钢、低合金钢时，电弧阴极斑点不稳定，易导致熔深及焊缝成型不均匀、蛇形焊道。图 5-19 比较了采用纯 Ar 和 Ar+2%O_2 混合气体焊接的不锈钢焊缝形貌。

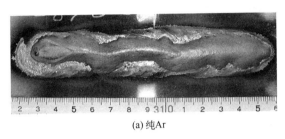 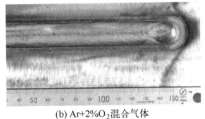

(a) 纯Ar　　　　　　　　(b) Ar+2%O_2混合气体

图 5-19　采用不同气体焊接的不锈钢焊缝形貌

熔化极气体保护焊通常采用 Ar+He、Ar+H_2、Ar+O_2、Ar+N_2、Ar+CO_2 和 CO_2+O_2 等二元混合气体或 Ar+CO_2+O_2 三元混合气体进行保护。氩气中加入其他气体的首要目的是防止指状熔深。而焊接低碳钢、低合金高强钢或不锈钢时，在氩气中加入少量 O_2 或 CO_2 还能使熔池表面产生一层薄薄的连续氧化膜，可靠地稳定阴极斑点，改善电子发射能力和抑制电弧飘荡，防止产生焊道弯曲或不连续缺陷。另外，氧还能降低熔滴和溶池的表面张力，防止咬边和气孔缺陷。采用 Ar+He+CO_2+O_2 四元混合气体作保护气时，在大电流下焊接能获得稳定的旋转熔滴过渡，进行大电流、高焊速、高熔敷率的熔化极气体保护焊，这种工艺称为 T.I.M.E 焊。

MIG 焊焊接铝及其合金时通常采用氩与氦混合气体。加入氦气后不但可避免指状熔深，还能提高焊接速度并改善焊缝质量。图 5-20 为焊接铝合金时，氩和氦不同混合比例对焊缝形状的影响。MAG 焊通常采用 Ar+O_2、Ar+CO_2 或 Ar+CO_2+O_2 混合气体。表 5-5 给出了常用保护气体适用的焊接工艺方法和焊件材料及其厚度范围。

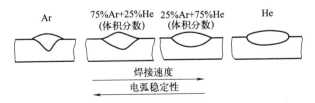

图 5-20　MIG 焊（长弧）焊接铝合金随着 He 增加焊缝形状的变化

表 5-5　各种保护气体适用的焊接工艺方法和焊件材料及其厚度范围

保护气成分 （体积分数）	适用焊接 方法	常用焊丝 直径 /mm	适用的金属 材料	焊件 厚度 /mm	施焊方式	焊接 位置	备注
纯 Ar	TIG 焊		有色金属、奥氏体不锈钢、高温合金		手工、自动		
	MIG 焊 （喷射过渡）	0.8～1.6		3～5		全位置	向下立焊
		1.6～5.0		5～40		平焊	
	MIG 焊 （脉冲喷射过渡）	0.8～2.0		1.5～5	半自动、自动	全位置	向下立焊
		1.6～5.0		6～40		平焊	
纯 He	TIG 焊	—	有色金属、奥氏体不锈钢、高温合金	—	手工，自动	—	—
	MIG 焊 （喷射过渡）	0.8～1.0		4～6	半自动，自动	全位置	向下立焊
		1.2～4.0		6～40	自动	平焊	—
	MIG 焊 （脉冲喷射过渡）	0.8～1.2		2～5	半自动、自动	全位置	向下立焊
		2.0～4.0		8～40	自动	平焊	
纯 N_2 或 Ar+75%N_2	MIG 焊 （滴状兼短路过渡）	0.8～1.2	铜及其合金、用氮合金化的奥氏钢	3～5	半自动	全位置	向下立焊
		1.6～4.0		5～30	自动	平焊	
纯 CO_2	MAG 焊 （短路过渡）	0.5～1.6	碳钢、合金结构钢	0.5～5	半自动	全位置	向下立焊
	MAG 焊 （滴状兼短路过渡）	1.6～4.0		4～10	自动	平焊	
Ar+ 75%He	TIG 焊	—	铝及其合金、钛及其合金、铜及其合金		手工，自动		
	MIG 焊（喷射过渡）	1.6～4.0		8～40	自动	平焊	
Ar+（5～15)%H_2	TIG 焊	—	不锈钢、镍基合金	—	手工，自动	—	—
Ar+（1～5)%O_2	MAG 焊 脉冲 MAG 焊	0.8～1.6	不锈钢、耐热钢	1～10	半自动，自动	各种位置	
Ar+5%CO_2 或 Ar+20%CO_2	MAG 焊 脉冲 MAG 焊	0.8～1.6	低碳钢、低合金钢	1～10	半自动，自动	各种位置	
Ar+20%CO_2 +5%O_2	MAG 焊 脉冲 MAG 焊	0.8～1.6	低碳钢、低合金钢	1～10	半自动，自动	各种位置	

　　焊接用 CO_2 气体的纯度要求大于 99.5%。CO_2 有固态、液态和气态三种状态。气态无色，易溶于水，密度为空气的 1.5 倍，沸点为 -78℃。CO_2 气体受压力后变成无色液体，其相对密度随温度而变化，当温度低于 -11℃时，大于水的；当温度高于 -11℃时，小于水的。在 0℃和一个大气压下，1kg CO_2 液体可蒸发成 509L CO_2 气体。

　　焊接用 CO_2 气体通常是以液态装于钢瓶中，容量为 40L 的标准钢气瓶可灌入 25kg 的液态 CO_2，25kg 液态 CO_2 约占钢瓶容积的 80%，其余 20% 左右的空间充满气化了的 CO_2。气瓶压力表上指示的压力值是这部分液态 CO_2 的饱和压力，该压力大小与环境温度有关，室温为 $20℃$ 时，气体的饱和压力约为 $57.2×10^5Pa$。注意，该压力并不反映液态 CO_2 的储量，只有当瓶内液态 CO_2 全部气化后，瓶内气体的压力才会随 CO_2 气体的消耗而逐渐下降。这时压力表读数才反映瓶内气体的储量。故正确估算瓶内 CO_2 储量的方法是给钢瓶称重。

25kg 瓶装液化 CO_2，若焊接时的流量为 20L/min，则可连续使用 10h 左右。

CO_2 气体的钢瓶外表涂黑色并写有黄色 "CO_2" 字样。

瓶装液态 CO_2 可溶解约占 0.05%（质量分数）的水，其余的水则呈自由状态沉于瓶底。这些水分在焊接过程中随 CO_2 一起挥发，以水蒸气混入 CO_2 气体中，影响 CO_2 气体纯度。水蒸气的蒸发量与瓶中压力有关，瓶压越低，水蒸气含量越高，故当瓶压低于 980kPa 时，就不宜继续使用，需重新灌气。

5.4.2　焊丝

焊接时，焊丝既作填充金属又作导电的电极。熔化极气体保护电弧焊常用焊丝的直径较小，一般为 1.0～1.6mm，常制成焊丝卷或焊丝盘使用。熔化极气体保护电弧焊所用焊接电流却比较大，所以焊丝的熔化速度很快，大约在 40～340mm/s。

（1）焊丝分类

根据适用的金属材料，焊丝分为低碳钢焊丝、低合金钢焊丝、不锈钢焊丝、铜及铜合金焊丝、铝及铝合金焊丝、硬质合金堆焊焊丝和铸铁焊丝等。各种焊丝的型号、牌号及其成分均由相关国家标准来规定。

①　气体保护焊用碳钢、低合金钢焊丝的型号及化学成分。GB/T 8110—2020《熔化极气体保护电弧焊用非合金钢及细晶粒钢实心焊丝》规定，焊丝型号按熔敷金属力学性能、焊后状态、保护气体类型和焊丝化学成分等进行分类。

焊丝型号由五部分组成：

a. 第一部分：用字母 "G" 表示熔化极气体保护电弧焊用实心焊丝；

b. 第二部分：表示在焊态、焊后热处理条件下，熔敷金属的抗拉强度代号；

c. 第三部分：表示冲击吸收能量（KV_2）不小于 27J 时的试验温度代号；

d. 第四部分：表示保护气体类型代号，保护气体类型代号按 GB/T 39255 的规定；

e. 第五部分：表示焊丝化学成分分类。

除以上强制代号外，可在型号中附加可选代号：

a. 字母"U"，附加在第三部分之后，表示在规定的试验温度下，冲击吸收能量（KV_2）应不小于47J；

b. 无镀铜代号"N"，附加在第五部分之后，表示无镀铜焊丝。

焊丝型号示例如下：

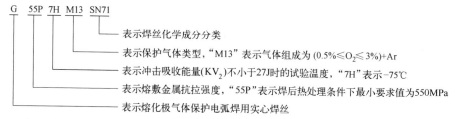

② 不锈钢焊丝及焊带。GB/T 29713—2013《不锈钢焊丝和焊带》规定，不锈钢焊丝和焊带按照化学成分进行划分，型号由两部分组成，第一部分为首字母，用"S"表示焊丝，用"B"表示焊带；第二部分为数字和字母组合，表示化学成分，"L"表示低碳，"H"表示高碳。该标准规定的焊丝型号既适用于气体保护焊，也适用于埋弧焊。

示例：

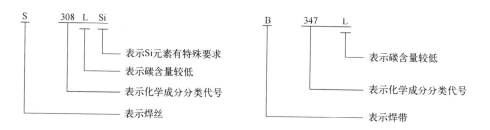

③ 铝及铝合金焊丝的型号、牌号及化学成分。GB/T 10858—2008《铝及铝合金焊丝》规定，焊丝型号由三部分组成。第一部分为字母"SAl"，表示铝及铝合金焊丝；第二部分为四位阿拉伯数字，表示焊丝型号；第三部分为可选部分，表示化学成分代号。这类焊丝既可用于气体保护焊，也可用于气焊。

④ 铜及铜合金焊丝的型号及其化学成分。GB/T 9460—2008《铜及铜合金焊丝》规定，焊丝型号由三部分组成。第一部分为字母"SCu"，表示铜及铜合金焊丝；第二部分为四位阿拉伯数字，表示焊丝型号；第三部分为可选部分，表示化学成分代号。这类焊丝既可用于气体保护焊，也可用于气焊。

⑤ 高温合金焊丝的牌号及其化学成分。高温合金焊丝牌号的编制方法是在变形高温合金牌号的前面加"H"字母，表示焊接用的高温合金焊丝。

牌号示例：

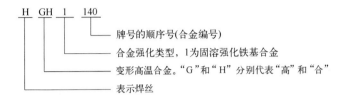

⑥ 镍基合金焊丝的型号及其化学成分。GB/T 15620—2008《镍及镍合金焊丝》规定，焊丝型号由三部分组成。第一部分为字母"SNi"，表示镍合金焊丝；第二部分为四位阿拉伯数字，表示焊丝型号；第三部分为可选部分，表示化学成分代号。这类焊丝可用于气体保护焊，也可用于埋弧焊。

（2）焊丝的选用

在焊接过程中，焊丝的化学成分与保护气体配合会影响焊缝金属的化学成分。所以在选用焊丝时，在考虑母材的化学成分和力学性能的基础上还要考虑所用的保护气体。

一般情况下，焊丝与母材的成分应尽可能相近，但 MAG 焊和 CO_2 气体保护焊时宜选用含 Si、Mn 等脱氧元素较高的焊丝。有时为了提高焊接性或为了获得所希望的焊缝金属成分和性能，需要选择与母材成分相差较大的焊丝。例如，为了降低焊缝中的气孔或为了保证焊缝的力学性能，有时需要采用添加了特殊脱氧剂或其他净化元素的焊丝。在钢焊丝中，最常使用的脱氧剂是锰、硅和铝；对于铜合金可使用钛、硅或磷作脱氧剂；在镍合金中常使用钛和硅作脱氧剂。

5.5
MIG/MAG 焊接工艺

MIG 焊主要用于焊接铝、镁及其合金。MAG 焊主要用于焊接不锈钢、低碳钢、低合金钢等。熔滴过渡主要采用喷射过渡形式和脉冲喷射过渡。利用 MIG 焊焊接铝时，亚射流过渡是一种最理想的过渡方法，但这种工艺要求送丝速度和焊接电流进行严格的匹配，其工艺窗口很窄，因此在实际生产中应用很少。脉冲熔化极气体保护焊可以焊接薄板和进行全位置焊接。一般都采用直流反接，这样电弧稳定、熔滴过渡均匀和飞溅少、焊缝成型好。

5.5.1 接头及坡口设计

熔化极气体保护焊可采用的接头形式有对接、角接、T 形接头及卷边对接等。坡口形式根据板厚、接头形式及焊接位置确定。图 5-21 示出了钢的熔化极气体保护焊常用的接头及坡口形式。

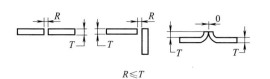

(a) T≤1.6mm,I形坡口,不加衬垫,单面焊接

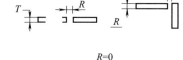

(b) T≤3.2mm,I形坡口,不加衬垫,双面焊接

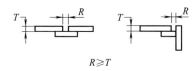

(c) T≤4.8mm,I形坡口,加衬垫,单面焊接

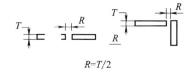

(d) 3.2mm≤T≤6.4mm,I形坡口,不加衬垫,双面焊接

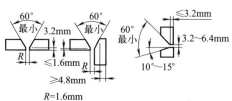

(e) V形坡口,不加衬垫,单面或双面焊接

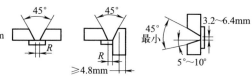

(f) V形坡口,加衬垫,单面焊接

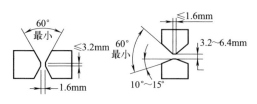

(g) X形坡口,不加衬垫,双面焊接

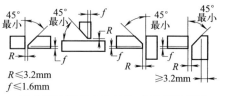

(h) 单边V形坡口,不加衬垫,单面或双面焊接

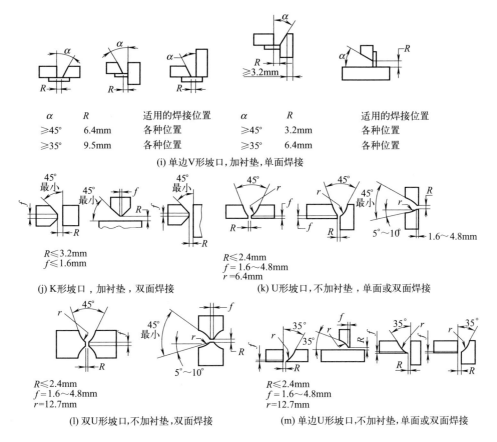

| α | R | 适用的焊接位置 | α | R | 适用的焊接位置 |

α R 适用的焊接位置 α R 适用的焊接位置

$\geq45°$ 6.4mm   各种位置 $\geq45°$ 3.2mm   各种位置

$\geq35°$ 9.5mm   各种位置 $\geq35°$ 6.4mm   各种位置

(i) 单边V形坡口,加衬垫,单面焊接

$R\leq3.2mm$
$f\leq1.6mm$

(j) K形坡口,加衬垫,双面焊接

$R\leq2.4mm$
$f=1.6\sim4.8mm$
$r=6.4mm$

(k) U形坡口,不加衬垫,单面或双面焊接

$R\leq2.4mm$
$f=1.6\sim4.8mm$
$r=12.7mm$

(l) 双U形坡口,不加衬垫,双面焊接

$R\leq2.4mm$
$f=1.6\sim4.8mm$
$r=12.7mm$

(m) 单边U形坡口,不加衬垫,单面或双面焊接

图 5-21 钢的熔化极气体保护焊常用的接头及坡口形式

5.5.2 焊接工艺参数

MIG/MAG 焊的焊接工艺参数中主要有焊接电流、电弧电压、焊接速度、焊丝直径、焊丝干伸长度、保护气体及其流量大小、焊丝倾角、焊接位置和极性等。

(1) 焊丝直径和焊接电流

通常是根据焊件厚度首先确定焊丝直径,然后按所需的熔滴过渡形式确定焊接电流。图 5-22 表示不同直径的铝焊丝和不锈钢焊丝的熔滴过渡形式及其使用电流范围。需要注意的是,铝合金粗焊丝大电流连续喷射过渡焊接的稳定区电流范围的上下限是由两个临界电流值决定的,一是产生喷射过渡的临界电流,另一是焊缝产生起皱现象的临界电流。该起皱临界电流也随焊丝直径的增大而增加。

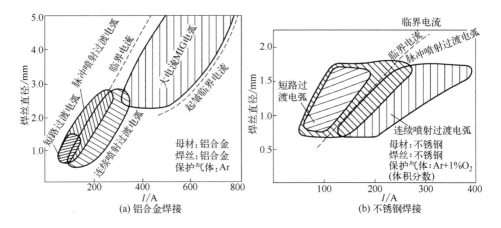

图 5-22　不同焊丝直径下各种熔滴过渡形式对应的电流范围

在稳定焊接过程中，其他条件不变的情况下，随着焊接电流（送丝速度）增大，焊缝的熔深和余高明显增大，而熔宽略有增大，如图 5-23 所示。

（2）电弧电压

电弧电压对电弧稳定性和熔滴过渡也具有重要的影响。图 5-24 给出了三种基本熔滴过渡形式的最佳焊接电流和电弧电压范围，超出此范围，如果电弧电压过高（即电弧过长），则可能产生气孔和飞溅，如果电压过低，即短弧，就可能踏弧短接。

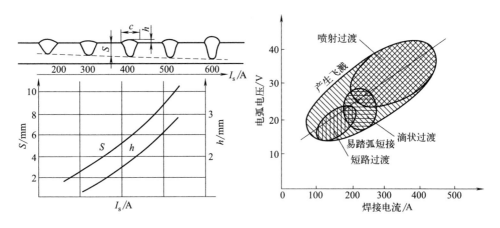

图 5-23　焊接电流对焊缝形状的影响　　图 5-24　MIG 最佳的电弧电压与焊接电流的关系

随着电弧电压的增大，熔深和余高减小，而熔宽增大，如图 5-25 所示。

（3）焊接速度

随着焊接速度的增大，热输入降低，母材熔化量降低，其熔深和熔宽减小。为了保证熔深，在提高焊接速度时必须增大焊接电流。通过提高焊接电流来提高焊接速度的方法并不是十分有效，因为，高速大电流焊接容易导致咬边、未熔合和驼峰缺陷。若焊速过慢，单位长度上熔敷量增加，熔池体积增大，熔深反而减小，熔宽增加，如图5-26所示。

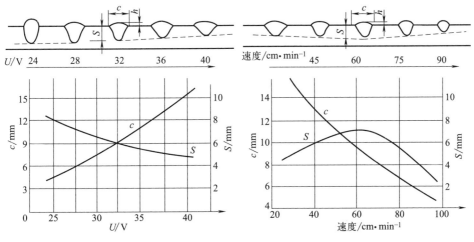

图 5-25　电弧电压对焊丝形成的影响　　　　图 5-26　焊接速度的影响

（4）焊丝干伸长度和导电嘴到工件的距离

焊丝干伸长度是指电弧稳定燃烧时伸出在导电嘴之外的焊丝长度 l_s，如图2-51所示。该参数并不是一个可独立设定的参数，也就是说，焊前不能直接设定其大小，需要通过设定导电嘴到工件的距离 L_H 和电弧弧长 l_a 来间接确定。由图2-51可看出，$l_s = L_H - l_a$，L_H 可直接设定，l_a 可通过设定电弧电压来设定，设定了这两个参数后就间接地设定了 l_s。

一般对于短路过渡，焊丝干伸长度以 6.4～12mm 较合适。而其他形式的熔滴过渡，合适的干伸长度为 12～20mm。经验设置方法是将导电嘴到工件的距离设定为焊丝直径的 12～14 倍。

干伸长度过短，电弧易烧导电嘴，且飞溅颗粒易堵塞喷嘴；另外干伸长度过短，喷嘴到工件的距离过小，还会影响熔池的可观察性。干伸长度过长，焊丝上的电阻热增大，焊丝容易因过热而熔断，导致严重飞溅及电弧不稳。此外，对于细丝熔化极气体保护焊，由于采用等速送丝系统匹配平特性电源，焊接电流是由送丝速度决定的，焊前设置的实际上是一定的送丝速度而不是焊接电流，焊接电流的实际输出值会随焊丝干伸长度的增大而降低，熔深减

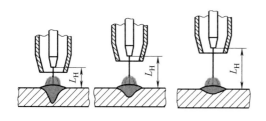

图 5-27 干伸长度对焊缝形状尺寸的影响

小，如图 5-27 所示。对于粗丝熔化极气体保护焊，由于采用弧压反馈送丝系统匹配恒流特性电源，随着焊丝干伸长度增大，焊丝熔化速度加快，熔敷金属过多，电弧稳定性变差，焊缝成型恶化，熔深也会有所减小。另外，干伸长度过长还会导致保护效果变差。

（5）焊丝倾斜角

焊丝轴线相对于焊缝轴线的角度和位置会影响焊缝的形状和熔深。

当焊丝轴线和焊缝轴线在一个平面内，则它们相互之间的夹角称为行走角，如图 5-28 所示。焊丝端部指向前进方向的倾斜焊接称前倾焊法，焊丝端部指向前进相反方向的倾斜焊接称后倾焊法，焊丝轴线与焊缝轴线垂直称正直焊法。这三种焊接方法对焊缝形状和熔深的影响如图 5-29 所示。焊丝从垂直位置变为后倾，电弧压力存在一个指向熔池尾部的水平方向分力，该分力使得电弧下方的熔池金属向熔池尾部方向流动，电弧正下方的熔池金属层较薄，有利于加热熔池底部，因此熔深增大，而焊道变窄，余高增大。这是因为，拖角在 $15° \sim 20°$ 之间熔深最大，这时一般不推荐大于 $25°$ 的拖角。

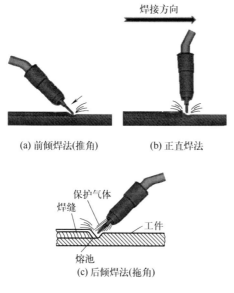

(a) 前倾焊法(推角)

(b) 正直焊法

(c) 后倾焊法(拖角)

图 5-28 焊丝位置示意图

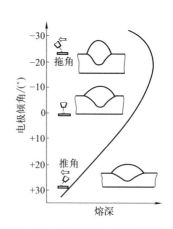

图 5-29 焊丝倾角对熔深的影响

（6）工件的倾斜度

喷射过渡焊接适用于平焊而不宜用于立焊和仰焊位置。平焊时，工件相对于水平面的倾斜度对焊缝成型、熔深和焊接速度有影响。图 5-30 给出了工件倾斜对焊缝形状的影响。下坡焊（夹角≤15°）时，熔池金属重力会阻止液态金属后流，电弧下方液态金属层较厚，焊缝熔深和余高减小，焊接速度可以提高，有利于焊接薄板。上坡焊时，熔池金属重力会使液态金属后流，使熔深和余高增加，而熔宽减小。

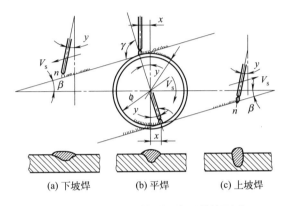

(a) 下坡焊　　　　(b) 平焊　　　　(c) 上坡焊

图 5-30　工件倾斜对焊缝形状的影响

短路过渡的焊接可用于薄板的平焊和全位置焊接。圆柱形筒体内外环缝平焊时（工件旋转），为了获得良好焊缝，焊丝应逆旋转方向偏一定距离，如图 5-31（a）所示。若偏移量过大，则熔深变浅而熔宽增加 [图 5-31（b）]；若偏反了方向 [图 5-31（c）] 则熔深和余高增加而熔宽变窄。

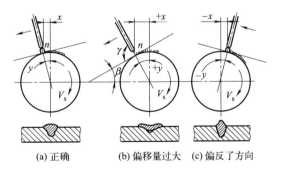

(a) 正确　　　　(b) 偏移量过大　　　　(c) 偏反了方向

图 5-31　筒体外环缝焊接焊丝偏移位置

（7）极性

极性对 MIG/MAG 焊熔滴过渡和焊缝熔深均有较大影响。直流反接

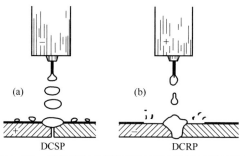

图 5-32　极性接法对焊缝形状及熔滴过渡的影响

（DCRP）时，熔滴上的斑点为阳极斑点，阳极斑点力比较小，对熔滴阻碍作用小，因此熔滴细小且过渡稳定；工件上的阴极斑点具有强烈的去除氧化膜作用，而且阴极区产热大，熔深较大，如图 5-32 所示。因此，熔化极气体保护焊一般采用直流反接进行焊接。

表 5-6 给出了铝合金射滴过渡 MIG 焊的典型焊接工艺参数。表 5-7 给出了不锈钢射流过渡 MAG 焊的典型焊接工艺参数。

表 5-6　铝合金射滴过渡 MIG 焊的典型焊接工艺参数

板厚/mm	坡口形状及尺寸/mm	焊接位置	焊道顺序	焊接参数			焊丝		氩气流量/L·min⁻¹	备注
				电流/A	电压/V	焊速/mm·min⁻¹	直径/mm	送丝速度/m·min⁻¹		
6	α c=0~2 α=60°	水平横、立、仰	1 1 2（背）	200~ 250 170~ 190	24~ 27 23~ 26	400~ 500 60~ 70	1.6	5.9~ 7.7 5.0~ 5.6	20~24	使用垫板
8	α c=0~2 α=60°	水平横、立、仰	1 2 1 2 3~4	240~ 290 190~ 210	25~ 28 24~ 28	450~ 600 600~ 700	1.6	7.3~ 8.9 5.6~ 6.3	20~24	使用垫板。仰焊时增加焊道
12	α₁ c=1~3 α₁=60°~90° α₂=60°~90°	水平横、立、仰	1 2 3（背） 1 2 3 1~8 （背）	230~ 300 190~ 230	25~ 28 24~ 28	400~ 700 300~ 450	1.6 或 2.4 1.6	7.0~ 9.3 3.1~ 4.1 5.6~ 7.0	20~28 20~24	仰焊时增加焊道数
16	α₁ c=1~3 α₁=90° α₂=90°	水平横、立、仰	4道 4道 10~ 12道	310~ 350 220~ 250 230~ 250	26~ 30 25~ 28 25~ 28	300~ 400 150~ 300 400~ 500	2.4 1.6 1.6	4.3~ 4.8 6.6~ 7.7 7.0~ 7.7	24~ 30	焊道数可适当增加或减少正反两面交替焊接，以减少变形

板厚/mm	坡口形状及尺寸/mm	焊接位置	焊道顺序	焊接参数 电流/A	焊接参数 电压/V	焊接参数 焊速/mm·min⁻¹	焊丝 直径/mm	焊丝 送丝速度/m·min⁻¹	氩气流量/L·min⁻¹	备注
25	$c=2\sim3$(7道时) $\alpha_1=90°$ $\alpha_2=90°$	水平横、立、仰	6~7道 6道 约15道	310~350 220~ 250 240~ 270	26~30 25~ 28 25~ 28	400~600 150~300 400~500	2.4 1.6 1.6	4.3~4.8 6.6~7.7 7.3~8.3	2.4~30	焊道数可适当增加或减少正反两面交替焊接，以减少变形

表 5-7　不锈钢射流过渡 MAG 焊的典型焊接工艺参数

接头形式	板厚 t/mm	焊丝直径/mm	层数	焊接电流/A（直流反接）	送丝速度/m·min⁻¹	焊接速度/m·min⁻¹
	3.2	1.6	1	225	3.6	0.48~0.53
	6.4	1.6	2	275	4.5	0.48~0.53
	9.5	1.6	2	300	5.1	0.38~0.43
	12.7	1.6	4	325	5.7	0.38~0.43

注：保护气体为 $Ar+1\%O_2$（体积分数），流量为 16.5L·min⁻¹。

5.6
CO_2 气体保护焊工艺

CO_2 气体保护焊是低碳钢和低合金钢焊接中应用最广泛的一种熔焊方法，广泛取代了焊条电弧焊和细丝埋弧焊。

5.6.1　工艺特点

（1）工艺优点

CO_2 气体保护焊具有如下工艺优点：

① 焊接生产率高。CO_2 气体保护焊的焊接电流密度大（通常为 $100 \sim 300A/mm^2$），熔透能力强，焊丝熔化速度快，而且焊后一般不需清渣，所以 CO_2 气体保护焊的生产率比焊条电弧焊高约 $1 \sim 3$ 倍。

② 焊接成本低。所用的 CO_2 气体和焊丝价格低，而且焊前对焊件清理要求低，因此，焊接成本只有埋弧焊和焊条电弧焊的 $40\% \sim 50\%$。

③ 抗锈能力强，焊缝含氢量低，焊接低合金高强度钢时冷裂纹的倾向小。这是因为 CO_2 气体在电弧高温下分解出 O 原子，电弧具有强烈的氧化性，O 原子与 H 易结合成不溶解于熔池的羟基。

④ 适用范围广。采用短路过渡技术可以用于全位置焊接和薄板焊接，采用细颗粒过渡技术可焊接厚板。CO_2 气流对焊件起到一定冷却作用，故焊薄件时可防止烧穿和减少焊接变形。

（2）工艺缺点

CO_2 气体保护焊工艺缺点如下：

① 飞溅较大，焊缝表面成型较差，焊接参数匹配不当时尤其严重。

② 电弧气氛有很强的氧化性，不能焊接易氧化的金属材料；抗风能力较弱，室外作业需有防风措施。

③ 劳动条件差。二氧化碳焊弧光强度及紫外线强度分别为焊条电弧焊的 $2 \sim 3$ 倍和 $20 \sim 40$ 倍，而且操作环境中 CO_2 的含量较大，对工人的健康不利。

5.6.2　冶金特点

CO_2 气体保护焊的主要冶金特点是铁基合金元素易发生氧化，并由此导致合金元素烧损、气孔和飞溅等问题。

（1）CO_2 的氧化性

在电弧高温作用下，保护气体中大约 $40\% \sim 60\%$ 的 CO_2 气体会发生分解：

$$CO_2 \rightleftharpoons CO + \frac{1}{2}O_2$$

反应生成的 CO 气体既不溶于金属，也不与之发生作用。但 CO_2 及其分解产生的 O_2 皆可与钢中的 Fe 及合金元素发生氧化反应，造成合金元素烧损，进而导致焊缝力学性能降低。具体氧化反应如下：

① CO_2 本身引起的氧化反应：

$$Fe + CO_2 = FeO + CO$$

$$Si + CO_2 = SiO + CO$$

$$Mn + CO_2 = MnO + CO$$

② CO_2 分解产生的 O 引起的氧化反应:

$$Fe+O=FeO$$

$$Si+2O=SiO_2$$

$$Mn+O=MnO$$

以上两组反应中,后者的激烈程度远远超过前者,前者几乎可以忽略不计。反应生成的 SiO_2 和 MnO 大部分结合成大块疏松的硅酸盐,浮出熔池,形成渣壳。而 FeO 易熔于液体金属内,与熔池或熔滴内的 C、Si 和 Mn 等元素发生如下反应:

$$Si+2FeO=SiO_2+2Fe$$

$$Mn+FeO=MnO+Fe$$

$$C+FeO=CO+Fe$$

这组反应中前两者的结果是熔池和熔滴中的 Si 和 Mn 被进一步烧损,一般 CO_2 气体保护焊接时,焊丝中约有 50% 的 Mn 和 60% 的 Si 被氧化烧损。最后一个反应易造成飞溅和气孔。如果该反应发生在熔滴中,熔滴中生成的 CO 聚集成气泡,在电弧高温作用下压力急剧增大,增大到一定程度会发生爆破,进而导致金属飞溅。如果发生在熔池尾部,CO 若逸不出来,则会残留在焊缝中形成气孔。

综上所述,CO_2 气体保护焊电弧的氧化性会造成飞溅、气孔和焊缝金属力学性能下降等三个问题。这种焊接工艺要在工程实践中获得应用就必须解决其氧化性问题。具体解决措施是在焊丝中(或在药芯焊丝的芯料中)加入一定量的脱氧剂。脱氧剂与氧的亲和力必须比 Fe 大。钢中常用的合金元素有 Al、Ti、Nb、Mn、Si、Ni、Cr。其中,Al、Ti、Nb、Mn 和 Si 等元素与氧的亲和力高于 Fe。实践表明,Al、Ti、Nb 虽然脱氧效果好,但添加量稍多就会降低焊缝力学性能,特别是冲击韧性,因此不适合作为主要的脱氧成分。常用的脱氧措施是 Si-Mn 联合脱氧,为此,二氧化碳气体保护焊的焊丝中要加入足量的 Si、Mn,而且 Si、Mn 加入量要保持合适的比例(一般为 Mn/Si=2 ~ 4),以保证脱氧产物 MnO 和 SiO_2 能全部结合成硅酸盐而浮出,防止因 MnO 或 SiO_2 单独残留而形成夹渣。另外,二氧化碳气体保护焊的焊丝还要严格控制碳含量,碳含量要求低于 0.15%,主要是为了防止气孔、飞溅和裂纹。加入焊丝中的 Si 和 Mn,在焊接过程中一部分被直接氧化和蒸发掉,一部分就用于 FeO 的脱氧,其余部分留在焊缝金属中起着提高焊缝力学性能的作用。

（2）气孔问题

CO_2气体保护焊时气流对焊缝有冷却作用，又无熔渣覆盖，故熔池冷却速度较快。此外，所用的电流密度大，焊缝窄而深，气体逸出路程长，因此气孔敏感性较大。可能产生的气孔主要有三种：一氧化碳气孔、氢气孔和氮气孔。

① CO气孔。CO气孔产生的主要原因是以下反应：

$$FeO+C =\!\!=\!\!= Fe+CO$$

该反应通常发生于熔池尾部，此处液态金属温度接近结晶温度，存在时间很短，因此，反应生成的CO因来不及析出而残留于熔池中形成气孔。只要是选择正确的焊丝，就可有效防止CO气孔，因为CO_2气体保护焊的焊丝中含有足够的脱氧元素Si和Mn，这些脱氧元素降低了熔池中的FeO含量，而且焊丝中的C含量较低，因此，该反应发生的可能性极低。

② N_2气孔。引起N_2气孔的可能是CO_2保护不良或CO_2纯度不高。实验表明，保护气体中含有3%以下的氮气不会导致氮气孔，而目前常用的CO_2气体纯度大于99.9%，因此N_2气孔的主要原因是保护效果不良。造成保护效果不好的原因一般是过小的气体流量、喷嘴被堵塞、喷嘴距工件过大等。

③ H_2气孔。H_2气孔的产生是因为高温时融入熔池的H_2在结晶过程中未能排出而留在焊缝金属中。CO_2气体具有氧化性，H_2与CO_2或O可结合成不溶解于熔池的羟基，故CO_2气体保护焊对H_2气孔的敏感性相对较小。只要是二氧化碳气体中的水分含量不超过规定值，工件及焊丝上的铁锈及油污不很严重，CO_2气体保护焊的焊缝一般不会出现H_2气孔。

5.6.3　飞溅及其防止措施

飞溅是CO_2气体保护焊的主要问题，特别是粗丝、大电流焊接时飞溅率更大，最大可达20%。飞溅不仅会降低焊丝及电能利用率，而且还会增加工件清理时间、降低焊接生产率，这显著增加了焊接成本。另外，飞溅金属颗粒粘到导电嘴和喷嘴内壁上，会造成送丝和送气不畅，进而影响电弧稳定性和保护效果，恶化焊缝成型。

（1）飞溅产生的原因

引起金属飞溅的原因很多，大致有下列几个方面。

① 冶金反应引起的飞溅。熔滴中FeO与C反应生成的CO气体聚集成气泡。在电弧加热作用下，CO气泡压力因温度升高而增大，增大到一定程度后引起爆破，产生细颗粒飞溅，如图5-33所示。

② 焊丝末端熔滴上的受力不对称导致大滴排斥飞溅。CO$_2$气体保护焊电弧收缩程度大，电弧易偏离焊丝轴线呈不对称分布，使得电弧力也呈现不对称分布。不对称的斑点力容易使得熔滴上翘，即长大过程中形成上翘运动。当熔滴长大到足够大的尺寸脱离时，上翘运动的惯性作用会将熔滴抛出熔池，形成大颗粒飞溅，如图5-34所示。

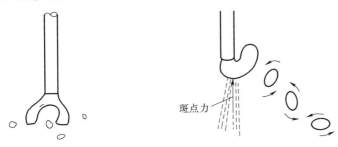

图5-33　冶金因素引起的飞溅　　　图5-34　受力不对称引起的飞溅

③ 短路过渡时短路小桥缩颈部位爆破导致的飞溅。缩颈部位的爆破不可避免地导致飞溅，如图5-35所示。通过控制电源运动特性，使短路电流上升速度保持为合适数值，缩颈产生在焊丝与熔滴交界部位，并限制最大短路电流，最小飞溅率可控制在2%，如图5-35（a）所示。短路电流上升速度过大时，短路发生电流就上升到很大数值，缩颈立刻产生在熔滴与熔池接触的部位，使得爆破位置位于熔滴下方，爆破力将大部分熔滴金属以细小的颗粒爆出，导致大量的细颗粒飞溅，如图5-35（b）所示。短路电流上升速度过小时，在较长时间内未形成缩颈爆破，焊丝的继续送进导致焊丝与熔池底部固态金属之间的固体短路，焊丝发生弯曲，弯曲的部位发生熔断，电弧重新引燃后把熔断的固态焊丝抛出，导致大颗粒及固体焊丝飞溅，如图5-35（c）所示。

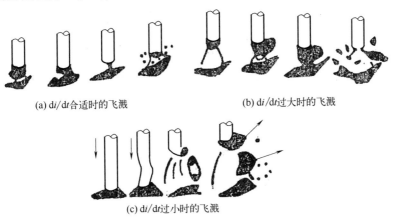

(a) di/dt合适时的飞溅　　　　　　(b) di/dt过大时的飞溅

(c) di/dt过小时的飞溅

图5-35　短路过渡导致的飞溅

图 5-36　意外短路引起的飞溅

④ 偶然短路引起的飞溅。大电流细颗粒过渡焊接时，如果熔滴与熔池意外短路，强大的短路电流可能会使熔池爆破，导致大量的小颗粒飞溅，如图 5-36 所示。

（2）飞溅防止措施

焊接过程中尽量降低飞溅率，减少飞溅的措施有以下几种。

① 选用合适混合气体代替纯 CO_2 气体。细颗粒过渡焊接时，CO_2 气体中加入 20% ~ 30% 的 Ar 即可显著抑制飞溅，随着 Ar 含量的上升，飞溅率还会进一步下降。但这种方法增加了焊接成本，生产中应用较少。

② 在短路过渡焊接时，匹配合适的电感来改善焊接电源的动特性，可显著降低飞溅率。但飞溅率一般仍达到 2%。为了进一步降低飞溅率，可采用焊接电流波形控制法。该方法的控制原理如图 5-37 所示。在短路初始时刻 T_1 把焊接电流切换为一个较小的值，避免缩颈产生在熔滴和熔池间接触部位。待熔滴金属可靠地流散到熔池后（T_2），焊接电流逐渐增大，使得短路小桥逐渐缩颈（$T_2 \sim T_3$）。当缩颈达到临界状态时（T_3），焊接电流再切换为较小的数值，这样缩颈部位就因温度迅速下降而不会发生爆破，在表面张力和重力作用下，已经达到临界状态的缩颈部位被机械拉断，熔滴过渡到熔池中。熔滴断开后，电源升高，电弧重新引燃。由于没有爆破，这种过渡几乎不会出现飞溅。

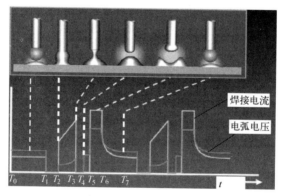

图 5-37　焊接电流波形控制法抑制短路过渡飞溅率

③ 采用活化焊丝或药芯焊丝进行焊接。活化焊丝是指在焊丝表面涂覆一层稳弧剂的焊丝。由于表面的活性剂易在卷丝及穿过导电嘴时被剥落，而且

存放过程中容易吸潮，因此这种焊丝生产中极少使用。药芯焊丝是指焊丝芯部装有成分类似于焊条药品的焊药的焊丝，采用这种焊丝进行焊接的方法称为药芯焊丝电弧焊。

5.6.4　CO_2气体保护焊工艺参数的选择

CO_2气体保护焊的焊接工艺参数与 MIG/MAG 焊大体相同。不同的是用短路过渡焊接时，焊丝直径、电弧电压和焊接电流的选择首先要考虑短路过渡的稳定性，其次才考虑熔深能力。需要在焊接回路中加一个合适的电感来控制短路电流峰值 I_{max} 和短路电流增大速度 di/dt。

（1）焊丝直径

① 短路过渡 CO_2 气体保护焊一般采用细丝，以提高过渡频率，稳定焊接电弧和过程。常用的焊丝直径有 0.8mm、1.2mm 及 1.6mm 三种，为了增大生产率，直径为 2.0mm 的焊丝也有采用。焊丝直径越大，熔滴过渡频率越低，焊接过程稳定性越差。图 5-38 给出了焊丝直径对短路过渡频率的影响。

② 细颗粒过渡 CO_2 气体保护焊采用的焊丝直径一般大于 1.2mm，通常采用的焊丝直径有 1.6mm、2.0mm、3.0mm 和 4.0mm 等四种。

（2）电弧电压及焊接电流

① 短路过渡。电弧电压是最重要的焊接参数，因为它直接决定了熔滴过渡的稳定性及飞溅大小，影响焊缝成型及焊接接头的质量。对于一定的焊丝直径，有一最佳电弧电压值，利用该电压焊接时短路过渡最稳定，飞溅最小，如图 5-38 所示。电弧电压过小时，短路小桥不易断开，易导致固体短路（未熔化的焊丝直接穿过熔池金属与未熔化的工件短路），导致很大的飞溅，甚至导致固体焊丝飞溅；电弧电压过大时，易产生大滴排斥过渡，飞溅很大，电弧不稳。

图 5-39 给出了一定焊丝直径及电弧电压下，送丝速度（焊接电流）对熔滴过渡频率、最大短路电流和短路时间的影响。可看出，存在一定的焊接电流（亦即送丝速度），在该焊接电流下熔滴过渡频率最大，如图 5-39 中曲线上的 R 点所示。该曲线上任何一点与原点连线的斜率

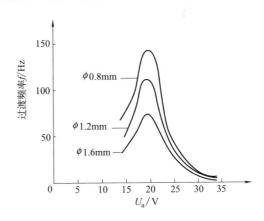

图 5-38　焊丝直径及电弧电压对短路过渡频率的影响

之倒数表示熔滴尺寸，而从原点向该曲线所做的切线之斜率最大，因此切点 Q 点对应的熔滴尺寸最小，另外，该点对应的最大短路电流和短路时间也最小，而熔滴过渡频率接近最大点 R，所以，利用该点对应的送丝速度（焊接电流）焊接时焊接过程最稳定。表 5-8 给出了不同焊丝直径对应的最佳电弧电压和焊接电流。实际生产中，为了增大焊接速度，通常采用稍大一些的工艺参数，如图 5-40 所示。

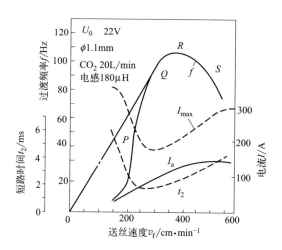

图 5-39　送丝速度（焊接电流）对溶滴过渡频率、最大短路电流及短路时间的影响

表 5-8　不同焊丝直径对应的最佳电弧电压和焊接电流

焊丝直径 /mm	0.8	1.2	1.6
电弧电压 /V	18	19	20
焊接电流 /A	100~110	120~140	140~180

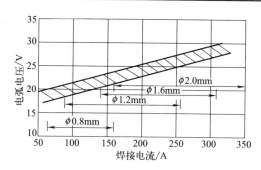

图 5-40　短路过渡焊接时常用焊接电流和电压范围

② 细颗粒过渡。细颗粒过渡焊接时，根据工件板厚选择焊接电流，然后根据焊接电流、焊丝直径选择电弧电压。焊接电流越大，焊丝直径越小，选

择的电弧电压也应越大。图 5-41 中 II 为达到细颗粒过渡的焊接电流和电弧电压的范围。

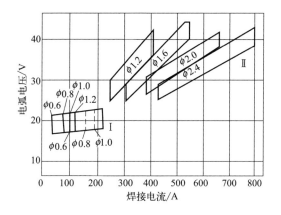

图 5-41 CO_2 气体保护焊短路过渡与颗粒过渡焊接电流与电弧电压的匹配关系

I—短路过渡；II—颗粒（粗滴）过渡；ϕ—焊丝直径（mm）

（3）焊接回路的电感

短路过渡焊接要求焊接回路中有合适的电感量，用以调节短路电流增大速度 di/dt，使焊接过程的飞溅最小。焊丝直径越小，熔滴过渡频率越大，焊丝熔化速度快，熔滴过渡周期短，所需的 di/dt 越大，电感越小。反之，粗丝要求 di/dt 小些。此外，通过调节电感，还可以调节电弧燃烧时间，进而控制母材的熔深。增大电感则过渡频率降低，燃弧时间增加，熔深会增大。通常情况下，在熔化极气体保护焊的焊接电源上将焊接方式切换为 CO_2 气体保护焊时，设备会将电感自动加入焊接回路中，而选择焊丝直径时设备会自动调节电感量。

其他焊接工艺参数的选择原则与 MIG/MAG 焊相同。表 5-9 给出了短路过渡 CO_2 气体保护焊的典型焊接工艺参数。表 5-10 给出了细颗粒过渡 CO_2 气体保护焊的典型焊接工艺参数。

表 5-9 短路过渡 CO_2 气体保护焊的典型焊接工艺参数

钢板厚度/mm	接头形式	装配间隙 c/mm	焊丝直径/mm	电弧电压/V	焊接电流/A	焊接速度/$m \cdot h^{-1}$	气体流量/$L \cdot min^{-1}$	备注
1.0		≤ 0.5	0.8	20 ～ 21	60 ～ 65	30	7	垫板厚 1.5mm
1.5		≤ 0.5	0.8	19 ～ 20	55 ～ 60	31	7	双面焊

钢板厚度/mm	接头形式	装配间隙 c/mm	焊丝直径/mm	电弧电压/V	焊接电流/A	焊接速度/m·h⁻¹	气体流量/L·min⁻¹	备注
1.5		≤1.0	1.0	22～23	110～120	27	9	垫板厚2mm
2.0		≤1.0	0.8	20～21	75～85	25	7	单面焊双面成型（反面放铜垫）
2.0		≤1.0	0.8	19.5～20.5	65～70	30	7	双面焊
2.0		≤1.0	1.2	21～23	130～150	27	9	垫板厚2mm
3.0		≤1.0	1.0～1.2	20.5～22	100～110	25	9	双面焊
4.0		≤10	1.2	21～23	110～140	30	9	

表 5-10　细颗粒过渡 CO_2 气体保护焊的典型焊接工艺参数

钢板厚度/mm	焊丝直径/mm	坡口形式	焊接电流/A	电弧电压/V	焊接速度/m·h⁻¹	气体流量/L·min⁻¹	备注
8	1.6		320～350	40～42	约24	16～18	
			450	约41	29	16～18	用铜垫板，单面焊双面成型
	2.0		280～300	28～30	16～20	18～20	焊接层数 2～3
			400～420	34～36	27～30	16～18	
			450～460	35～36	24～28	16～18	用铜垫板，单面焊双面成型
	2.5		600～650	41～42	24	约20	用铜垫板，单面焊双面成型

钢板厚度 /mm	焊丝直径 /mm	坡口形式	焊接电流 /A	电弧电压 /V	焊接速度 /m·h⁻¹	气体流量 /L·min⁻¹	备注
3～12	2.0	1.8～2.2	280～300	28～30	16～20	1.8～20	焊接层数 2～3
16	1.6	60° 3	320～350	34～36	约24	约20	
22	2.0	70°～80° 4	380～400	38～40	24	16～18	双面分层焊
32	2.0	70°～80° 4	600～650	41～42	24	约20	
34	4.0	50° 4 1	850～900 (第一层) 950 (第二层)	34～36	20	35～40	

注：焊接电流＜350A 时，可采用半自动焊。

5.7
先进熔化极气体保护焊

目前，熔化极气体保护焊的焊接量占全部焊接量的 1/3 ～ 2/3。但其效率与埋弧焊相比尚有一定差距，而且其飞溅率较大，这显著阻碍了其应用范围的进一步扩大。因此，提高效率和减少飞溅是目前熔化极气体保护焊工艺的主要发展方向。

5.7.1 药芯焊丝电弧焊

5.7.1.1 药芯焊丝电弧焊工艺原理及分类

（1）工艺原理
药芯焊丝电弧焊是利用药芯焊丝与工件之间的电弧作为热源的一种焊接

方法，英文名称的简写为 FCAW。在电弧热量的作用下，焊丝金属及工件被连接部位发生熔化，形成熔池，电弧前移后熔池尾部结晶形成焊缝，如图 5-42 所示。药芯焊丝是芯部装有焊药的焊丝，又称管状焊丝。焊药的成分与焊条药皮的成分类似。在焊接过程中，焊药中的组分有些发生分解，有些发生熔化。熔化的焊药形成熔渣，熔渣覆盖在熔滴与熔池表面，一方面对液态金属进行保护，另一方面与液态金属发生冶金反应，改善焊缝金属的成分，提高其力学性能。另外，覆盖的熔渣还能降低熔池的冷却速度，延长熔池的存在时间，有利于降低焊缝中有害气体的含量和防止气孔。分解的焊药会放出气体，放出的气体提供部分保护作用，因此，药芯焊丝电弧焊实际上是一种渣气联合保护的焊接方法。

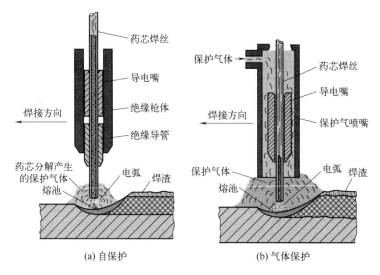

图 5-42　药芯焊丝电弧焊原理示意图

（2）药芯焊丝电弧焊的分类

根据是否使用外部保护气体，药芯焊丝电弧焊分为两种：气体保护药芯焊丝焊和自保护焊。

气体保护药芯焊丝焊通常利用 CO_2 或 CO_2+Ar 作保护气体，焊丝中的焊药所含的造气剂较少，这种方法主要靠外加保护气体进行保护，焊药产生的熔渣起着一定的辅助保护作用。

自保护焊不用外加保护气体，利用焊药中分解、蒸发或挥发出的各种气体，脱氧脱氮剂及熔渣进行保护。挥发出的气体包括各种金属蒸气及造气剂分解出的少量 CO_2 气体。脱氧脱氮剂主要采用 Al、Ti、Si、Zr 等元素。

5.7.1.2 药芯焊丝电弧焊的特点及应用

（1）优点

药芯焊丝电弧焊具有以下优点：

① 焊接生产率高。熔敷效率高，熔敷速度快，平焊时，熔敷速度为手工电弧焊的 1.5 倍，其他位置焊接时，约为手工电弧焊的 3～5 倍。

② 飞溅小，焊缝成型好。药芯中加入了稳弧剂，因此电弧稳定，飞溅小，焊缝成型好。由于熔池上覆盖着熔渣，焊缝表面显著优于 CO_2 气体保护焊。

③ 焊接质量高。由于采用了渣气联合保护，可更有效地防止有害气体进入焊接区；另外，熔池存在时间长，有利于气体析出，因此焊缝氢含量低，抗气孔能力好。

④ 适应能力强。只需调整焊丝药芯的成分，就可满足不同钢材对焊缝成分的要求。

⑤ 抗风能力强。自保护焊抗风能力强，特别适用于野外焊接。

（2）缺点

药芯焊丝电弧焊的缺点如下：

① 焊丝成本较高，制造过程复杂。

② 送丝较困难，需要采用夹紧压力能够精确调节的送丝机。

③ 药芯容易吸潮，因此需对焊丝严加保管。

④ 焊后需要除渣。

⑤ 焊接过程中产生更多的烟尘及有害气体，需采用加强通风。

（3）应用

药芯焊丝电弧焊主要用于低碳钢、低合金钢的中等厚度和大厚度板的焊接。

5.7.1.3 药芯焊丝电弧焊设备

药芯焊丝电弧焊设备组成与普通的熔化极气体保护焊设备大体相同，主要由弧焊电源、控制系统、焊枪、保护气回路和送丝机构等组成。

（1）电源

药芯焊丝电弧焊对弧焊电源运动特性及静特性的要求较低，这是因为药粉改善了电弧特性。可采用直流电源，又可采用交流电源。采用直流电源时仍采用直流反接法。焊丝直径不超过 3.2mm 时，采用缓降外特性电源，配等速送丝机构；焊丝直径大于 3.2mm 时，采用下降特性的电源，配弧压反馈送丝机构。

（2）送丝机构

由于药芯焊丝是由薄钢带卷成，焊丝较软，刚性较差，因此对送丝机构的要求较高。一方面，送丝滚轮的压力不能太大，以防止焊丝变形；另一方面，要保证送丝稳定性。因此，通常采用两对主动送丝滚轮进行送丝，以增加送进力。送丝滚轮的表面最好开圆弧形沟槽，如图 5-43 所示。

（3）焊枪

气体保护药芯焊丝电弧焊的焊枪与普通 CO_2 气体保护焊焊枪大体相同，大电流采用水冷，而小电流采用空冷。自保护药芯焊丝电弧焊的焊枪则稍有不同。这种焊枪没有喷嘴，而且由于干伸长度较长，为了保持焊丝及电弧稳定，焊枪中通常安装一个绝缘导管，如图 5-44 所示。图 5-45 给出了两种自保护药芯焊丝电弧焊焊枪的典型结构。

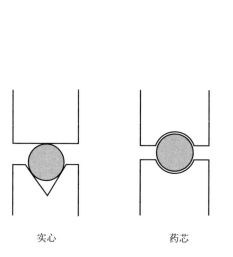

图 5-43　实心焊丝与药芯焊丝

送丝滚轮表面沟槽比较

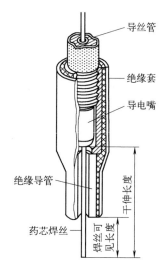

图 5-44　自保护药芯焊丝电弧焊

焊枪导电嘴及绝缘导管

5.7.1.4　药芯焊丝电弧焊焊接材料

药芯焊丝电弧焊的焊接耗材有保护气体和药芯焊丝两种。

（1）保护气体

药芯焊丝电弧焊通常使用纯 CO_2 气体或 CO_2+Ar 混合气体作保护气体。需要根据所用的药芯焊丝来选择气体的种类。

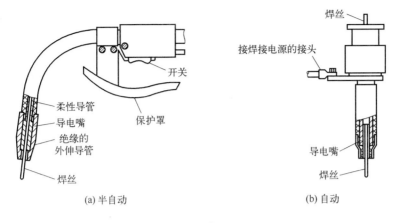

(a) 半自动   (b) 自动

图 5-45　自保护药芯焊丝电弧焊焊枪的典型结构

氩气容易电离，因此氩弧中容易实现喷射过渡。当混合气体中氩含量不小于 75% 时，药芯焊丝电弧焊可实现稳定的喷射过渡。随着混合气体中氩气含量的降低，熔深增大，但电弧稳定性降低，飞溅率增大。因此最佳混合气体为 $75\%Ar+25\%CO_2$。另外混合气体还可采用 $Ar+2\%O_2$。

选用纯 CO_2 气体时，由于 CO_2 气体在电弧热量作用下分解，产生大量的氧原子，氧原子将熔池中的 Mn、Si 等元素氧化，导致合金元素烧损，因此需要配用 Mn、Si 含量较高的焊丝。

（2）药芯焊丝

药芯焊丝是将薄钢带卷成钢管或异形钢管，在管内填充一定成分的药粉，经拉制而成的一种焊丝。药芯的成分与焊条药皮的成分类似，主要由造渣剂、造气剂、合金剂、脱氧剂等组成。

药芯焊丝的分类：

① 根据焊丝横截面形状，药芯焊丝可分为简单 O 形截面（见图 5-46）和复杂截面（见图 5-47）两大类。

直径在 2.0mm 以下的药芯焊丝通常采用简单 O 形截面。简单 O 形截面药芯焊丝又分为有缝和无缝两种。有缝 O 形截面药芯焊丝又有对接 O 形和搭接 O 形两种。有缝 O 形截面焊丝易于加工，因此目前大多采用这种焊丝。无缝 O 形截面焊丝制造成本高，但可作镀铜处理，焊丝易于保存。

直径在 2.0mm 以上的药芯焊丝通常采用复杂截面。复杂截面的药芯焊丝有梅花形、T 形、E 形和中间填丝型等几种，见图 5-47。这种焊丝刚性好、送丝稳定可靠，具有电弧稳定性好、飞溅小等优点。截面形状越复杂、对称性越好，电弧越稳定，飞溅越少。随着焊丝直径的减小、电流密度的增加，药芯焊丝截面形状对焊接过程稳定性的影响将减小，因此细丝不采用复杂截面。大直径药芯焊丝主要用于平焊、平角焊，不适用于全位置焊接。而3.0mm 以上的焊丝主要应用于堆焊。

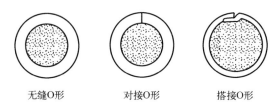

无缝O形　　　对接O形　　　搭接O形

图 5-46　简单 O 形截面药芯焊丝

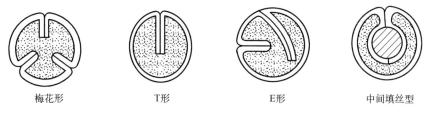

梅花形　　　　T形　　　　E形　　　　中间填丝型

图 5-47　复杂截面药芯焊丝

② 根据外加保护方式，药芯焊丝可分为气体保护焊药芯焊丝、自保护药芯焊丝等两种。气体保护焊药芯焊丝又可细分为：CO_2 气体保护焊用、$Ar+25\%CO_2$ 混合气体保护焊用和 $Ar+2\%O_2$ 混合气体保护焊用药芯焊丝等几种。其中应用最多的为 CO_2 气体保护焊药芯焊丝。药芯成分通常根据配用的保护气体进行调配，因此不同类型的焊丝是不能相互替代的。

③ 按照金属外皮的成分，药芯焊丝可分为低碳钢、不锈钢以及镍外皮药芯焊丝等几种。

④ 根据药芯性质，药芯焊丝可分为有渣型和无渣型。无渣型焊丝不含造渣剂，又称为金属粉型焊丝，药芯中的主要组分是铁粉、脱氧剂和稳弧剂。

金属粉型焊丝的特点是可方便地施加合金元素。用这种焊丝焊接时，产渣量与实心焊丝相当，故最适用于厚板多层焊。

有渣型药芯焊丝按熔渣的碱度分为钛型（酸性渣）、钛钙型（中性渣）和钙型（碱性渣）三种。CO_2 气体保护药芯焊丝电弧焊多采用钛型（酸性）渣系，自保护药芯焊丝电弧焊多采用高氟化物（弱碱性）渣系。钙型焊丝焊接的焊缝韧性和抗裂性好，但工艺性稍差；而钛型焊丝正好相反，工艺性良好，焊缝成型美观，但焊缝韧性和抗裂性较钙型焊丝差。而钙钛型焊丝性能介于两者之间。

⑤ 按用途（被焊钢种），药芯焊丝可分为低碳钢和低合金钢用药芯焊丝、低合金高强钢用药芯焊丝、低温钢用药芯焊丝、耐热钢用药芯焊丝、不锈钢用药芯焊丝和镍及镍合金用药芯焊丝等几种。

5.7.2 表面张力过渡熔化极气体保护焊

5.7.2.1 表面张力过渡熔化极气体保护焊的基本原理

表面张力过渡（STT）熔化极气体保护焊是一种利用电流波形控制法抑制飞溅的短路过渡熔化极气体保护焊方法。短路过渡过程中，飞溅主要产生在两个时刻，一个是短路初期，另一个是短路末期的电爆破时刻。熔滴与熔池开始接触时，接触面积很小，熔滴表面的电流方向与熔池表面的电流方向相反，因此，两者之间产生相互排斥的电磁力。如果短路电流增长速度过快，急剧增大的电磁排斥力会将熔滴排出熔池之外，形成飞溅。短路末期，液态金属小桥的缩颈部位发生爆破，爆破力会导致飞溅。飞溅大小与爆破能量有关，爆破能量越大，飞溅越大。由此可看出，通过将这两个时刻的电流减小，可有效抑制飞溅，STT 就是根据这种原理来抑制飞溅的，如图 5-48 所示。在熔滴刚与熔池短路时，降低焊接电流，使熔滴与熔池可靠短路；可靠短路后，增大焊接电流，促进颈缩形成；而在短路过程末期临界缩颈形成时，再一次降低电流，使液桥在低的爆破能量下完成爆破，这样就可获得极低飞溅的短路过渡过程。

STT 熔化极气体保护焊短路过渡过程分为以下几个阶段：

① T_0—T_1 为燃弧阶段。在该阶段，焊丝在电弧热量作用下熔化，形成熔滴。控制该阶段电流大小，防止熔滴直径过大。

② T_1—T_2 为液桥形成段。熔滴刚刚接触熔池后，迅速将电流切换为一个接近零的数值，熔滴在重力和表面张力的作用下流散到熔池中，形成稳定的短路，形成液态小桥。

③ T_2—T_3 为颈缩段。小桥形成后，焊接电流按照一定速度增大，使小桥迅速缩颈，当达到一定缩颈状态后进入下一段。

④ T_3—T_4 为液桥断裂段。当控制装置检测到小桥达到临界缩颈状态时，电流在数微秒时间内降到较低值，防止小桥爆破，然后在重力和表面张力作用下，小桥被机械拉断，基本上不产生飞溅。

⑤ T_4—T_5 为电弧重新引燃阶段。电弧以较小的焊接电流重燃，防止电弧重新引燃时较大的电弧冲击力使熔池金属发生喷溅。

⑥ T_5—T_7 为电弧稳定燃烧段。电流上升到一个较大值，等离子流力一方面推动脱离焊丝的熔滴进入熔池，并压迫熔池下陷，以获得必要的弧长和燃弧时间，保证熔滴尺寸，另一方面保证必要的熔深和融合可靠。然后电流下降为稳定值。

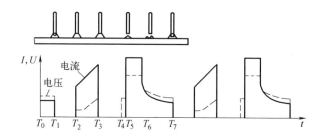

图 5-48　STT 法熔滴过渡的形态和电流、电压的波形图

5.7.2.2　表面张力过渡熔化极气体保护焊接的特点及应用

（1）优点

① 飞溅率显著下降，最低可控制在 0.2% 左右，焊后无需清理工件和喷嘴，节省了时间，提高了效率。

② 焊缝成型美观，焊缝质量好，能够保证焊缝根部可靠地融合，因此特别适用于薄板的各种位置的焊接以及厚板或厚壁管道的打底焊。在管道焊接中可替代 TIG 焊进行打底焊，具有更高的焊接速度。

③ 在同样的熔深下，热输入比普通 CO_2 气体保护焊低 20%，因此焊接变形小，热影响区小。

④ 具有良好的搭桥能力，这是由于低热输入下，熔池温度低，易于保持。例如，焊接 3mm 厚的板材，允许的间隙可达 12mm。

（2）缺点

① 只能焊接薄板，不能焊接厚板。

② 获得稳定焊接过程和质量的焊接参数范围较窄。例如，1.2mm 的焊丝，焊接电流的适用范围仅仅为 100~180A。

（3）应用

从可焊接的材料来看，STT 熔化极气体保护焊的适用范围广，不仅可用 CO_2 气体焊接非合金钢，还可利用纯 Ar 气体焊接不锈钢，也可焊接高合金钢、铸钢、耐热钢、镀锌钢等，广泛用于薄板的焊接以及油气管线的打底焊。

5.7.3 冷金属过渡熔化极气体保护焊

5.7.3.1 冷金属过渡熔化极气体保护焊的基本原理

冷金属过渡（cold metal transfer，CMT）是一种通过电流波形控制和焊丝抽送控制实现的无飞溅短路过渡。CMT 熔化极气体保护焊采用先进数字式弧焊电源和高性能送丝机，通过监控电弧状态，协同控制焊接电流波形及焊丝的抽送，在熔滴温度很低的条件下通过抽丝完成短路过渡，实现无飞溅焊接。

图 5-49 给出了 CMT 熔化极气体保护焊接过程中焊接电流波形与抽送丝的配合。电弧燃烧时，焊接回路中通以正常的焊接电流，焊丝送进；随着熔滴长大和焊丝送进，熔滴与熔池短路；检测装置一检测到短路状态，控制系统立即把焊接回路中的电流切换为接近零的小电流，使得短路小桥处于冷态，同时焊丝回抽，将短路小桥拉断，熔滴在冷态下过渡到熔池中；短路小桥拉断后，立即在焊接回路中通以较大的电流，将电弧引燃，焊丝送进；熔滴长大到足够的尺寸后，把焊接电流切换到一个较小的基值，防止发生射滴过渡。焊接过程中通过焊丝"送进 - 回抽"频率可主动控制短路过渡频率。根据焊丝类型和直径的不同，"送进 - 回抽"频率在 40 ～ 150 次 /s 之间。熔滴过渡时电弧电压和焊接电流几乎为零，利用焊丝回抽的机械拉力作用将焊丝抽离熔池，把熔滴过渡到熔池，完全避免了飞溅。整个焊接过程就是高频率的"冷－热"交替的过程，大幅降低了热输入量。

5.7.3.2 冷金属过渡熔化极气体保护焊的特点及应用

（1）优点

冷金属过渡电弧焊具有如下优点：

① 短路过渡焊接过程更稳定：电弧噪声小，熔滴尺寸和过渡周期均匀一致，没有任何飞溅。

② 弧长控制更精确：通过机电控制方式来调节电弧长度，电弧长度不受工件表面不平度和焊接速度的影响，这使得 CMT 电弧更稳定，即使在很高的焊接速度下也不会出现断弧现象。

③ 更快的引弧速度：引弧速度是传统熔化极电弧焊引弧速度的 2 倍（CMT 熔化极气体保护焊引弧时间为 30ms，MIG 焊为 60ms），在非常短的时间内即可熔化母材。

④ 焊接质量高：焊缝表面成型均匀、熔深均匀、可重复性强，结合 CMT 技术和脉冲电弧可控制热输入量并改善焊缝成型，如图 5-50 所示。

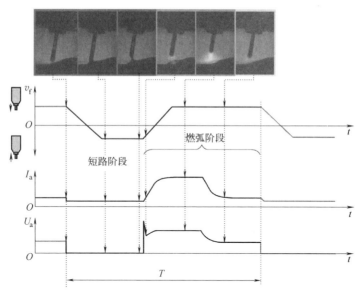

图 5-49　CMT 过程

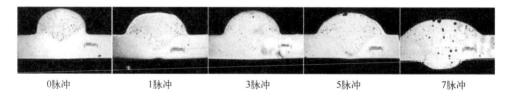

| 0脉冲 | 1脉冲 | 3脉冲 | 5脉冲 | 7脉冲 |

图 5-50　脉冲对焊缝成型的影响

⑤ 热影响区和焊接变形小：在保证一定熔深的情况下，CMT 熔化极气体保护焊可显著降低热输入，因此热影响区和焊接变形小。图 5-51 比较了不同熔滴过渡形式的熔化极电弧焊焊接参数适用范围，可看到，CMT 熔化极气体保护焊可用焊接电流和电弧电压是最小的。

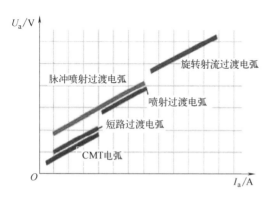

图 5-51　CMT 与普通熔化极电弧焊的焊接参数适用范围比较

⑥ 更高的间隙搭桥能力：由于热输入的降低，CMT 熔化极气体保护焊的间隙搭桥能力显著高于普通的 MIG 焊的间隙搭桥能力，如图 5-52 所示。

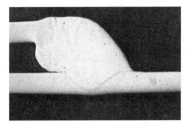
(a) CMT，板厚1.0mm，间隙1.3mm

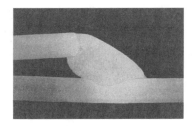
(b) MIG，板厚1.2mm，间隙1.2mm

图 5-52　CMT 和 MIG 焊的间隙搭桥能力比较

（2）应用

① CMT 熔化极气体保护焊适用的材料有：

a. 铝、钢和不锈钢薄板或超薄板的焊接（0.3 ～ 3mm），无需担心塌陷和烧穿。

b. 电镀锌板或热镀锌板的无飞溅钎焊和焊接。

c. 镀锌钢板与铝板之间的异种金属连接，接头和外观合格率达到 100%。

② CMT 熔化极气体保护焊适用的接头形式有：搭接、对接、角接和卷边对接，如图 5-53 所示。

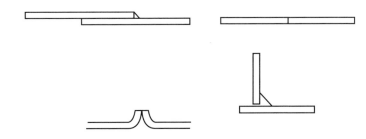

图 5-53　CMT 熔化极气体保护焊适用的接头形式

③ CMT 熔 化 极 气 体 保 护 焊 适 用 的 焊 接 位 置：可 用 于 平 焊（PA）、平 角 焊（PB）、横 焊（PC）、仰 焊（PE）、仰 角 焊（PD）、向 下 立 焊（PG）和 向 上 立 焊（PF）等各种焊接位置，如图 5-54 所示。

5.7.3.3　冷金属过渡熔化极气体保护焊设备

CMT 熔化极气体保护焊通常采用自动操作方式或机器人操作方式，也可采用手工操作方式。采用机器人操作方式的

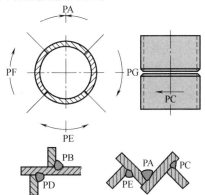

图 5-54　CMT 熔化极气体保护焊适用的焊接位置

CMT 熔化极气体保护焊机由数字化焊接电源、专用 CMT 送丝机、带拉丝机构的 CMT 熔化极气体保护焊枪、机器人、机器人控制器、冷却水箱、遥控器、专用连接电缆以及焊丝缓冲器等组成，如图 5-55 所示。

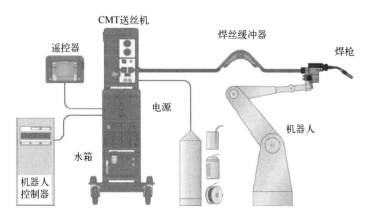

图 5-55　CMT 熔化极气体保护焊机组成

5.7.4　T.I.M.E 熔化极气体保护焊

5.7.4.1　T.I.M.E 熔化极气体保护焊基本原理

T.I.M.E（tranferred ionized molten energy）熔化极气体保护焊（四元混合气体熔化极保护焊）利用大干伸长度、高送丝速度和特殊的四元混合气体进行焊接，可获得极高的熔敷速度和焊接速度。T.I.M.E 工艺对焊接设备具有很高的要求，需要使用高性能逆变电源、高性能送丝机及双路冷却焊枪。

T.I.M.E 熔化极气体保护焊使用的气体为 $0.5\%O_2+8\%CO_2+26.5\%He+65\%Ar$。也可采用如下几种气体：

Corgon He 30：$30\%He+10\%CO_2+60\%Ar$

Mison 8：$8\%CO_2+0.03\%NO+Ar$（余量）

T.I.M.E Ⅱ：$2\%O_2+25\%CO_2+26.5\%He+46.5\%Ar$

5.7.4.2　T.I.M.E 熔化极气体保护焊设备

T.I.M.E 熔化极气体保护焊机由逆变电源、送丝机、中继送丝机、专用焊枪、冷却水箱和气体混合装置等组成。由于焊接电流和干伸长度均较大，T.I.M.E 焊工艺对焊枪喷嘴和导电嘴的冷却均有严格要求，需要采用双路冷却系统进行冷却，如图 5-56 所示。气体混合装置可以准确混合 T.I.M.E 工艺所需的多元混合气，每分钟可以提供 200L 的备用气体，可供应至少 15 台焊机使用。若某种气体用尽，混气装置便会终止使用，同时指示灯闪烁。与传统气瓶比可省气 70%。

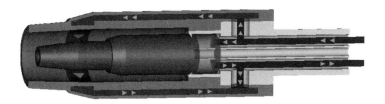

图 5-56　T.I.M.E 熔化极气体保护焊专用焊枪的水冷系统示意图

5.7.4.3　T.I.M.E 熔化极气体保护焊的特点及应用

（1）优点

① 熔敷速度大。同样的焊丝直径，T.I.M.E 熔化极气体保护焊可采用更大的电流，以稳定的旋转射流过渡进行焊接，因此送丝速度高，熔敷速度大。平焊时熔敷速度可达 10kg/h，非平焊位置也可达 5kg/h。

② 熔透能力强，焊接速度快。

③ 适应性强。T.I.M.E 焊的焊接工艺范围很宽，可以采用短路过渡、射流过渡、旋转射流过渡等熔滴过渡形式，适用于各种厚度的工件和各种焊接位置。

④ 稳定的旋转射流过渡有利于保证侧壁融合，氦气的加入提高了熔池金属的流动性和润湿性，焊缝成型美观。T.I.M.E 保护气体降低了焊缝金属的氢、硫和磷含量，提高了焊缝力学性能，特别是低温韧性。

⑤ 生产成本低。由于熔透能力强，可使用较小的坡口尺寸，节省了焊丝用量，而高的熔敷速度和焊接速度又节省了劳动工时，因此生产成本显著降低。与普通 MIG/MAG 焊性比，成本可降低 25%。

（2）应用

T.I.M.E 熔化极气体保护焊适用于碳钢、低合金钢、细晶粒高强钢、低温钢、高温耐热钢、高屈服强度钢及特种钢的焊接，应用领域有船舶、钢结构、汽车、压力容器、锅炉制造业及军工企业。

5.7.5　Tandem 熔化极气体保护焊

5.7.5.1　Tandem 熔化极气体保护焊基本原理

Tandem 熔化极气体保护焊（相位控制的双丝脉冲 GMAW 焊）是利用两

个协同控制的脉冲电弧进行焊接的一种高效 GMAW 方法。这种方法使用两台完全独立的数字化电源和一把双丝焊枪。焊枪采用紧凑型设计结构，两个导电嘴按一定的角度和距离安装在喷嘴内部，如图 5-57 所示。两根焊丝分别各由一台独立的数字化电源供电，形成两个可独立调节所有电参数的脉冲电弧。两个脉冲电弧通过同步器 Sync 进行控制，保持一定的相位关系，保证焊接过程更加稳定，如图 5-58 所示。两个电弧形成一个熔池，如图 5-59 所示。

与单丝焊相比，影响熔透能力的参数除了焊接电流、电弧电压、焊接速度、保护气体、焊枪倾角、干伸长度和焊丝直径以外，焊丝之间的夹角、焊丝间距及两个脉冲电弧之间的相位差也具有重要的影响。

焊接时，前丝后倾，后丝前倾，后丝电流稍小于前丝，通过后丝的电弧力阻止液态金属快速向后流动，防止驼峰、咬边及未熔合缺陷。两焊丝之间的夹角一般应控制在 $10°\sim 26°$，焊丝的间距应控制在 $5\sim 20mm$（最常用的间距为 $8\sim 12mm$），如图 5-60 所示。根据电流的大小适当地匹配两个脉冲电弧的相位差，可有效地控制电弧和熔池，在很高的焊接速度下得到良好的焊缝成型质量。图 5-61 给出了焊接电流大小及相位差对电弧稳定性的影响。当焊接电流较小时，两个脉冲电弧之间的相位差对断弧次数有明显的影响，相位差越大，断弧次数越大。这是因为相位越大，基值电流电弧因被峰值电流电弧吸引而拉长的时间越长，拉长到一定程度可能会熄灭，如图 5-62 所示。因此，小电流下两脉冲电弧应保持 0° 相位差。焊接电流较大时，断弧次数与相位差无关，两个脉冲电弧之间应保持 180° 相位差，当一个电弧作用在脉冲电流时，另一个电弧正处于基值电流，两个电弧之间的电磁作用力较小，有效降低了两个电弧间的电磁干扰和两个过渡熔滴间的相互干扰。

图 5-57　典型双丝焊枪

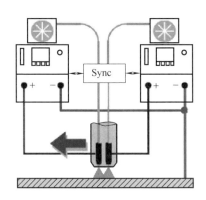

图 5-58　Tandem 熔化极气体保护焊焊接电源配置

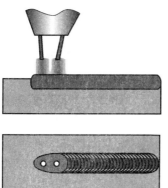

图 5-59　Tandem 熔化极气体保护焊接过程示意图

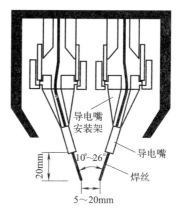

图 5-60　焊丝布置

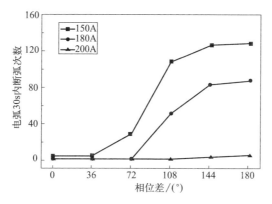

图 5-61　焊接电流、相位差对电弧 30s 内断弧次数的影响

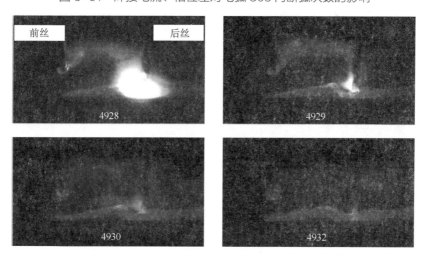

图 5-62　基值电流电弧（前丝电弧）被峰值电流电弧（后丝电弧）吸引拉长而熄灭（焊接电流为 100A+100A，相位差为 180°）

5.7.5.2　Tandem 熔化极气体保护焊的特点及应用

（1）优点

双丝焊由于具有两个可独立调节的电弧，而且两个电弧之间的距离可调，因此工艺可控性强，其优点如下。

① 显著提高了焊接速度和熔敷速度。两个电弧的总焊接电流最大可达900A，熔敷速度最高可达 20kg/h。焊接速度最高可提高到传统单丝 GMAW 焊的 4 倍。

② 焊接一定板厚的工件时，所需的热输入低于单丝 GMAW 焊，焊接热影响区小、残余变形量小。

③ 电弧极其稳定，熔滴过渡平稳，飞溅率低。

④ 焊枪喷嘴孔径大，保护气体覆盖面积大，保护效果好，焊缝的气孔率低。

⑤ 适应性强。可任意定义主丝（前丝为主丝，其电流不小于辅丝）和辅丝（后丝），多层焊时焊好一层后可不用调整焊枪方向，重新定义主丝和辅丝后继续焊接。

⑥ 能量分配易于调节。通过调节两个电弧的能量参数，可使能量更合理地分配到两个工件上，适用于不同板厚和异种材料的焊接。

（2）应用

双丝 GMAW 焊可焊接碳钢、低合金高强钢、Cr-Ni 合金、铝及铝合金，在汽车及汽车零部件、船舶、锅炉及压力容器、钢结构、铁路机车车辆制造领域具有显著的经济效益。

思　考　题

1. 熔化极气体保护焊有哪几种？各自使用范围如何？

2. 为什么不能用纯氩气来焊接不锈钢、铝和低合金钢，应采用什么混合气体来焊接这些材料？

3. 为什么 CO_2 气体保护焊电弧具有很强的氧化性？氧化性会带来哪些危害？如何克服？

4. MIG 焊常用的熔滴过渡方式有哪些？有何特点？

5. MAG 焊常用的熔滴过渡方式有哪些？有何特点？

6. CO_2 气体保护焊常用的熔滴过渡方式有哪些？有何特点？

7. 脉冲 MIG/MAG 焊可用的熔滴过渡方式有哪些？各自产生在什么焊接条件下？生产中最常用的是哪种？

8. 与普通 MIG/MAG 焊相比，脉冲 MIG/MAG 焊有哪些工艺特点？

9. 熔化极气体保护焊设备采用何种外特性的电源？匹配何种调速方式的送丝机构？

10. 短路过渡 CO_2 气体保护焊对电源运动特性有何要求？为什么？

11. 为什么 CO_2 气体保护焊设备的供气系统通常要设置一预热器？

12. 熔化极气体保护焊常用的送丝机有哪几种？各有何特点？

13. 熔化极气体保护焊丝的国际标准有哪些？气体保护电弧焊用碳钢、低合金钢焊丝的型号是如何编制的？

14. 熔化极气体保护焊的焊接电流通常是如何设定的？为什么焊接过程中的焊接电流会随着焊枪相对于工件高度的变化而变化？

15. 为什么普通 MIG/MAG 焊不能焊接薄板和空间位置焊缝？

16. 如何设定熔化极气体保护焊的干伸长度？

17. CO_2 气体保护焊的飞溅较大，为什么？

18. CO_2 气体保护焊常用的抑制飞溅措施有哪些？

19. 短路过渡 CO_2 气体保护焊时如何选择焊丝直径、送丝速度和电弧电压等参数？

20. 什么是药芯焊丝电弧焊？有何特点？

21. 药芯焊丝的主要成分有哪些？

22. 自保护药芯焊丝电弧焊依靠什么来保护电弧、熔池和高温焊缝？

23. 表面张力过渡（STT）熔化极气体保护焊是如何抑制飞溅的？为什么说这种方法不能完全抑制飞溅？

24. 什么是冷金属过渡（CMT）熔化极气体保护焊？有何特点？这种方法是如何抑制飞溅的？

25. 什么是 T.I.M.E 高速焊？其可用的熔滴过渡方式有几种？这种焊接方法有何特点？

26. Tandem 熔化极气体保护焊（相位控制的双丝脉冲 GMAW）是如何在高焊速下抑制驼峰缺陷的？

27. Tandem 熔化极气体保护焊（相位控制的双丝脉冲 GMAW）有何工艺优点？

扫码获取数字资源，使你的学习事半功倍

配套习题与答案　　　自主监测学习效果

配套课件　　　　　　难点重点反复阅读

在线视频　　　　　　直观了解相关知识

第 6 章

等离子弧焊

6.1
等离子弧焊原理

6.1.1 等离子弧焊的工艺原理

（1）工艺原理

等离子弧焊（PAW）是利用钨极与工件之间的压缩电弧（转移弧）或钨极与喷嘴之间的压缩电弧（非转移弧）进行焊接的一种方法。该方法利用从焊枪中喷出的等离子气以及喷嘴中喷出的辅助保护气体进行保护。焊接过程中一般不填充焊丝，但必要时也可以填充焊丝。图 6-1 所示为转移型等离子弧焊示意图。

（2）等离子弧的产生

等离子弧焊是在钨极氩弧焊的基础上发展形成的，图 6-2 比较了这两种方法。与 TIG 焊相比，等离子弧焊在喷嘴与钨极之间设有一水冷压缩喷嘴，而且钨极内缩到压缩喷嘴内部，而不是像 TIG 焊那样伸出到喷嘴外面。在水冷压缩喷嘴的压缩作用下，电弧电流密度和温度显著提高，其内部的原子绝大部分通过热电离分解成等量的电子和正离子，这种高度电离了的电弧称为等离子弧。如图 6-3 所示，电弧通过直径小于自由电弧直径的压缩孔道时受到以下三种压缩作用。

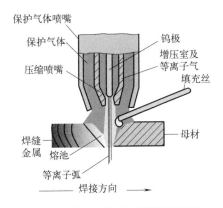

图6-1 转移型等离子弧焊示意图

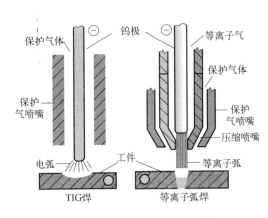

图6-2 等离子弧焊与TIG焊的对比

① 机械压缩。水冷铜喷嘴利用直径小于自由电弧直径的压缩孔道限制了弧柱截面积，对电弧形成机械拘束作用，这种作用称为机械压缩。

② 热压缩。喷嘴中的冷却水使喷嘴内壁附近形成一层成分为等离子气的冷气膜，这层冷气膜进一步减小了弧柱的有效导电断面积；另外，冷却水通过冷气膜对电弧进行冷却，也会使电弧收缩。这两种作用称为热压缩。

③ 电磁压缩。由于以上两种压缩效应，使得电弧电流密度增大，电弧电流自身磁场产生的电磁收缩力增大，使电弧又受到进一步的压缩，这种电磁收缩力引起的压缩称为电磁压缩。

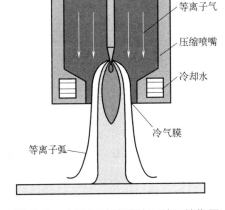

图6-3 水冷压缩喷嘴的三种压缩作用

6.1.2 等离子弧的特性

（1）等离子弧的特性

等离子弧处于物质的第四种状态，等离子体态。由于物质状态的变化，这种电弧具有不同于自由电弧的如下特性。

① 能量密度高。等离子弧能量密度可达 $10^5 \sim 10^6 \mathrm{W \cdot cm^{-2}}$，比自由钨极氩弧（$10^4 \sim 10^5 \mathrm{W \cdot cm^{-2}}$）高一个数量级，其温度可达 18000 ～ 24000K，远高于自由电弧（5000 ～ 18000K）。图 6-4 比较了两种电弧的温度分布，左侧为自由钨极氩弧，右侧为等离子弧。

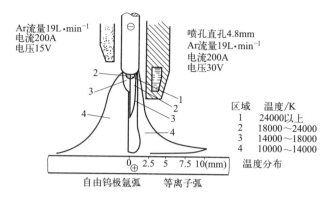

Ar流量19L·min⁻¹
电流200A
电压15V

喷孔直孔4.8mm
Ar流量19L·min⁻¹
电流200A
电压30V

区域	温度/K
1	24000以上
2	18000~24000
3	14000~18000
4	10000~14000

温度分布

自由钨极氩弧   等离子弧

图6-4   自由钨极氩弧与等离子弧温度分布

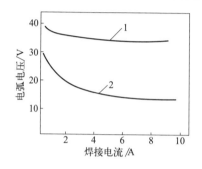

图6-5   小电流自由钨极氩弧与等离子弧静特性比较

1—等离子弧，弧长6.4mm，喷嘴孔径0.76mm；

2—自由钨极氩弧，弧长1.2mm，钨极直径1mm

② 等离子弧的静特性曲线显著高于钨极氩弧。由于弧柱被强烈压缩，其电场强度明显增大，因此，等离子弧电压比普通的钨极氩弧高。此外，在小电流时，自由钨极氩弧静特性为负阻特性，易失稳。而等离子弧则为缓降或平的，易与电源外特性相交建立稳定工作点，如图6-5所示。

③ 等离子弧呈柱形。图6-6给出了等离子弧与自由钨极氩弧的形态区别。等离子弧呈圆柱形，扩散角约5°，焊接时，当弧长发生波动时，母材的加热面积不会发生明显变化；而自由钨极氩弧呈圆锥形，其扩散角约45°，焊缝成型对弧长变化敏感性大。

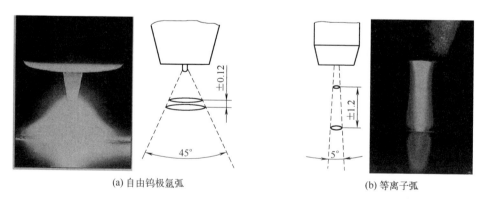

(a) 自由钨极氩弧   (b) 等离子弧

图6-6   自由钨极氩弧与等离子弧形态区别

④ 等离子弧的刚直性好。由于等离子弧是自由钨极氩弧经压缩而成，故其挺度比自由钨极氩弧的好，焰流速度大，可达 $300m \cdot s^{-1}$ 以上，因而刚直性好，电弧压力大，其熔透能力强。高速焊接时可避免钨极氩弧焊易出现的焊道弯曲或不连续缺陷。

（2）等离子弧的类型

按电源连接方式和形成等离子弧的过程不同，等离子弧有非转移型、转移型和联合型三种类型，如图6-7所示。

① 非转移型。焊接时电源正极接水冷铜喷嘴，负极接钨极，工件不接电源，见图6-7（a）。非转移型等离子弧燃烧在钨极与喷嘴之间，依靠高速喷出的等离子气将电弧弧柱的热量带出，用于加热并熔化工件。这种电弧适用于喷涂，也可用于焊接或切割较薄的金属及非金属。

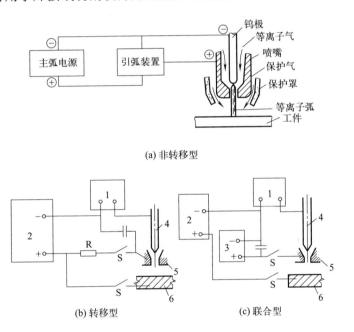

(a) 非转移型

(b) 转移型　　　　　(c) 联合型

图 6-7　等离子弧的类型

1—高频引弧器；2—弧焊电源；3—维弧电源；4—钨极；5—喷嘴；6—工件

② 转移型。喷嘴和工件通过继电器的触点接电源正极，钨极接电源负极，见图6-7（b）。焊接时先接通喷嘴与钨极间焊接回路，通过高频振荡器引燃钨极与喷嘴间的非转移弧，电弧可靠引燃后，通过继电器动作将电源的正极从喷嘴转移到工件，把电弧转移到钨极与工件之间。在正常焊接过程中，转移型等离子弧燃烧在钨极与工件之间，阳极区热量直接加热工件，因此这

种等离子弧用于焊接较厚的金属。

③ 联合型。喷嘴和工件同时连接电源正极，钨极接电源负极，见图 6-7 (c)。焊接时，转移弧及非转移弧同时存在。联合型等离子弧主要用于小电流（微束）等离子弧焊接和粉末堆焊。

6.1.3 等离子弧焊的工艺特点与适用范围

6.1.3.1 工艺特点

（1）等离子弧焊的工艺优点

等离子弧的温度高、能量密度大、刚直性强，这些电弧特性赋予了等离子弧焊如下显著工艺优点：

① 熔透能力大、焊接速度快。等离子弧由于弧柱温度高、能量密度大，因而对焊件加热集中，熔透能力大。表 6-1 给出了不同母材一次可焊透的厚度。在同样熔深下其焊接速度比 TIG 焊高，故可提高焊接生产率。

表 6-1　穿孔型等离子弧焊最大穿孔厚度

材料	不锈钢	钛及其合金	镍及其合金	低合金钢	低碳钢	铝及铝合金	铜及其合金
最大穿孔厚度 /mm	≤ 8	≤ 12	≤ 6	≤ 8	≤ 8	≤ 15.9	≈ 2.5

② 热影响区和焊接变形小。由于熔深能力大，一定板厚所需的热输入较小，而且能量密度的增大使得加热冷却速度显著提高，因此，接头的焊缝深宽比大、热影响区窄、焊接变形也小。焊缝通常呈"酒杯"状，如图 6-8 所示。

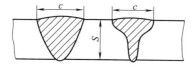

(a) TIG 焊缝(S/c=0.5～1)　　(b) 等离子弧焊缝(S/c=1～2)

图 6-8　等离子弧焊缝截面形状与 TIG 焊比较

③ 焊缝成型一致性好。等离子弧呈圆柱形 [图 6-6（b）]，扩散角小，挺度好，所以焊接熔池形状和尺寸受弧长波动的影响小，容易获得均匀的焊缝，而 TIG 焊随着弧长的增大，其熔宽增大、熔深减小。

④ 小电流电弧稳定。采用联合型等离子弧焊接时，焊接电流小至 0.1A 时电弧仍具有较平的静特性（图 6-5），利用恒流（垂降）电源可得到非常稳定的焊接过程，可焊接超薄构件。

⑤ 不会发生钨极与焊缝相互污染现象。由于钨极内缩到喷嘴孔道里，可以避免钨极与工件接触，消除了焊缝夹钨缺陷。同时喷嘴至工件距离可以变

长，焊丝容易进入熔池。

⑥ 可进行穿孔型焊接。由于能量密度的增大，等离子弧焊时可获得稳定的小孔效应，可进行穿孔型焊接。这种工艺特别适用于单面焊双面成型焊接，但穿孔型焊接所能焊接的最大厚度有限，各种材料的最大可焊厚度一般在 3 ～ 16mm 之间，很少超过 16mm。

（2）等离子弧焊的工艺缺点

等离子弧焊具有如下缺点。

① 焊枪结构复杂，体积较大，可达性和可见性较 TIG 焊差。

② 等离子弧焊设备（如电源、电气控制线路和焊枪等）较复杂，设备成本较高。

③ 焊接工艺参数多，工艺窗口窄，对焊工的理论水平和操作技术水平要求高。

6.1.3.2　适用范围

与 TIG 焊一样，离子弧焊可焊接大多数金属，如碳钢、低合金钢、不锈钢、铜合金、镍及其合金、钛及其合金等。高熔点金属钨及低熔点金属如铅、锌等不适用等离子弧焊。

手工等离子弧焊适用于各种焊接位置，而自动等离子弧焊一般用于平焊、横焊和向上立焊位置。

等离子弧焊最适合用于薄板的焊接，最薄可焊厚度为 0.01mm。厚度不超过 3mm 时采用融入型等离子弧焊焊接；厚度大于 3mm，而小于表 6-1 所示厚度时，最适合用穿孔型等离子弧焊进行不开坡口、不加衬垫下的薄板单面焊双面成型焊接。厚度大于表 6-1 所示厚度时，需要开坡口进行焊接。

6.2
等离子弧焊设备

6.2.1　等离子弧焊设备的组成

手工等离子弧焊设备由弧焊电源、焊枪、控制系统、气路和水路系统等部分组成，如图 6-9 所示。

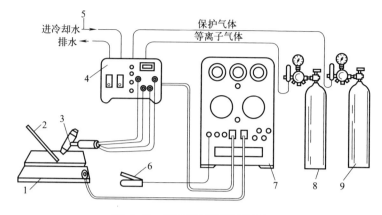

图6-9 手工等离子弧焊设备

1—焊件；2—填充焊丝；3—焊枪；4—控制系统；5—水冷系统；6—启动开关（常安在焊枪上）；
7—焊接电源；8，9—供气系统

6.2.2 等离子弧焊设备对各个组成部分的要求

6.2.2.1 弧焊电源

等离子弧焊设备应采用陡降或垂直下降的恒流特性电源；应具有电流递增和衰减等功能，以满足起弧和收弧的工艺需要。铝及铝合金焊接时采用变极性（方波交流）电源，其他材料焊接时采用直流电源。

电源的空载电压一般大于 65V，不同等离子气体所需的空载电压是不同的，用纯 Ar 作保护气体时 65V 的空载电压即可满足要求，而用 $Ar+H_2$ 混合气体、纯 He 或其他混合气体时，通常需要更高的空载电压。

电流在 30A 以下的微束等离子弧焊一般采用联合型弧（非转移型弧和转移型弧同时存在），需要采用两个独立电源分别供电，其主电路如图 6-7（c）所示。非转移型弧电源应具有较高的空载电压和较小的额定电流，而转移型弧电源应具有较低的空载电压和较高的额定电流。焊接电流大于 30A 的大电流等离子弧焊均采用转移型弧，由于两个等离子弧不同时存在，因此采用一个电源，如图 6-7（b）所示。通常采用高频振荡器引燃非转移型弧。

6.2.2.2 焊枪

焊枪又称等离子弧发生器，是等离子弧焊设备的关键组成部分，对焊接工艺过程稳定性及焊接质量具有极其重要的影响。

（1）焊枪的性能要求

等离子弧焊焊枪应满足如下几个要求。

① 便于引燃等离子弧并保证使用过程稳定可靠。

② 钨极和喷嘴要严格对中，易于更换和调节，具有可靠的绝缘、密封和冷却性能。

③ 喷嘴中喷出的保护气流可保证良好的保护作用。

④ 具有良好的可达性。

（2）焊枪的结构

① 组成。等离子弧焊枪的结构主要由枪体、绝缘帽、钨极、喷嘴等几个主要部分组成。喷嘴和钨极是两个关键部件，对焊接工艺过程和焊接质量具有很大的影响。图 6-10 给出了手工等离子弧焊焊枪结构图。

② 压缩喷嘴。压缩喷嘴及其与钨极的相对位置对等离子弧压缩程度和稳定性起着决定性作用。图 6-11 给出了压缩喷嘴结构尺寸及其与钨极和工件之间的相对位置尺寸。

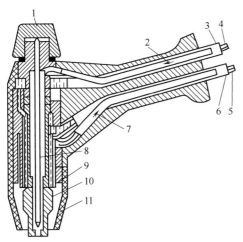

图 6-10　手工等离子弧焊焊枪结构

1—绝缘帽；2—等离子气进口；3—冷却水出口；4，5—电缆；6—冷却水进口；7—保护气进口；8—钨极；9—保护气罩；10—压缩喷嘴；11—枪体

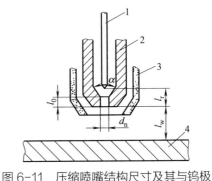

图 6-11　压缩喷嘴结构尺寸及其与钨极和工件之间的相对位置尺寸

d_n—喷嘴孔径；l_0—喷嘴孔道长度；l_r—钨极内缩长度；l_w—喷嘴到工件距离；α—压缩角；1—钨极；2—压缩喷嘴；3—保护罩；4—工件

a. 喷嘴孔径 d_n。d_n 的大小直接决定了等离子弧柱的直径和能量密度。对于一定的焊接电流和等离子气流量，d_n 越大压缩作用越小，若 d_n 过大，则无压缩效果；若过小则会引起双弧现象，破坏了等离子弧的稳定性。表 6-2 给出了不同喷嘴孔径 d_n 可用的焊接电流，随着 d_n 的增大，所用的等离子气的流量应相应增加。

表 6-2　不同喷嘴孔径所允许使用的焊接电流

喷嘴孔径 d_n/mm	焊接电流 /A	等离子气（Ar）流量 /L·min^{-1}
0.8	1～25	0.24
1.6	20～75	0.47
2.1	40～100	0.92
2.5	100～200	1.89
3.2	150～300	2.36
4.8	200～500	2.83

b. 喷嘴孔道长度 l_0。在一定的孔道直径 d_n 下，l_0 越大，等离子弧的压缩作用越大。常以孔道比（l_0/d_n）表示喷嘴孔道压缩特征，常用的孔道比见表 6-3。孔道比超过一定值将导致双弧产生。

表 6-3　等离子弧焊喷嘴的孔道比

等离子弧类型	喷嘴孔道 d_n/mm	孔道比 l_0/d_n	压缩角 α
联合型	0.6～1.2	2.0～6.0	25°～45°
转移型	1.6～3.5	1.0～1.2	60°～90°

c. 压缩角。其对电弧的压缩有一定影响，压缩角小时，能增强对电弧的压缩作用，但须与钨极末端形状配合。若压缩角小于钨极末端尖锥角，在两锥面之间可能产生打弧现象，使等离子弧不稳定。常用的压缩角为 60°～75°，等离子气流量和 l_0/d_n 较小时，压缩角可取 30°～75°。

d. 喷嘴结构类型。按压缩孔道的数量，喷嘴有单孔和三孔喷嘴两种；按孔道的形状，喷嘴有圆柱形孔、扩散形孔等两种，如图 6-12 所示。

三孔喷嘴的中心主孔两侧设有两个对称的辅助小孔，辅助小孔中喷出的气流使等离子弧受到二次热压缩作用，使得等离子弧圆形截面变为椭圆形。当椭圆形热场的长轴平行于焊接方向时，可提高焊接速度并减小焊接热影响区的宽度。另外，三孔喷嘴可增大等离子气流量，能加强对钨极末端的冷却作用。这种喷嘴适用于大电流等离子弧焊，但两侧小孔容易被金属飞溅颗粒堵塞，堵塞后易导致双弧，因此实际生产中应用较少。

孔道为圆柱形的喷嘴应用最广泛。扩散形孔道减弱了压缩电弧的作用，但可以采用更大的焊接电流而很少产生双弧现象。故扩散型喷嘴适用于大电流、厚板的焊接。

e. 喷嘴材料及冷却。喷嘴材料应具有良好的导电和导热性能，一般用纯铜制造。大电流等离子弧焊的喷嘴必须用水冷，为了保证冷却效果，一般壁厚不宜大于 2～2.5mm。

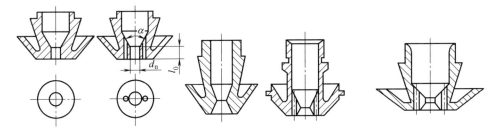

(a) 圆柱单孔型　(b) 圆柱三孔型　　(c) 收敛扩散单孔型　(d) 收敛扩散三孔型　(e) 有压缩段的收敛扩散三孔型

图 6-12　等离子弧焊常用的喷嘴结构类型

d_n—喷嘴孔道直径；l_0—喷嘴孔道长度；α—压缩角

③ 电极。

a. 电极材料。等离子弧焊用的电极与 TIG 焊相同，国内主要采用钍钨或铈钨电极。表 6-4 给出了钍钨电极的许用电流，也可供铈钨电极参考。

表 6-4　等离子弧焊钨极许用电流（直流正接）

电极直径 /mm	0.25	0.5	1.0	1.6	2.4	3.2	4.0
电流范围 /A	≤ 15	5 ～ 20	15 ～ 80	70 ～ 150	150 ～ 150	250 ～ 400	400 ～ 500

b. 电极端部形状。钨电极必须是圆柱形，而且要严格与压缩喷嘴同轴。为便于引弧和提高电弧的稳定性，电极尖端应磨尖锥状，其夹角在 $20° ～ 60°$ 之间，随着电流增大，其尖锥可稍微磨平或变成锥球形、球形等以减慢电极烧损，如图 6-13 所示。

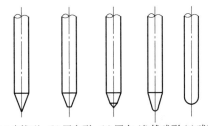

(a) 尖锥形　(b) 圆台形　(c) 圆台尖锥形　(d) 锥球形　(e) 球形

图 6-13　电极端部形状

c. 同轴度与内缩长度。电极与喷嘴的同轴度是一个很重要的参数，电极偏心使等离子弧偏斜，影响焊缝成型和喷嘴使用寿命，也是造成双弧的一个主要原因。要保证同轴度除焊枪设计与制造保证所要求的形位公差外，对钨电极圆度和直线度也应有要求，对顶端磨尖也应对称。

钨极要内缩到压缩喷嘴内部，钨极端部至压缩喷嘴端部的距离称为钨极的内缩长度 l_g，如图 6-14 所示。内缩长度 l_g 对电弧压缩作用有一定影响。随着 l_g 增大，压缩作用增大，但 l_g 过长易引起双弧。一般取 $l_g=l_0±$（0.2 ～ 0.5）mm。

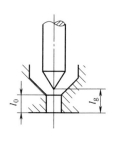
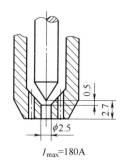
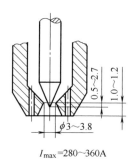

$I_{max}=180A$

$I_{max}=280\sim360A$

图6-14 等离子弧焊钨极内缩长度（单位：mm）

6.3
等离子弧焊的双弧问题

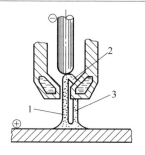

图6-15 等离子弧焊的双弧现象

1—主弧；2—双弧的上半段；3—双弧的下半段

采用转移型等离子弧焊接时，由于某种原因会产生与正常电弧并联的、燃烧在钨极 - 喷嘴以及喷嘴 - 工件之间的两段串联电弧，这种现象叫双弧，如图6-15所示。图中弧2和弧3串联后再与主弧1并联。

出现双弧时电弧电压通常会降低，焊接电流会突然增大，而主弧电流会降低，电弧飘忽不定，破坏了正常焊接过程。喷嘴本身既是弧2的阳极斑点，又是弧3的阴极斑点，因此双弧出现后很短时间内就被烧损。所以双弧现象危害很大。

一般认为，双弧是正常电弧与喷嘴之间的冷气膜被击穿而造成。例如，压缩喷嘴直径一定时，焊接电流增大到一定程度后，由于弧柱直径的增大，弧柱和喷嘴内壁之间的冷却气膜厚度减薄到一定限度后，便被击穿而导电生弧。表6-5给出了双弧常见的原因及防治措施。

表6-5 双弧常见的原因及防治措施

原因	措施
在电流一定的条件下，喷嘴孔径太小或压缩孔道的长度过大	应匹配正确规格的喷嘴
等离子气体的流量过小	应适当增大等离子气体的流量
钨极轴线与喷嘴轴线之间的偏差过大	使钨极轴线与喷嘴轴线对正
金属飞溅物堵塞喷嘴	清理喷嘴
电极内缩长度过大	减小内缩长度
喷嘴至工件的距离过小	增大喷嘴到工件的距离
电源的外特性不正确	选择陡降外特性的电源

6.4
等离子弧焊工艺

6.4.1　等离子弧焊工艺方法

等离子弧焊可采用穿孔型、融入型工艺进行焊接。铝及铝合金采用变极性等离子弧焊进行焊接，其他材料利用直流或直流脉冲等离子弧焊焊进行焊接。

（1）穿孔型等离子弧焊

采用较大的焊接电流及较大等离子气流量焊接厚度不超过表 6-1 中所示厚度的工件时，工件不仅被完全熔透，而且在强大的等离子流力作用下形成一个贯穿工件的小孔，熔化金属被排挤在小孔周围，如图 6-16 所示。等离子弧穿过小孔从背面喷出，被熔化的金属在电弧力、液体金属重力和表面张力的共同作用下保持平衡。小孔跟随焊枪前移，而熔化金属沿着小孔两侧向后流动，填满原先的小孔并在熔池尾部凝结成均匀的焊缝，这种焊接方式称为穿孔型等离子弧焊。稳定的小孔效应既需要合适的焊接电流大小，又要求合适的等离子气流量。流量过大就会把熔化金属吹走而变成金属切割，过小则不能形成小孔。

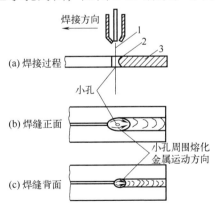

图 6-16　穿孔型等离子弧焊接
1—等离子弧；2—熔池；3—焊缝金属

板厚越增大，所需的能量密度也越大，而等离子弧能量密度的提高受到很大限制，故穿孔型等离子弧焊可焊的厚度有限。

（2）融入型等离子弧焊

采用较小的等离子气流量焊接时，等离子流力不足以穿透工件形成小孔，其焊接过程和一般 TIG 焊接相似。这种只熔化工件而不产生小孔效应的焊接工艺称为融入型等离子弧焊，主要通过母材热传导形成熔池，因此又称为传导型等离子弧焊。这种工艺多用于薄板对接、卷边对接或厚板多层焊的第二层及以后各层的焊接。

（3）微束等离子弧焊

焊接电流不大于 30A 的融入型等离子弧焊称为微束等离子弧焊。为了保持小电流时等离子弧的稳定，通常采用联合型弧，一个是燃烧于电极与喷嘴之间的非转移型弧，另一个为燃烧于电极与焊件间的转移型弧。前者弧长较短，稳定性极好，起着引弧和维弧作用，通过为转移型弧提高带电粒子而使转移型弧在电流小至 0.5A 时仍非常稳定；后者用于熔化工件。

（4）脉冲等离子弧焊

穿孔型、融入型和微束等离子弧焊均可采用脉冲电流进行焊接。与一般等离子弧焊相比，脉冲等离子弧焊焊接过程更加稳定、焊接热影响区和焊接变形更小、裂纹的敏感性更小。

（5）变极性等离子弧焊

变极性等离子弧焊是一种不对称方波交流等离子弧焊，主要用于铝及其铝合金的高效焊接。正负半波的电流幅值及持续时间可独立调节，常用的焊接工艺是正半波时电流幅值小而持续时间长，负半波时电流幅值大而持续时间短，如图 6-17 所示。当负半波电流持续时间低于 2ms 时，焊缝易出现气孔；而当负半波电流持续时间超过 5ms 时，不但钨极烧损严重，而且还易出现双弧，因此，负半波持续时间一般为 2～5ms，正半波持续时间一般为 15～20ms，常用的正负半波比例为 19∶（3～4）。一般负半波电流要比正半波电流大 30～80A，主要是为了保证足够的氧化膜清理作用，既要清理焊件，同时还要清理压缩喷嘴孔道的表面。

采用穿孔型向上立焊焊接铝合金可获得良好的焊缝，而且还能促进氢气析出，减少气孔缺陷。这是由于小孔位于熔池上部，熔池中的氢气向上逸出到小孔中，在等离子流的冲刷下从小孔底部溢出，如图 6-18 所示。变极性等离子弧焊可焊厚度比 TIG 焊大得多，铝合金平板对接时，平焊位置下的一次性可焊厚度可达 8mm，而立焊位置下可达 15.9mm，采用特殊控制措施，一次性熔透厚度可达 25.4mm。

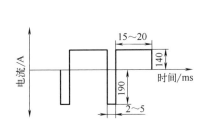
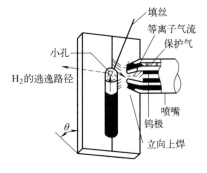

图 6-17 变极性等离子弧的焊接电流波形　图 6-18 向上立焊时氢气孔抑制机理

6.4.2 等离子弧焊工艺流程

（1）焊接接头及坡口设计

等离子弧焊的通用接头为对接接头，薄板可采用卷边对接，另外还可焊接端接及卷边角接头，如图 6-19 所示。对于 0.05 ～ 0.25mm 的工件一般用卷边接头，接头可在折机上制备。卷边高度 h 与厚度有关，见表 6-6。

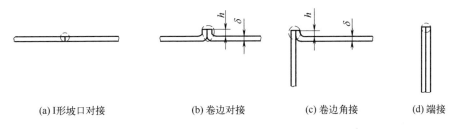

(a) I形坡口对接　　　(b) 卷边对接　　　(c) 卷边角接　　(d) 端接

图 6-19 薄板（$\delta \leqslant 1.6mm$）等离子弧焊接头

表 6-6 超薄板卷边高度

板厚 δ/mm	0.05	0.13	0.25
卷边高 h/mm	0.10 ～ 0.25	0.25 ～ 0.64	0.51 ～ 30

厚度为 0.05 ～ 1.6mm 的工件可采用微束等离子弧焊进行焊接。厚度为 1.6 ～ 3mm 的工件一般不采用等离子弧焊进行焊接，优先采用 TIG 焊。厚度大于 3mm 但小于表 6-1 所列厚度的焊件，可用 I 形坡口以穿孔型焊接技术单面一次焊成。对于密度较小，或在液态下表面张力较大的金属，如钛合金等，穿孔型技术可焊厚度较大。而采用向上立焊技术，铝合金的可焊厚度可达 16.5mm。

等离子弧焊常用的坡口形式为 I 形坡口。厚度大于表 6-1 所列厚度的焊件需要采用单面 V 形、U 形、双面 V 形或 U 形坡口，从一侧或两侧进行单道或多道焊。此外，等离子弧焊也适用于角接头和 T 形接头的焊接。因等离子弧焊的熔深比 TIG 焊大，故其接头的钝边可加大，图 6-20 给出了不同板厚的碳钢和低合金钢的常用坡口形式，第一道焊缝采用穿孔型焊接技术，其余填充焊道用融入型焊接技术来完成。

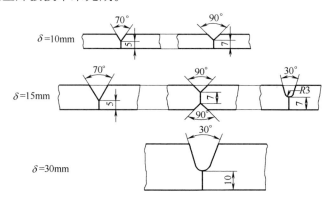

图 6-20　厚板碳钢和低合金钢等离子弧焊常用坡口形状

（2）装配与夹紧

薄板小电流等离子弧焊时，必须进行精密的接头装配，其精度要求高于 TIG 焊，这是因为等离子弧焊的电弧加热斑点小、能量密度大。坡口间隙不应超过金属厚度的 10%。若难以保证此公差时，须添加填充金属。图 6-21 和表 6-7 给出了厚度 t 小于 0.8mm 的薄板的 I 形坡口对接和卷边对接装配与夹紧要求。图 6-22 给出了端面接头的装配要求。

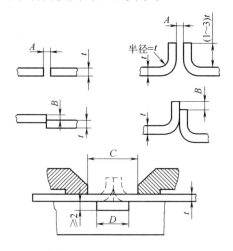

图 6-21　厚度小于 0.8mm 的薄板对接接头装配要求

表 6-7　厚度小于 0.8mm 的薄板对接接头装配要求　单位：mm

焊缝形式	间隙 A_{max}	错边 B_{max}	压板间距 C		垫板凹槽宽[①] D	
			C_{min}	C_{max}	D_{min}	D_{max}
I 形坡口缝	0.2t	0.4t	10t	20t	4t	16t
卷边焊缝[②]	0.6t	1t	15t	30t	4t	16t

① 背面用 Ar 或 He 保护。

② 板厚小于 0.25mm 的对接接头推荐采用卷边焊缝。

　　穿孔型焊接时，熔池中的液态金属依靠其表面张力来保持住，无需也不得使用衬垫来支撑熔池，但有时为了保护工件背面熔化金属不受大气污染，需要采取背面保护措施，这种情况下通常在工件背面垫上一中间开槽的衬垫，如图 6-23 所示。槽内通入保护气体进行熔池背面保护，而该槽还为等离子流提供排出空间。

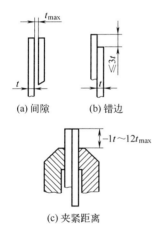

图6-22　厚度小于0.8mm的薄板
端面接头装配要求

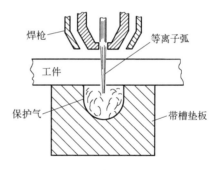

图6-23　穿孔型焊接对接
接头用的带槽垫板

（3）等离子气及保护气的选择

　　① 等离子气。小电流等离子弧焊一般都用纯 Ar 作等离子气，以利于非转移弧（维弧）的引燃和燃烧。大电流等离子弧焊最好采用 Ar+H_2 或 Ar+He 等混合气体，这样可提高电弧温度、增大热输入，进而提高焊接速度和接头质量。表 6-8 给出了常见金属等离子弧焊的推荐用等离子气。等离子气的流量要根据焊接工艺方法、焊接电流、焊接速度来合理匹配。

表 6-8   大电流等离子弧焊等离子气体的选择①

母材	厚度 /mm	焊接工艺方法	
		穿透法	熔透法
碳钢	＜ 3.2	Ar	Ar
	＞ 3.2		25%Ar+75%He
低合金钢	＜ 3.2	Ar	Ar
	＞ 3.2		25%Ar+75%He
不锈钢	＜ 3.2	Ar，92.5%Ar+7.5%H_2	Ar
	＞ 3.2	Ar，95%Ar+5%H_2	25%Ar+75%He
铜	＜ 2.4	Ar	25%Ar+75%He，He
	＞ 2.4	不推荐②	He
镍合金	＜ 3.2	Ar，95.5%Ar+7.5%H_2	Ar
	＞ 3.2	Ar，95%Ar+5%H_2	25%Ar+75%He
活性金属	＜ 6.4	Ar	Ar
	＞ 6.4	Ar+He（50% ～ 75%He）	25%Ar+75%He
钛、钽及锆合金	＜ 6.4	Ar	Ar
	＞ 6.4	Ar+He（50% ～ 75%He）	25%Ar+75%He

① 等离子气和保护气体相同。

② 因底部焊道成型不良，只能用于铜锌合金焊接。

② 保护气体。大电流等离子弧焊时，保护气体通常与等离子气相同，否则电弧稳定性受到影响。保护气体流量一般在 15 ～ 30L/min 之间。而小电流等离子弧焊的保护气体不一定与等离子气相同。表 6-9 给出了小电流等离子弧焊推荐用的保护气体，其流量一般在 10 ～ 15L/min 之间。此外，在焊接碳钢、低合金钢时，亦有用 Ar+CO_2 的混合气体作保护气体的，因为加入 CO_2 有利于消除焊缝内的气孔和改善焊缝成型。但 CO_2 不能加入过多，否则熔池下飞溅增加，一般 CO_2 加入量在 5% ～ 20% 之间。焊接铜时，可用纯氮作保护气体。

表 6-9   小电流等离子弧焊接保护气体的选择①

母材	厚度 /mm	焊接技术	
		穿透法	熔透法
铝	＜ 1.6	不推荐	Ar，He
	＞ 1.6	He	He
碳钢	＜ 1.6	不推荐	Ar，75%Ar+25%He
	＞ 1.6	Ar，25%Ar+75%He	Ar，25%Ar+75%He
低合金钢	＜ 1.6	不推荐	Ar，He，Ar+H_2 [φ (H_2) 为 1% ～ 15%]
	＞ 1.6	Ar+H_2 [φ (H_2) 为 1% ～ 15%]，25%Ar+75%He	Ar，He，Ar+H_2 [φ (H_2) 为 1% ～ 15%]

母材	厚度/mm	焊接技术	
		穿透法	熔透法
不锈钢	所有厚度	Ar，25%Ar+75%He	Ar，He，Ar+H$_2$ [φ (H$_2$) 为 1%～15%]
		Ar+H$_2$ [φ (H$_2$) 为 1%～15%]	
铜	< 1.6	不推荐	75%Ar+25%He
			25%Ar+75%He，He
	> 1.6	25%Ar+75%He，He	He
镍合金	所有厚度	Ar，25%Ar+75%He	Ar，He，Ar+H$_2$ [φ (H$_2$) 为 1%～15%]
		Ar+H$_2$ [φ (H$_2$) 为 1%～15%]	
活性金属	< 1.6	Ar，25%Ar+75%He，He	Ar
	> 1.6	Ar，25%Ar+75%He，He	Ar，25%Ar+75%He

① 所有情况下等离子气均为氩气。

（4）起弧及熄弧

小孔型等离子弧焊时起焊处和终焊处的焊缝质量难以保证。因此允许的情况下，尽量在焊缝的两端使用引弧板和熄弧板。对于无法使用引弧板和熄弧板的环焊缝，为了保证起弧处充分穿透且不出现气孔等缺陷，在起焊部位应采用焊接电流和等离子气流递增控制；为了保证环缝终焊处的小孔闭合，应采用焊接电流和等离子气流衰减控制。图6-24给出了环缝的典型控制程序。焊接过程若发生中断，小孔会留在焊件上，填满的方法是将焊枪后移到小孔后面一定距离处的焊缝上重新起焊，电弧经过原小孔时将该小孔填满。

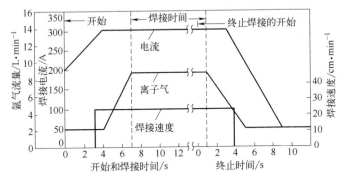

图6-24　厚9.5mm钢板环缝穿孔型等离子弧焊焊接参数控制程序

（5）焊接工艺参数的选择

① 穿孔型等离子弧焊参数。穿孔型等离子弧焊获得优良焊缝的前提是确保焊接过程中稳定的穿孔效应，即熔池上形成并维持稳定的穿透性小孔。影响小孔形成与稳定的焊接参数主要有喷嘴孔径、焊接电流、等离子气流量和

焊接速度等。此外，喷嘴与工件的距离和保护气体成分等对其也有较大的影响。

a.喷嘴孔径。喷嘴孔径是选择与匹配其他焊接参数的前提，应首先选定。在焊接生产中总是根据焊件厚度初步确定焊接电流的大致范围，然后按此范围参照表6-2确定喷嘴孔径，同时按表6-4确定钨极的直径大小。

b.焊接电流、等离子气流量和焊接速度。焊接电流、等离子气流量和焊接速度三个参数不仅影响焊缝形状尺寸，而且还显著影响小孔效应。

其他条件一定的情况下，等离子流力和穿透能力随着等离子气流量的增

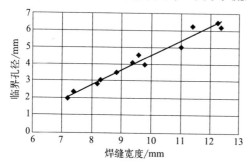

图6-25　焊缝宽度与临界孔径之间的关系

大而增大。因此，小孔的形成需要足够大的等离子气流量。但流量扩大时，小孔直径扩大，当小孔直径达到一定程度后，熔池失稳，熔化金属被从背面吹走而形成切割。使熔池失稳的小孔孔径称为临界孔径，其大小与熔池宽度有关，图6-25给出了焊缝宽度与临界孔径之间的关系。

其他条件一定时，等离子弧的穿透能力随着焊接电流的增大而增大。因此，焊接电流要根据焊件厚度或熔透的要求来选定。随着焊件厚度的增大，焊接电流须相应增大。若电流过小，则小孔不能形成，难以保证焊透。若电流过大，则小孔直径变大，液态金属下漏，焊缝不能成型，并且易发生双弧。

其他条件一定时，随着焊接速度的增大，焊接热输入减小，小孔直径也随之减小，甚至消失。反之若焊接速度太低，则母材过热，熔池金属下坠，焊缝成型不好。

在喷嘴结构形状和尺寸确定后，焊接电流、等离子气流量和焊接速度三个焊接参数之间需合理匹配，才能获得稳定的小孔效应。图6-26所示为一定焊接电流下等离子气流量和焊接速度的匹配对不锈钢等离子弧焊焊缝成型的影响。图6-27给出了一定等离子气流量下焊接速度与焊接电流的匹配对焊缝成型的影响。图6-28给出了一定焊接速度下等离子气流量与焊接电流的匹配对焊缝成型的影响。

c.喷嘴与工件之间的距离。喷嘴端面与工件之间的距离一般为3～8mm，在该范围内变化时，对焊缝成型及焊接过程稳定性基本上没有影响。距离过大时，熔透能力降低，易导致未焊透和保护不良等问题；距离过小时，焊接过程中熔池的可观察性变差，而且还易导致双弧、喷嘴被飞溅物堵塞等问题。

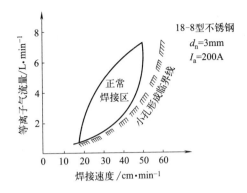

图6-26　等离子气流量–焊接速度匹配

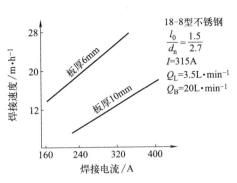

图6-27　焊接速度–焊接电流匹配

d. 保护气体流量。保护气体的流量应与等离子气流量保持一合适比例。过大的保护气体流量会造成紊流，影响等离子弧的稳定和保护效果，一般应取 $15 \sim 30L/min$。

e. 极性。除了铝及铝合金、镁及镁合金以外，其他金属材料的等离子弧焊均采用直流正接法。铝及铝合金、镁及镁合金的焊接通常采用变极性等离子弧焊。

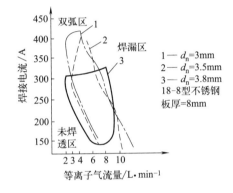

图 6-28　焊接电流 – 等离子气流量匹配

f. 填丝速度及位置。不留间隙的 I 形坡口焊缝对接时，等离子弧焊一般可不加填充焊丝。若要求有余高或开坡口或留间隙，则应填充焊丝。由于等离子弧焊多采用自动焊方式，送丝方式一般也是自动的。一般情况下，"冷丝"从焊接熔池的前沿送入熔池；而"热丝"从熔池的后沿送入熔池。

送丝速度影响余高的大小，过快可能会出现焊丝从弧柱中穿过而没完全熔化的现象，一般 $\phi1.0 \sim 1.6mm$ 的焊丝，其送丝速度为 $0.1 \sim 0.2m/min$。

表 6-10 给出了几种不同材料采用穿孔型等离子弧焊的焊接参数实例。

② 融入型等离子弧焊参数选择。融入型等离子弧焊需要选定的焊接参数与穿孔型等离子弧焊相同，采用的等离子气流量显著小于穿孔型等离子弧焊，以避免在熔池上形成小孔。其他焊接参数的选择原则，与 TIG 焊大体相同。

表 6-11 所示是融入型等离子弧焊的典型焊接工艺参数。表 6-12 为自动微束等离子弧焊的典型焊接工艺参数。

表 6-10 穿孔型等离子弧焊的焊接参数

材料	焊件厚度/mm	焊接电流/A	电弧电压/V	焊接速度/mm·min⁻¹	离子气流量/L·min⁻¹ 基本气流	离子气流量/L·min⁻¹ 衰减气	保护气流量/L·min⁻¹ 正面	保护气流量/L·min⁻¹ 尾罩	保护气流量/L·min⁻¹ 反面	孔道比 (l_0/d_n)/mm·mm⁻¹	钨极内缩尺寸/mm	备注
低碳钢	3	140	29	260	3		14+1			3.3/2.8	3	保护气为 Ar+CO_2
	5	200	28	190	4	—	14+1	—	—	3.5/3.2	3	
	8	290	27	180	4.5		14+1			3.5/3.2	3	
30CrMnSiA	3.5	140	28	326	1.7	2.3	17			3.2/2.8	3	喷嘴带两个 ϕ0.8mm 小孔，间距 6mm
	6.5	240	30	160	1.3	3.3	17			3.2/2.8	3	
	8	310	30	190	1.7	3.3	20			3.2/3	3	
不锈钢	3	170	24	600	3.8	—	25			3.2/2.8	3	
	5	245	28	340	4.0	—	27	8.4	—	3.2/2.8	3	
	8	280	30	217	1.4	2.9	17			3.2/2.9	3	
	10	300	29	200	1.7	2.5	20			3.2/3	3	

表 6-11 融入型等离子弧焊的典型焊接工艺参数

材料	焊件厚度/mm	焊接电流/A	电弧电压/V	焊接速度/mm·min⁻¹	离子气流量/L·min⁻¹ 基本气流	离子气流量/L·min⁻¹ 衰减气	保护气流量/L·min⁻¹ 正面	保护气流量/L·min⁻¹ 尾罩	保护气流量/L·min⁻¹ 反面	孔道比 (l_0/d_n)/mm·mm⁻¹	钨极内缩尺寸/mm	备注
低碳钢	1	105	—	700	2.5		7			2.5/2.5	1.5	
	1.5	85	—	270	0.5		3.5			2.5/2.5	1.5	
	2	100	—	270	1.2		4			3/3	2	悬空焊
	2.5	130	—	270	1.2		4			3/3	2	
不锈钢	1	60	—	270	0.5		3.5			2.5/2.5	1.5	

表 6-12 自动微束等离子弧焊的典型焊接工艺参数

材料	厚度/mm	接头形式	焊接电流/A	焊接速度/mm·min⁻¹	焊接电压/V	离子气（Ar）流量/L·h⁻¹	保护气流量（体积分数）/L·h⁻¹	喷嘴孔径/mm
碳钢	0.3	对接	8	200	22	25	0	1.0
	0.8	对接	25	250	20	25	100	1.5
	1.0	对接	30	210	20	25	100	1.5
不锈钢	0.025	卷边	0.3	127	—	14.2	566（99%Ar+1%H_2）	0.8
	0.08	卷边	1.6	152	—	14.2	566（99%Ar+1%H_2）	0.8
	0.13	端接	1.6	381	—	14.2	560（99%Ar+1%H_2）	0.8
	0.25	对接	6.5	270	24	36	360（Ar）	0.8
	0.50	对接	18	300	24	36	660（Ar）	1.0
	0.75	对接	10	127	25	14.2	330（99%Ar+1%H_2）	0.8
	1.0	对接	27	275	25	36	660（Ar）	1.2

材料	厚度/mm	接头形式	焊接电流/A	焊接速度/mm·min⁻¹	焊接电压/V	离子气（Ar）流量/L·h⁻¹	保护气流量（体积分数）/L·h⁻¹	喷嘴孔径/mm
钛	0.08	卷边	3	152	—	14.2	566（50%Ar+50%He）	0.8
	0.2	对接	5	127	26	14.2	566（50%Ar+50%He）	0.8
	0.3	端接	15～20	240	—	16	150（Ar）	1.0
	0.55	对接	10	178	—	14.2	566（75%He+25%Ar）	0.8
镍铜	0.15	对接	5	300	22	24	300（Ar）	0.6
	0.08	卷边	10	152	—	14.2	566（75%He+25%Ar）	0.8

③ 脉冲等离子弧焊的焊的参数。脉冲等离子弧焊采用的脉冲频率一般在 0.5～10Hz，其工艺特点与低频脉冲 TIG 焊类似，每一个电流脉冲在焊件上形成一个焊点，各个焊点相互重叠一部分便连成焊缝。表 6-13 给出了脉冲等离子弧焊的典型焊接工艺参数。

表 6-13　脉冲等离子弧焊的典型焊接工艺参数

母材	厚度/mm	基值电流/A	脉冲电流/A	脉冲频率/Hz	λ_t(t_p/t_b)	焊接速度/mm·min⁻¹	离子气流量/L·min⁻¹	喷嘴孔道比 l_0/d_n
不锈钢	3	70	100	2.4	12/9	400	5.5	3.2/2.8
	4	50	120	1.4	21/14	250	6.0	3.2/2.8
钛板	6	90	170	2.9	10/7	202	6.5	4/3
	3	40	90	3	10/6	400	6.0	3.2/2.8
不锈钢波纹管膜片	0.05+0.05 内圆	0.12	0.5	10	2/3	45	0.6	3.2/2.8
	0.05+0.05 内圆	0.12	1.2	10	2/3	45	0.6	1.5/0.6
	0.05+0.05 外圆	0.12	0.55	10	2/3	35	0.6	1.5/0.6

④ 变极性等离子弧焊的工艺参数。变极性等离子弧焊主要用于铝及铝合金的焊接。在平焊位置，当铝及铝合金的厚度小于3mm 时，可利用融入型变极性等离子弧焊进行焊接；当厚度为 3～6mm 时，可用穿孔型等离子弧焊进行焊接。在立焊位置，穿孔型焊的厚度可达 15.9mm。

a. 喷嘴孔径和压缩比。喷嘴孔径和压缩比应根据板厚来选择，板厚越大，喷嘴孔径应越大，压缩比越小。表 6-14 给出了不同板厚铝合金推荐用喷嘴孔径和压缩比。

表6-14　不同板厚铝合金推荐用喷嘴孔径和压缩比

板厚/mm	4	6	8	10
喷嘴孔径/mm	2.5	4.0	4.0	4.0
最大压缩比	2.0	1.1	0.9	0.7

b. 喷嘴到工件的距离和钨极内缩量。喷嘴到工件的距离一般控制在 1.5～4mm，并随着板厚的增大而增大。钨极内缩量控制在 3.5～4.5mm。

c. 焊接电流、等离子气流量和焊接速度。与直流等离子弧焊相同，要保证稳定的小孔效应，焊接电流、等离子气流量和焊接速度之间必须保证合理匹配。图 6-29 给出了 6mm 厚 LY12 合金穿孔型焊接时焊接电流、等离子气流量和焊接速度的匹配区间。表 6-15 为不同厚度 2A14 铝合金穿孔型变极性等离子弧焊的焊接参数（向上立焊）。

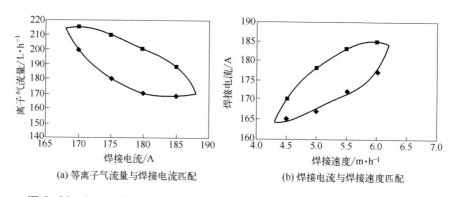

(a) 等离子气流量与焊接电流匹配　　(b) 焊接电流与焊接速度匹配

图 6-29　6mm 厚 LY12 合金穿孔型焊接时焊接电流、等离子气流量和焊接速度的匹配区间

表 6-15　不同厚度 2A14 铝合金穿孔型变极性等离子弧焊的焊接参数

板厚/mm	焊接电流/A		持续时间/s		离子气(Ar)流量/L·min⁻¹	保护气流量/L·min⁻¹	喷嘴孔径/mm	钨极直径/mm	焊接速度/mm·min⁻¹	送丝速度/m·min⁻¹(直径为1.6mm的BJ-380A焊丝)
	正极性半波	反极性半波	正极性半波	反极性半波						
4	100	160	19	4	1.8	13	3.0	3.2	160	1.4
6	156	206	19	4	2.0	13	3.2	3.2	160	1.6
8	165	225	19	4	2.5	13	3.2	3.2	160	1.7

思　考　题

1. 什么是等离子弧焊？等离子弧是如何产生的？等离子弧有哪些类型？

2. 与普通电弧相比，等离子弧有何特点？

3. 与 TIG 焊相比，等离子弧焊有哪些工艺特点？

4. 等离子弧焊采用何种外特性的电源？与 TIG 焊电源相比，等离子弧焊电源有哪些不同点？

5. 对等离子弧压缩程度有影响的压缩喷嘴形状尺寸有哪些？

6. 什么是压缩比？压缩比对电弧压缩程度有何影响？为什么压缩比不能过大？

7. 等离子弧焊有哪几种成型工艺？各有何特点？适用于什么场合？

8. 什么是小孔效应？

9. 穿孔型等离子弧焊焊接不锈钢、钛合金、铝合金的厚度范围是多少？

10. 什么是变极性等离子弧？铝合金等离子弧焊通常采用变极性等离子弧，为什么？

11. 焊接过程中影响小孔尺寸及稳定性的工艺参数有哪些?

扫码获取数字资源，使你的学习事半功倍

配套习题与答案　　　自主监测学习效果

配套课件　　　　　　难点重点反复阅读

在线视频　　　　　　直观了解相关知识

参 考 文 献

[1] 殷树言.气体保护焊工艺基础及应用[M].北京：机械工业出版社，2012.

[2] 陈祝年，陈茂爱.焊接工程师手册[M].北京：机械工业出版社，2019.

[3] 姜焕中等编.电弧焊及电渣焊[M].北京：机械工业出版社，1988.

[4] 邹增大等.焊接材料、工艺及设备手册（第二版）[M].北京：化学工业出版社，
     2011.

[5] 陈茂爱，赵淑珍.焊接工艺全图解[M].北京：化学工业出版社，2023.

[6] 中国机械工程学会焊接学会.焊接手册（第一卷）.第3版[M].北京：机械工业出版社，
     2016.

[7] 胡绳荪.焊接自动化技术及其应用.第2版 [M].北京：机械工业出版社，2014.

[8] 黄文静等译.美国焊接手册（第二卷）[M].美国焊接学会焊接学会编.北京：机械工
     业出版社，1986.

[9] 曾乐.现代焊接技术手册[M].上海：上海科学技术出版社，1993.

[10] 周文军，张能武.焊接工艺实用手册[M].北京：化学工业出版社，2023.

[11] 杨春利，林三宝.电弧焊基础[M].哈尔滨：哈尔滨工业大学出版社，2010.

[12] 王宗杰.熔焊方法及设备.第二版[M].北京：机械工业出版社，2016.

[13] 林三宝，范成磊，杨春利.高效焊接方法.第二版[M].北京：机械工业出版社，2022.

[14] 陈茂爱等译.现代焊接技术[M].北京：化学工业出版社，2010.

扫码获取数字资源，使你的学习事半功倍

配套习题与答案　　　　自主监测学习效果

配套课件　　　　　　　难点重点反复阅读

在线视频　　　　　　　直观了解相关知识